人造板 VOCs 快速检测研究

沈隽　赵杨　杜超　著
刘婉君　沈熙为

U0263295

科学出版社

北京

内 容 简 介

本书系统地阐述了人造板材挥发性有机化合物（VOCs）采集和快速检测技术；介绍了一种可替代传统方法的检测效率高、可靠性强，且成本低廉的新型的快速检测方法；并对其检测条件及板材释放机理做了详尽探索；对比分析了新型快速检测技术与传统检测方法的相关性及优越性；在此研究基础上开发出的国产DL-SW微舱，能真实地模拟各种试验环境，满足各种试验条件，在实际生产中有助于企业对人造板VOCs释放进行检测与监督，提高人造板产品的环保性。

本书可作为木材科学与技术、家具与室内设计等领域研究人员及高等院校相关专业师生的参考书，同时也可作为从事室内挥发性有机化合物检测及控制研究的相关工作人员的参考书。

图书在版编目（CIP）数据

人造板VOCs快速检测研究/沈隽等著. —北京：科学出版社，2018

ISBN 978-7-03-054997-6

Ⅰ.人… Ⅱ.沈… Ⅲ.木质板-挥发性有机物-检测-研究 Ⅳ.TS653

中国版本图书馆CIP数据核字（2017）第262374号

责任编辑：张淑晓 孙静惠/责任校对：彭珍珍
责任印制：张 伟/封面设计：耕者设计工作室

科学出版社 出版

北京东黄城根北街16号
邮政编码：100717
http://www.sciencep.com

北京教图印刷有限公司印刷
科学出版社发行 各地新华书店经销
*

2018年2月第 一 版 开本：720×1000 1/16
2018年2月第一次印刷 印张：13 1/2
字数：262 000

定价：88.00元
（如有印装质量问题，我社负责调换）

前　言

随着经济的快速发展，人们对木材的需求日益增大，但是我国木材资源不是很丰富，并且国家对于珍贵木材的保护导致大多木材需要进口，所以越来越多的企业认为，发展人造板具有很多机会。

人造板工业是高效利用木材资源的重要产业，是实现林业可持续发展战略的重要手段。在当前世界可采森林资源日渐短缺的情况下，充分利用林业"剩余物"、次小薪材和人工速生丰产商品林等资源，发展人造板以替代大径级木材产品，对保护天然林资源、保护环境，满足经济建设和社会发展对林产品的不同需求，起着不可替代的作用。

健康、环保的"绿色"产品，不仅是一个国家和政府对产品的基本要求，还是新的消费时尚。因此，各家具生产企业均应把环保作为产品的立足之本而贯穿于家具设计、选材、生产、销售过程中的各个环节。本书从常用室内装饰人造板材胶合板、纤维板、刨花板等的挥发性有机化合物（VOCs）检测及控制角度出发，寻找快速检测技术，为企业能生产出健康环保的产品作出指导，促进市场上出现更多无毒无害的绿色基材，制造出环保节能、清新自然、简朴高雅的板式家具。

本书共 8 章。第 1 章，绪论，由沈隽、赵杨撰写；第 2 章，VOCs 快速释放的影响因素研究，由杜超、沈隽撰写；第 3 章，快速检测法与传统方法检测碎料板 VOCs 释放分析，由杜超、沈隽、赵杨撰写；第 4 章，快速检测法与传统方法检测胶合板 VOCs 释放分析，由赵杨、沈隽、沈熙为撰写；第 5 章，DL-SW 微舱的设计研发与性能测试，由刘婉君、沈隽、沈熙为撰写；第 6 章，DL-SW 微舱法 VOCs 释放分析，由刘婉君、沈隽撰写；第 7 章，DL-SW 微舱法与传统方法 VOCs 释放分析，由刘婉君、沈隽撰写；第 8 章，总结，由赵杨、沈隽撰写。

本书得到了国家林业局引进国际先进林业科学技术项目（948 项目）"人造板 VOC 快速释放检测技术的引进"（项目编号：2013-4-06）和国家自然科学基金项目"人造板挥发性有机化合物快速释放检测与自然衰减协同模式研究"（项目编号：31270596）的资助。

限于作者水平和时间，本书疏漏和不足之处在所难免，恳请读者指正。

作　者

2017 年 12 月

目　　录

第1章 绪 论

工业革命以来，人类社会迅速发展，尤其是 20 世纪以来，科技的快速发展使经济发展呈指数化增长，人们的生活发生了巨大的变化，人们对各方各面的要求越来越严格，越来越追求更高品质的生活。其中，室内居住环境的空气质量及环境保护问题已经成为人们广泛关注的问题，越来越多的人意识到，室内环境的空气质量对人们的身心健康至关重要，室内空气环境监测行业也是近几年来新兴并且迅速发展的行业。相关统计显示，人们在室内空间所处的时间远远超过在室外环境所处时间，前者是后者的 2.3～4.0 倍，其中儿童以及年老体弱者处在室内环境中的时间更长。因此，由室内的空气质量问题引起的污染对人们的健康危害极大，数据显示，相当一部分的呼吸道疾病患者、慢性肺炎患者、气管炎和支气管炎患者以及肺癌患者的患病原因都与室内的空气环境污染有关，尤其是呼吸道疾病，其中 35.7% 的患者都是由室内空气污染引起的。

造成室内空气污染的原因有：使用能源物质所产生的碳氧化物质以及建筑装饰材料释放的气体污染物等化学类污染；由人类及动植物携带的一些细菌、病毒等生物类污染；生活中各类电器等产品产生的辐射、噪声等物理类污染。而其中最主要的污染源就是室内环境中装饰装修材料所释放的挥发性有机化合物（volatile organic compounds，VOCs）。人造板等木质材料又是目前世界上广泛使用的室内装饰材料，如作为家具板材材料、地板以及各种室内装饰物、艺术品的材料。因此，人造板是室内环境中释放 VOCs 的主要物质之一，目前已知的由人造板所释放的有毒性的气体已经有 500 种以上，包括各类醛类物质、芳香烃类物质及萜烯类物质。由这些有毒的挥发性物质所造成的疾病已经被人们归为建筑物综合征（sick building syndrome，SBS）、建筑物关联症（building related illness，BRI）和化学物质过敏症（multiple chemical sensitivity，MCS）等症状类型。

目前，对装饰装修材料的 VOCs 的释放检测分析方法、机理研究、释放特性研究及对人体身心健康的研究已经成为各国家和地区对室内空气品质（indoor air quality，IAQ）研究的重点，并且国外已经制定并实施 VOCs 释放的相关限定释放标准，而我国由于相关研究起步较晚，还没有形成系统的限定标准，尤其是在人造板 VOCs 释放方面，还没有正在实施的标准。

1.1　VOCs 概述

1.1.1　VOCs 的定义及分类

在不同的组织机构中，VOCs 的定义是不同的。例如，美国的 ASTM D3960-98 标准定义 VOCs 为任何能参加大气光化学反应的有机化合物；欧盟规定，标准大气压 101.3kPa 条件下，初沸点小于或者等于 250℃，并会对视觉和听觉产生伤害的任何有机物质为 VOCs；世界卫生组织（World Health Organization，WHO）对于 VOCs 的定义为：沸点在 50~260℃之间，室温下饱和蒸气压超过 13313Pa，常温下以蒸气形式存在于空气中的有机化合物。

VOCs 有很多类别，单个组分的浓度又较低，会在很大程度上提高检测的费用，因此人们提出了 VOCs 的量化指标——总挥发性有机化合物（TVOC），它的使用是有一定条件的，因为其是人体神经对非特异性刺激反应的一种量化指标。WHO 对 TVOC 的定义是：熔点低于室温而沸点在 50~260℃之间的挥发性有机化合物的总称；根据我国《室内空气质量标准》（GB/T 18883—2002），TVOC 为采用 Tenax-GC 或 Tenax-TA 采样，非极性色谱柱（极性指数小于 10）进行分析，保留时间在正己烷和正十六烷之间的挥发性有机化合物。

VOCs 种类众多，相关统计显示，存在于普通室内环境中的 VOCs 达百种以上，10 多年前研究者曾对芬兰首都各个室内居室环境及工作环境中的 VOCs 进行检查分析，发现的 VOCs 达 300 种以上。具体分类及各类中常见的 VOCs 见表 1-1。

表 1-1　常见 VOCs 分类

化合物类别	VOCs
脂肪烃类	癸烷、丙二烯、环己烯
芳香烃类	苯、萘、苯乙烯、四甲基苯
氯化烃类	二氯丁烷、三氯乙烷、二氯乙烯、三氯乙烯、四氯乙烯
醛类、酮类、醇类	苯甲酮、环己酮、甲基异丁基酮、壬醛、癸烯醛、乙基环丁醇、环己醇、茨醇、苯甲醇
醚类、酚类、环氧类	丙醚、苯酚、环氧丁烯、呋喃环
酯类、酸类	丙烯酸乙酯、苯酸乙酯、异丁酸
胺类、腈类	甲基甲酰胺、戊烯腈
其他类	氯氟烃、含氢氯氟烃、溴代烃

1.1.2 VOCs 的来源

日常的生产生活中，很多物品都会释放出 VOCs，如学生使用的修正液，家庭用的杀虫剂、化纤类产品、油烟机工作产生的废气等。总体来说，VOCs 主要有三方面的来源。

首先是源自于室外的污染源，主要是大气污染，如汽车燃油时产生的单环芳烃和低碳数链烃，工业生产所产生的大量废水废气，除此之外，垃圾的焚烧、意外失火以及植物的自然生理作用都是 VOCs 的来源。

第二大污染源是室内污染源，而室内环境中的装饰装修材料是此类污染源的主要来源，这些材料本身会释放出 VOCs，同时，在加工制造过程中会添加一些添加剂等物质，各方面共同作用造成了室内空气的污染问题。下面重点介绍室内装饰装修材料中的人造板、胶黏剂与涂料、其他装饰材料三类主要污染源。

1）人造板：人造板作为一种木质产品，其原材料木材本身就会释放 VOCs，木材中的抽提物成分组成复杂，其中很多物质都会在加压、加热等特殊条件下释放出 VOCs；板材制造过程中添加的胶黏剂，不论是生产制造过程还是使用过程中，都会释放出大量的 VOCs，对人们的身体健康造成危害；另外，板材表面的涂饰材料也是造成人造板释放 VOCs 的原因，不论是聚酯或聚氨酯类涂料，还是水溶性的内墙漆，都会释放出苯系物、醛类等有毒物质。

2）胶黏剂与涂料：胶黏剂在装饰装修材料中的使用非常普遍，从家具到壁纸再到地板等，生产使用中都会使用大量胶黏剂。家具板材中常添加的各类胶黏剂，如脲醛树脂胶、酚醛树脂胶、热熔胶、乳白胶等都会释放挥发性有机物质。涂料主要有内墙涂料和内墙漆，在施工过程中使用的涂料会产生 VOCs，同时，家具或者其他装饰用品表面使用的涂料会带来有害物质的二次污染。

3）其他装饰材料：地毯主要由尼龙、人造纤维制成，早在 20 世纪 90 年代，其就已经被证实为居室环境的主要污染物，因为其制造过程使用了大量会释放醛类、乙酸、噻唑苯等有害物质的染料及其他添加物质。此外，用在室内的很多具有很高观赏性的人造高分子材料，都会释放出 VOCs，造成空气污染。

最后一类污染源是与人类活动相关的污染。人类的日常活动如吸烟、烹饪都会产生 VOCs，相关研究共在烟草产生的烟雾中检测出近百种 VOCs 物质，烹饪产生的油烟中含有 50 余种醛类、丙二烯、苯系物及氨基杂环类等刺激性有害物质；很多生活用品的使用同样会产生 VOCs，如香水、化妆品、清洁剂、指甲油等的使用，都会产生 VOCs，清洁剂的使用会产生萜烯类、甲基丙烯酸酯、氯代化合物等多种 VOCs 物质。

1.1.3　VOCs 的危害

相关统计资料显示，由居室环境污染问题所造成的经济损失高达 30 多亿美元，而其中主要是由于室内各种 VOCs 物质浓度过高，同时 VOCs 具有长期性、多样性等特点，对人体健康危害重大。室内空气中的 VOCs 含量较高的有 20 多种：环烷烃类如环己烷；苯系物如甲苯、苯乙烷等；氯代烃类化合物如二氯乙烷等。VOCs 的浓度对人体健康的影响见表 1-2。

表 1-2　VOCs 浓度对人体健康影响程度

VOCs 浓度/(mg·m⁻³)	健康效应
0～0.2	不会影响身体健康
0.2～3	刺激等不适应状态
3～25	刺激、头痛及其他状态
>25	毒性效应明显，甚至致癌

芳香烃类物质已经被 WHO 认定为强致癌物质。其毒理作用一般是经人体吸入体内后聚积，造成人体的造血功能异常，严重的可致白血病；同时，此类物质也可对孕妇造成影响，导致胚胎畸形；此外，甲苯及二甲苯会对人体的中枢神经造成危害。人体吸入过量芳香烃类物质的反应主要为头疼、胸闷、意识出现模糊、精神不振，也会导致记忆力、听力等下降，较严重的会出现昏迷，甚至死亡。

1.2　人造板 VOCs 释放研究

1.2.1　人造板 VOCs 释放检测方法研究

1. 人造板 VOCs 采集方法研究

研究板材 VOCs 的释放情况进而研究控制 VOCs 释放的方法是研究人造板 VOCs 释放的最终目的，达到此目的首先需要掌握准确、科学的检测方法，包括对 VOCs 的采集以及分析方法。目前，国内外学者致力于对 VOCs 检测方法的研究并已取得一定进展和成果。由于人们对 VOCs 的认识最先源于甲醛，所以甲醛的相关检测方法较多，如环境测试法、干燥器法、穿孔法、气体分析法、缝隙抽吸法、风道法、双缸法等。由于对人造板 VOCs 的研究起步较晚，目前常采用的采集方法主要有环境舱法和实验室小空间释放法。

（1）环境舱法

环境舱法是目前许多国家和地区检测板材 VOCs 物质所用的方法，标准 KSM 2009《在建筑内部的产品中甲醛测定和挥发性有机化合物的排放量》、ISO/CD 12460-1-2007《用 1 立方米箱法测定甲醛排放》对人造板甲醛的检测均是使用环境舱法，不同国家的标准对环境舱法的容积要求各不相同，常使用 $0.225m^3$、$1m^3$、$12m^3$。尽管容积不同，其检测原理基本相同。该方法的工作原理是，将检测的样品放入测试舱中，该测试舱可以设置并恒定温度、湿度以及空气交换率，因此该方法能比较准确地模拟室内居室的真实环境条件，检测结果具有现实意义。仪器工作时，环境中的新鲜空气在测试舱内产生正压空气，随后经过空气净化器进入舱体内部进行循环，净化后的空气与舱体内气体经过充分混合后由取样器取得。

目前国内对装饰装修材料的 VOCs 检测大多采用背景气体浓度经过特殊处理的环境舱法采集气体。龙玲等使用 $30m^3$ 的大气候箱检测分析了整体木家具的甲醛及其他 VOCs 的释放情况，得到了木家具释放的主要 VOCs 物质及浓度，为家具的 VOCs 的释放检测提供了基础参考。李辉使用 $30m^3$ 的环境舱探究了环境因素对整体家具 VOCs 释放的影响。贾竹贤利用 $0.225m^3$ 的环境舱探究了酚醛胶实木复合地板的 VOCs 的释放规律，为人造板醛类物质、苯系物及其他 VOCs 的释放检测提供了基础参考依据。

国外学者对气候箱法采集板材 VOCs 的研究起步早于国内，Tohmure 利用小环境舱法检测分析了胶合板中 VOCs 的释放规律，发现胶合板释放的挥发性物质主要为萜烯类物质，板材使用的树种不同，萜烯类物质的释放规律不同。Athanasios Katsoyianni 探究了检测舱容积分别为 $0.02m^3$、$0.28m^3$、$0.45m^3$ 和 $30m^3$ 的环境舱检测 4 种地毯释放 VOCs 的情况，研究结果表明，检测舱的体积对 VOCs 的释放速率影响较大，对总挥发性有机化合物的浓度影响不大。德国研究者 Martin 利用检测舱体容积分别为 23.5L、$1m^3$ 的环境舱检测分析了定向刨花板的挥发性物质的释放规律，结果显示，两种检测容积的环境舱的检测结果存在偏差，且偏差不等，最大的偏差为 10%。

（2）实验室小空间释放法

实验室小空间释放法即 FLEC 法，ISO16000-10 室内空气中 VOCs 的释放检测、KSM 1998-3 中关于建筑内部制品甲醛和 VOCs 的释放检测均采用 FLEC 法。此检测方法的工作原理是，检测室是由一半球形的不锈钢盖体扣在检测样本上构成，然后将检测室置于恒定温度和相对湿度的环境中，再向此检测室中通入恒定流量的清洁空气，使用筒状的捕集管收集从检测室中出来的气体，测定 VOCs 的浓度。

国内外使用 FLEC 法检测分析板材 VOCs 释放的研究较为常见。为了探究同一地板不同位置的 VOCs 释放情况，瑞典的卡斯科公司利用实验室小空间释放法进行了试验，试验表明，地板接头处的 VOCs 释放量明显高于其他位置。瑞典研究者试图探讨不同检测法之间的优缺点，采用 5 种检测法测定了实木复合地板的甲醛释放情况，得出实验室小空间释放法、干燥器盖法以及环境舱法是较优的检测方法，并建议将实验室小空间释放法作为 VOCs 检测的标准方法。Feng Li 利用实验室小空间释放法建立了水性乳胶漆挥发性化合物的释放模型，同时得出结论，将该漆涂在不同的板材上，VOCs 释放情况差异较大，其中饰有该漆的刨花板的挥发性物质释放较少。Jae-Yoon An 通过对复合地板的挥发性有机化合物释放规律的探究，得出了实验室小空间释放法与气候箱法两种检测方法间的相关性很好，为 FLEC 法检测板材的 VOCs 释放情况提供了可靠依据。

干燥器盖法实际上是对实验室小空间释放法的修改，可以作为 FLEC 检测方法的替代法，其最大的优点就是检测费用小，但是此方法的使用有几个特殊要求：首先，检测时所选定的检测物表面必须有很大的平整性，要求很苛刻；其次，试验时必须保证空气交换率等于装载率；最后，必须定好样品的预处理时间以及检测物的检测表面。

2. 人造板 VOCs 分析方法研究

目前国内对于分析人造板 VOCs 的方法中，普遍认同使用的有气相色谱法（GC）、气相色谱质谱法（GC/MS）、荧光分光光度法和膜导入质谱法。其中使用最多的是 GC 法和 GC/MS 法。

最早利用 GC 法分析 VOCs 物质的是 Pellizzari 等，他们探究了环境温度下热解吸脱附-GC 检测 VOCs 的方法，奠定了此方法检测 VOCs 的参考依据。Childers 在探究试验样品的 VOCs 物质时结合了 GC 法与红外光谱法，得到了检测物的 VOCs 释放规律。国内学者曾在探究居室内芳香族化合物的释放规律时采用了气相色谱法与离子检测器联用的方法进行分析研究，得到了芳香族物质的产生源以及释放趋势情况。李光荣、周玉成等在研究分析木制品的 VOCs 释放的检测方法时，使用 GC 法分析了试验样品，并得到结论：气相色谱法对于木制品的 VOCs 释放的分析可行，并且可靠性高。

自从 J. C. Holmes 和 F. A. Morrell 在 1957 年将 GC 和 MS 两种技术联合使用以来，GC/MS 发展迅速，并得到了广泛认可，在对有机混合物的识别分析上已经达到了纳克级，现在在人造板 VOCs 释放分析中成为使用最普遍的技术。Mathias 在松木定向刨花板在热压后的 VOCs 释放情况规律的探究中，使用了 GC/MS 联用技术对释放的 VOCs 物质进行了分析。Mathias 在对人造板 VOCs 释放的研究中大多采用这种分析法，在探究板材的生产加工条件对苏格兰松木定向刨花板

VOCs 释放的影响时，依然采用 GC/MS 分析法进行数据分析。卢志刚、李建军等研究饰面板材的 VOCs 释放规律时采用了 GC/MS 联用技术分析 VOCs 各单体成分，得到了饰面板材的挥发物质释放规律，同时，得到结论，饰面板材的挥发性物质的释放速率可在板材经过高温处理后下降。陈宇栋等探究含脲醛树脂胶板材的 VOCs 释放情况时，采用 GC/MS 联用技术进行分析，得到了该种板材释放的主要挥发性单体物质种类。

目前，人造板等装饰材料的 VOCs 分析技术除了以上几种常用技术，还有其他几种新发展起来的分析技术。一种技术是质子转移反应质谱法（PTR-MS），该方法主要是针对 GC/MS 联用技术的检测灵敏度较低的问题，将 VOCs 各分子离子化，即利用离子与各有机物分子反应使有机物分子离子化，此方法由奥地利学者研究出来，目前此分析技术主要应用在大气方面的检测中。还有光谱分析法，此分析方法的特点主要是快速并且高效，但是缺点在于分辨率和灵敏度不太高，因此此分析方法更适合快速实时的检测或是针对某几种挥发性有机物单体的分析。快速半定量分析法并不是某个确定的方法，而是对一类可快速半定量分析方法的总称，目前主要有光离子化技术和比色管技术。光离子化技术最大的优点是灵敏度高且检测范围广，其工作原理是，利用紫外光把挥发性有机化合物离子化为正负离子。目前此分析技术主要用于分析气体的总挥发性有机化合物，国内学者曾采用此分析技术探究环境中的 VOCs 物质，试验表明准确性较高。比色管技术只能得到 VOCs 的大致数据，因为其分析范围有局限，得到的结果代表性不强，其工作原理是，将采集到的 VOCs 物质与显色物质反应，分析反应后情况以确定 VOCs 的浓度。

1.2.2　人造板 VOCs 释放的外部影响因素

人造板 VOCs 释放情况会因为外部因素的改变而不同，外部因素包括板材在生产过程中受到的外部影响，包括热压温度、热压时间、干燥温度、干燥时间以及涂胶工艺等因素；此外，外部因素还包括板材在检测时所受到的环境影响因子，如温度、相对湿度、负荷因子、空气交换率等因素。

国外学者对影响板材 VOCs 释放的影响因素研究早于国内，进行的探究也相对较多。1993 年就有国外研究者得出结论：温度会影响 VOCs 的释放。Ki-Wook Kim 经过试验研究发现，涂饰工艺可以抑制装饰材料的甲醛释放量，不过对于 VOCs 的抑制作用非常不明显。Mathias 利用环境舱采集 VOCs，用 GC/MS 联用仪分析 VOCs 成分及浓度，探究了热压温度、干燥温度及热压时间等外部因素对定向刨花板 VOCs 释放的影响。Fariborz 等利用小环境舱法探究了温度以及相对湿度对涂饰材料油漆总挥发性有机化合物的影响，结果表明，温度对总挥发性物质的释放呈现正相关影响，但是有些单体物质不遵循这一情况；相对湿度对两种涂料的影响情况较为复杂，其中清漆的总挥发性物质浓度随相对湿度的增大而增大，但是对油漆的影响并不呈现出明显规律。Wigluse 通过试验探究了温度对地板材料的甲醛和 VOCs 的影响情况，试验结果显示，温度提高到常温的 2 倍时，VOCs 的释放量明显增加。M. R. Milota 通过试验探究了干燥温度对松木材料的影响，试验结果表明，干燥过程中干燥温度对木材各类 VOCs 物质的释放影响非常明显，且呈现正相关影响，在试验中，温度提高后烃类物质的释放量提高到原来的 2 倍，醇类物质以及醛类物质的释放量的提高分别超过 200% 和 400%。J. Douglas 和 Wenlong Wang 经过试验得到结论，人造板 VOCs 的释放情况随着各种热压参数以及施加的胶黏剂种类不同而不同，且不同外部因素对总挥发性物质、各个单体物质的影响情况及程度均不同。

　　国内对板材 VOCs 释放影响因素的研究也随着对板材 VOCs 研究的不断深入逐渐开展，并取得了一定的进展。卢志刚、李建军等使用释放舱联合复合吸附剂捕集技术分析饰面板材 VOCs 释放规律，同时探究了高温处理对饰面板材 VOCs 释放情况的影响，试验结果表明，提高温度可以使板材 VOCs 的释放速率明显减小。龙玲和王金林利用高效液相色谱分析技术以及 GC 分析技术研究杉木、杨木、马尾松和尾叶桉的 VOCs 释放机理，同时探究了将检测温度提高到常温 2 倍时 VOCs 释放情况，结果表明，TVOC 及各类单体物质的浓度明显提高。朱明亮等经过试验得到结论：温度对绝大多数试验样品 VOCs 的释放影响明显，且呈现正相关影响，但是对各个 VOCs 单体的影响程度不同，同时温度对 VOCs 释放的影响与检测材料相关，此研究的另外一个发现是，温度在常温范围的影响几乎可以忽略，当温度提高到常温的 2 倍、3 倍时对 TVOC 的影响非常明显。陈太安探究了干燥过程中外界因素对木材 VOCs 的影响情况，试验结果表明，除了木材本身的因素（如树种、内部结构）对挥发性物质的释放产生影响外，干燥过程的干燥介质对挥发性物质的释放情况也有影响，且各种因素所产生的影响情况及程度均不同。李信等通过试验探究了所添加的不同胶黏剂种类对刨花板 VOCs 释放情况的影响，试验结果表明，不同胶黏剂对刨花板挥发性物质的释放有影响，胶种不同，影响程度不同，其中脲醛树脂胶对板材挥发性物质的种类影响最明显，使用该胶黏剂时板材释放的各类挥发性物质种类最多。东北林业大学李爽利用自行设计制造的 15L 小型环境舱采集气体，利用气相色谱质谱联用仪进行分析，探究了中密度纤维板、贴面中密度纤维板、高密度纤维板、刨花板、定向刨花板、胶合板 6 类人造板的 VOCs 的释放机理，通过与在标准条件下使用 $1m^3$ 气候箱检测的这 6 类人造板 VOCs 释放情况对比，验证了自行设计制造的小型环境舱使用的可行性，试验还验证了两种检测方法的相关性，结果表明相关性很好，因此也证明了设计的小环境舱检测板材 VOCs 释放的可靠性。除此之外，李爽还探究了外部环境因素对板材 VOCs 释放的影响，包括对 TVOC、芳香烃物质、烷烃类物质及各个 VOCs 单体物质的影响，得到结论：检测环境因子温度、相对湿度和气体交换率均对人造板 VOCs 的释放呈现正相关影响，即 VOCs 的释放随这些检测环境因子的增大而增大，且这三项环境因子对人造板挥发性物质释放的初期影响最为明显；负荷因子对板材 VOCs 释放的影响并不呈简单的线性关系，但是总体上，负荷因子增大会使板材 VOCs 的释放增大。

参 考 文 献

白志鹏，韩旸，袭著革. 2006. 室内空气污染与防治[M]. 北京：化学工业出版社：1，7.

陈兵. 2006. 光离子化检测仪进行挥发性有机物测定研究[J]. 适用预防医学，13（2）：447-449.

陈宇栋，沙春霞，张静. 2002. 室内空气中主要挥发性有机物污染状况调查[J]. 中国卫生监督杂志，9（2）：84-85.

杜振辉，齐汝宾，张慧敏，等. 2008. 近红外光谱定量检测丙烷和异丁烷[J]. 天津大学学报，41（5）：589-592.

冯伟，黄建恩. 2008. 室内常见污染物的危害与防治[J]. 中国科技信息，（11）：16-17.

金家伟，狄韶斌，王立斌. 2004. 家装对室内空气的影响及防治对策[J]. 新疆环境保护，26（4）：41-43.

李光荣，周玉成，龙玲，等. 2009. 木制品有机挥发物释放测试方法的研究[A]. 第二届中国林业学术大会-S11 木材及生物质资源高效增值利用与木材安全论文集[C]：385-390.

李汉珍，杨旭，李燕，等. 2000. 武汉市室内装饰材料卫生状况调查[J]. 中国公共卫生，16（1）：40-41.

李亚新. 2003. 室内空气中挥发性有机物污染与防治[J]. 城市环境与城市生态，16（1）：11-12.

刘玉，沈隽，刘明. 2005. 人造板总挥发性有机化合物（TVOC）的检测[J]. 国际木业，35（7）：22-23.

任文春. 2005. 浅谈室内装修空气污染物对人体健康的危害及防治[J]. 云南环境科学，24：178-179.

沈学优，罗晓璐，朱利中. 2001. 空气中挥发性有机化合物的研究进展[J]. 浙江大学学报，28（5）：547-556.

沈学优，罗晓璐. 2002. 空气中挥发性有机物监测技术的研究进展[J]. 环境污染与防治，24（1）：46-49.

孙咏梅，袭著革，戴树桂. 2002. 香烟烟雾成分分析及其对 DNA 生物氧化能力研究[J]. 环境，18（4）：203-206.

孙媛. 2004. 人造板的甲醛散发特征研究及其预测评价[D]. 上海：同济大学.

杨丹，潘建明. 2008. 总有机碳分析技术的研究现状及进展[J]. 浙江师范大学学报（自然科学版），31（4）：441-444.

姚运先，冯雨峰，杨光明. 2001. 室内环境检测[M]. 北京：化学工业出版社：1.

余先纯，孙德彬，孙德林. 2006. 室内 VOC 释放量的控制[J]. 家具与室内装饰，（3）：46-47.

袁晶，夏世钧. 1998. 室内空气污染与健康[J]. 医学与社会，11（2）：23-26.

张舵. 2004-12-30. 全球近一半人遭受室内空气污染[N]. 人民日报.

周连. 2007. 气候变化对污染物浓度和健康影响的关系研究[D]. 南京：南京医科大学.

Bremer J，White E，Schneider D. 1993. Measurement and characterization of emissions from PVC materials for indoor use[C]. Proceedings of the 6th International Conference on Indoor Air Quality and Climate，2：419-424.

GB/T 18883—2002. 2003. 室内空气质量标准[S].

Haghighat F，Bellis L D. 1998. Material emission rates：literature review，and the impact of indoor air temperature and relative humidity[J]. Building and Environment，33（5）：261-277.

Jones A P. 1999. Indoor air quality and health[J]. Atmospheric Environment，33：4535-4564.

Shungo K，Yuko M，Yatsuya K，et al. 2004. Urban air measurement using PTR-MS in Tokyo area and comparison with GC-FID measurements[J]. International Journal of Mass Spectrometry，235（2）：103-110.

Thrasher J D，Kilburn K H. 2001. Embryo toxicity and teratogenicity of formaldehyde [J]. Archives of Environment

Health，56（40）：300-311.

Weschler C J. 2009. Changes in indoor pollutants since the 1950s[J]. Atmospheric Environment，43：153-169.

Whalen M，Driscoll J N. 1994. Detection of aromatic hydrocarbons in the atmosphere at ppt levels[J]. Atmospheric Environment，28：567-570.

第 2 章　VOCs 快速释放的影响因素研究

人造板 VOCs 的采集方法主要是气候箱法、试验室小空间释放法（FLEC）和干燥器盖法。美国是在规定的温度、相对湿度和空气交换率下用气候箱法来测定人造板 VOCs 释放量。国内外有一些研究指出，不同环境条件（温度、相对湿度等）对 VOCs 的释放有较大影响，新方法旨在通过探索环境影响因素对 VOCs 释放的影响。本章以高密度纤维板、中密度纤维板和刨花板为研究对象，采用一种新型的快速检测方法，利用气相色谱质谱（GC/MS）联用仪检测人造板在不同温度、相对湿度和空气交换率与负荷因子之比条件下的 VOCs 释放水平，探究人造板 VOCs 释放特性。

2.1　试　验　设　计

2.1.1　试验材料

本设计采用的材料为高密度纤维板、中密度纤维板和刨花板。三种试验板材基本参数见表 2-1。

表 2-1　试验板材基本参数

编号	板材种类	厚度/mm	密度/(g·cm⁻³)	热压温度/℃	热压时间/(min·mm⁻¹)	热压压强/MPa
1	高密度纤维板	12	0.88	190	0.5	3.5
2	中密度纤维板	9	0.74	190	0.4	3.2
3	刨花板	16	0.70	185	0.5	3.0

试验检测样品准备如下：

1）三种检测板材均裁成直径为 60mm 的圆形试验样品。

2）用铝箔胶带将裁板后的样品四边封上，因此样品暴露面积为 $5.65 \times 10^{-3} m^2$。目的是提高试验的准确性，防止板材四周的 VOCs 释放。

3）将封边后的试验样品用锡箔纸包好，封存于聚四氟乙烯袋中，贴上标签纸，然后将处理好的试验样品置于冷柜中备用。

2.1.2 试验设备

1. VOCs 采集设备

（1）微池热萃取仪

微池热萃取仪（μ-CTE）如图 2-1 所示，由英国 Markes 国际公司生产，型号为 M-CTE250，该设备可广泛用于不同材料的测试研究和分析。微池热萃取仪由 4 个圆柱形微池组成（每个微池直径为 64mm，深为 36mm），可同时测试 4 个样品的有机挥发物。通过设计改造，该仪器拥有恒定和均衡的气流控制、温度及湿度的可调节功能以及极低的舱体本底浓度。

图 2-1   M-CTE250(T)(i)™ 微池热萃取仪

（2）Tenax-TA 吸附管

管体为不锈钢材质，内装 2,6-二苯呋喃多孔聚合物，可以有效吸附/脱附 VOCs 有机物质。

2. VOCs 分析设备

（1）气相色谱质谱联用仪

气相色谱质谱（GC/MS）联用仪如图 2-2 所示，由赛默飞世尔科技有限公司生产，型号为 DSQ II 单四极杆气相色谱质谱联用仪，可以精确高效地分析挥发性有机化合物的成分及浓度，分析数据准确快速，灵敏度高、耐用性强。

（2）热解吸进样器

热解吸进样器由北分天普仪器技术有限公司生产，型号为 TP-5000，作用是对分析样品进行前处理，将吸附管中的 VOCs 物质解吸出来导入 GC/MS 进行分析。

图 2-2   气相色谱质谱联用仪

2.1.3　性能测试

1. VOCs 采集方法

快速检测法采集人造板挥发性有机化合物的具体方法如下：

1）将预处理好的试验样品进行解冻。

2）设置试验检测条件，包括温度、相对湿度、空气交换率与负荷因子之比（此参数通过设置空气流量达到），通入氮气。

3）将解冻好的试验样品放入微池热萃取仪的圆柱形微舱中，关好舱门，使舱体保持密封。

4）每天进行 8h 试验，每天采集一次气体，采集方法是，将 Tenax-TA 吸附管插到微舱上（每个微舱上有一个专门插吸附管的插口），每次采集 3L 气体。根据标准 EN717-1 对稳定状态的定义，当浓度计算值下降到不大于 5%的差异时为达到稳定状态。所以采集天数根据相邻两天 TVOC 浓度差来确定，当浓度差小于等于 5%时即达到稳定状态，停止采样。

2. VOCs 分析方法

将采集到气体的 Tenax-TA 管放入热解吸脱附仪中进行解脱附，同时迅速向吸附管中用进样针打入已知浓度的定量的内标物质氘代甲苯，气体被导入与热解吸脱附仪连接的 GC/MS 仪器进行分析。分析 VOCs 的基本工作原理是：GC/MS 仪器可以分析出挥发性有机化合物中每种有机物质的化学结构以及每种有机物形成的色谱柱峰面积，通过化学式可以匹配出具体物质，同时按照峰面积之比等于物质量的比，根据内标物峰面积和物质量得出每种物质的浓度。再依据《室内空气质量标准》（GB/T 18883—2002）对总挥发性有机化合物的定义，计算出碳个数在 6～16 的 VOCs 物质量的总和。

3. 工艺参数设置

（1）快速检测法参数设置

快速检测法的各个参数设置见表 2-2。

表 2-2　快速检测法试验参数设置

试验参数	数值
体积/m^3	1.16×10^{-4}
空气交换率与负荷因子之比/(次·m^3·h^{-1}·m^{-2})	0.2/0.5/1
温度/℃	40/60/80/100
相对湿度/%	40/60

（2）GC/MS 参数设置

试验参数设置为进样口温度 250℃，离子源电离，离子源电离温度为 230℃，辅助区温度 270℃，溶剂延迟时间为 4.7min。升温程序全程 53min，由 40℃升至 250℃，具体升温过程见图 2-3。

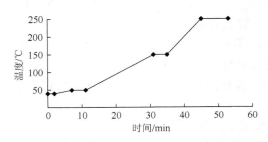

图 2-3　GC/MS 升温程序

（3）热解吸脱附仪参数设置

热解吸时解吸温度设置为 280℃，解吸时间为 5min，气体进样时间为 1min。

2.2　性能分析

2.2.1　不同检测条件下三种板材 VOCs 释放情况

本试验探究快速检测法的不同检测条件，包括 4 种温度、2 种相对湿度和 3 种空气交换率与负荷因子之比相互组合而成的 24 种不同检测条件，具体每种检测条件见表 2-3。

1. 不同检测条件下三种板材 VOCs 释放水平

（1）检测条件 1 下三种板材 TVOC 释放水平

表 2-4 和图 2-4 为温度 40℃、相对湿度 40%、空气交换率与负荷因子之比为 0.2 次·m^3·h^{-1}·m^{-2} 的检测条件下使用快速检测法检测高密度纤维板、中密度纤维板以及刨花板 TVOC 释放浓度情况。三种板材 TVOC 释放在 20 天达到平衡状态，第 1 天三种板材 TVOC 释放浓度差异最为明显，TVOC 释放浓度从大到小依次是高密度纤维板、中密度纤维板、刨花板、在此检测条件下，三种板材初始 TVOC 释放浓度分别为 210.11μg·m^{-3}、165.92μg·m^{-3} 和 157.37μg·m^{-3}。三种板材 TVOC 释放浓度随时间的延长逐渐下降，并且都是在前 1～7 天释放相对较快，之后释放速率逐渐减慢，最后达到平衡状态、高密度纤维板、中密度纤维板、刨花板 TVOC 平衡浓度分别为 50.47μg·m^{-3}、41.74μg·m^{-3} 和 36.86μg·m^{-3}。

表 2-3　快速检测法检测条件设置

检测条件序号	温度/℃	相对湿度/%	空气交换率与负荷因子之比/(次·m³·h⁻¹·m⁻²)
1	40	40	0.2
2	60	40	0.2
3	80	40	0.2
4	100	40	0.2
5	40	40	0.5
6	60	40	0.5
7	80	40	0.5
8	100	40	0.5
9	40	40	1
10	60	40	1
11	80	40	1
12	100	40	1
13	40	60	0.2
14	60	60	0.2
15	80	60	0.2
16	100	60	0.2
17	40	60	0.5
18	60	60	0.5
19	80	60	0.5
20	100	60	0.5
21	40	60	1
22	60	60	1
23	80	60	1
24	100	60	1

三种板材 TVOC 总体释放趋势无明显差别，整个释放过程中高密度纤维板、中密度纤维板以及刨花板 TVOC 释放浓度从初始状态达到平衡状态分别下降了 75.98%、74.84%、76.58%。

表 2-4　快速检测法检测条件 1 下三种板材 TVOC 释放水平

时间/d	TVOC 释放浓度/($\mu g \cdot m^{-3}$)		
	高密度纤维板	中密度纤维板	刨花板
1	210.11	165.92	157.37
2	175.71	151.18	128.81
3	154.47	134.12	102.12
4	139.75	118.86	90.17
5	128.97	106.26	84.71
6	116.41	93.34	77.53
7	103.82	84.87	71.76
8	97.96	79.29	67.31
9	91.93	74.09	63.47
10	86.26	69.43	59.82
11	81.05	65.29	56.63
12	76.13	61.64	53.6
13	71.46	58.17	50.73
14	67.13	54.97	48.19
15	63.11	51.93	45.78
16	59.58	49.33	43.49
17	56.32	46.86	41.31
18	53.49	44.51	39.24
19	50.81	42.28	37.27
20	50.47	41.74	36.86

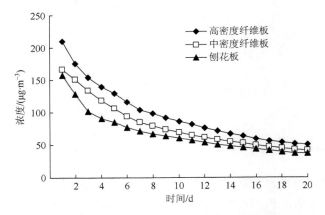

图 2-4　快速检测法检测条件 1 下三种板材 TVOC 释放水平

（2）检测条件 2 下三种板材 TVOC 释放水平

表 2-5 和图 2-5 为温度 60℃、相对湿度 40%、空气交换率与负荷因子之比为 0.2 次·m³·h⁻¹·m⁻² 的检测条件下使用快速检测法检测高密度纤维板、中密度纤维板以及刨花板 TVOC 释放浓度情况。三种板材 TVOC 释放在 18 天达到平衡状态，第 1 天 3 种板材释放浓度差异最为明显，TVOC 释放浓度从大到小依次是高密度纤维板、中密度纤维板、刨花板。在此检测条件下，三种板材初始 TVOC 释放浓度分别为 282.18μg·m⁻³、222.83μg·m⁻³ 和 209.00μg·m⁻³。三种板材 TVOC 释放浓度随时间的延长逐渐下降，并且都是在前 1～7 天释放较快，之后释放速率逐渐减慢，最后达到平衡状态。高密度纤维板、中密度纤维板、刨花板 TVOC 平衡浓度分别为 56.58μg·m⁻³、46.37μg·m⁻³ 和 40.78μg·m⁻³。三种板材 TVOC 总体释放趋势无明显差别，整个释放过程中高密度纤维板、中密度纤维板以及刨花板 TVOC 释放浓度从初始状态达到平衡状态分别下降了 79.95%、79.19%、80.49%。

表 2-5　快速检测法检测条件 2 下三种板材 TVOC 释放水平

时间/d	TVOC 释放浓度/(μg·m⁻³)		
	高密度纤维板	中密度纤维板	刨花板
1	282.18	222.83	209.00
2	213.10	174.35	155.88
3	171.45	141.23	123.09
4	149.68	124.67	111.24
5	121.73	109.88	97.13
6	111.85	98.68	84.68
7	104.46	88.04	75.04
8	97.43	80.78	70.15
9	91.25	75.04	64.74
10	85.64	69.38	60.64
11	80.46	65.07	56.75
12	75.22	61.19	53.62
13	70.97	57.65	50.81
14	67.05	54.76	48.26
15	63.47	51.92	45.84
16	60.29	49.32	43.54
17	57.27	46.85	41.36
18	56.58	46.37	40.78

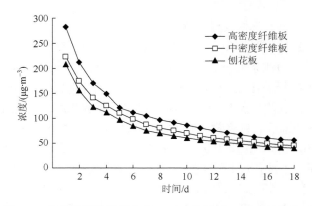

图 2-5　快速检测法检测条件 2 下三种板材 TVOC 释放水平

（3）检测条件 3 下三种板材 TVOC 释放水平

表 2-6 和图 2-6 为温度 80℃、相对湿度 40%、空气交换率与负荷因子之比为 0.2 次·m³·h⁻¹·m⁻² 的检测条件下使用快速检测法检测高密度纤维板、中密度纤维板以及刨花板 TVOC 释放浓度情况。三种板材 TVOC 释放在 16 天达到平衡状态，第 1 天三种板材释放浓度差异最为明显，TVOC 释放浓度从大到小依次是高密度纤维板、中密度纤维板、刨花板。在此检测条件下，三种板材 TVOC 初始释放浓度分别为 322.19μg·m⁻³、251.84μg·m⁻³ 和 236.18μg·m⁻³。三种板材 TVOC 释放浓度随时间的延长逐渐下降，并且都是在前 1～7 天释放较快，之后释放速率逐渐减慢，最后达到平衡状态。高密度纤维板、中密度纤维板、刨花板 TVOC 平衡浓度分别为 61.64μg·m⁻³、49.81μg·m⁻³ 和 43.64μg·m⁻³。三种板材 TVOC 总体释放趋势无明显差别，整个释放过程中高密度纤维板、中密度纤维板以及刨花板 TVOC 释放浓度从初始状态达到平衡状态分别下降了 80.87%、80.22%、81.52%。

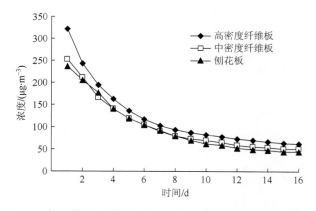

图 2-6　快速检测法检测条件 3 下三种板材 TVOC 释放水平

表 2-6　快速检测法检测条件 3 下三种板材 TVOC 释放水平

时间/d	TVOC 释放浓度/($\mu g \cdot m^{-3}$)		
	高密度纤维板	中密度纤维板	刨花板
1	322.19	251.84	236.18
2	243.31	211.66	205.71
3	193.15	164.92	176.43
4	162.60	139.57	139.62
5	135.47	118.32	118.68
6	116.83	103.84	104.49
7	102.53	89.13	91.66
8	92.65	78.85	79.48
9	86.88	72.93	68.86
10	81.68	69.19	61.72
11	77.02	64.88	57.85
12	72.69	58.78	52.21
13	69.05	55.84	49.39
14	65.59	53.04	46.92
15	62.31	50.38	44.57
16	61.64	49.81	43.64

（4）检测条件 4 下三种板材 TVOC 释放水平

表 2-7 和图 2-7 为温度 100℃、相对湿度 40%、空气交换率与负荷因子之比为 0.2 次·$m^3 \cdot h^{-1} \cdot m^{-2}$ 的检测条件下使用快速检测法检测高密度纤维板、中密度纤维板以及刨花板 TVOC 释放浓度情况。三种板材 TVOC 释放在 16 天达到平衡状态，第 1 天三种板材释放浓度差异最为明显，TVOC 释放浓度从大到小依次是高密度纤维板、中密度纤维板、刨花板。在此检测条件下三种板材 TVOC 初始释放浓度分别为 344.74$\mu g \cdot m^{-3}$、268.96$\mu g \cdot m^{-3}$ 和 252.71$\mu g \cdot m^{-3}$。三种板材 TVOC 释放浓度随时间的延长逐渐下降，并且都是在前 1～4 天释放较快，之后释放速率逐渐减慢，最后达到平衡状态。高密度纤维板、中密度纤维板、刨花板 TVOC 平衡浓度分别为 61.85$\mu g \cdot m^{-3}$、50.23$\mu g \cdot m^{-3}$ 和 44.15$\mu g \cdot m^{-3}$。三种板材 TVOC 总体释放趋势无明显差别，整个释放过程中高密度纤维板、中密度纤维板以及刨花板 TVOC 释放浓度从初始状态达到平衡状态分别下降了 82.06%、81.32%、82.53%。

表 2-7　快速检测法检测条件 4 下三种板材 TVOC 释放水平

时间/d	TVOC 释放浓度/($\mu g \cdot m^{-3}$)		
	高密度纤维板	中密度纤维板	刨花板
1	344.74	268.96	252.71
2	296.15	227.17	208.22
3	266.69	196.32	178.81
4	224.86	163.71	159.42
5	177.55	132.73	144.37
6	144.92	115.65	131.46
7	121.53	101.32	110.19
8	107.86	90.56	89.48
9	99.62	78.44	77.41
10	92.74	68.82	67.84
11	79.56	64.43	56.84
12	72.73	59.31	52.18
13	69.09	56.34	49.57
14	65.63	53.52	47.09
15	62.34	50.84	44.73
16	61.85	50.23	44.15

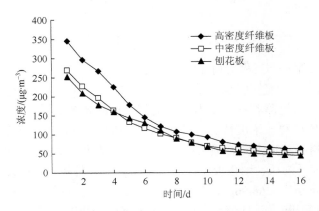

图 2-7　快速检测法检测条件 4 下三种板材 TVOC 释放水平

（5）检测条件 5 下三种板材 TVOC 释放水平

表 2-8 和图 2-8 为温度 40℃、相对湿度 40%、空气交换率与负荷因子之比为 0.5 次·$m^3 \cdot h^{-1} \cdot m^{-2}$ 的检测条件下使用快速检测法检测高密度纤维板、中密度纤维板

以及刨花板 TVOC 释放浓度情况。三种板材 TVOC 释放在 19 天达到平衡状态，第 1 天三种板材释放浓度差异最为明显，TVOC 释放浓度从大到小依次是高密度纤维板、中密度纤维板、刨花板。在此检测条件下，三种板材 TVOC 初始释放浓度分别为 239.11μg·m^{-3}、189.14μg·m^{-3} 和 179.27μg·m^{-3}。三种板材 TVOC 释放浓度随时间的延长逐渐下降，并且都是在前 1～8 天释放较快，之后释放速率逐渐减慢，最后达到平衡状态。高密度纤维板、中密度纤维板、刨花板 TVOC 平衡浓度分别为 51.36μg·m^{-3}、41.47μg·m^{-3} 和 36.37μg·m^{-3}。三种板材 TVOC 总体释放趋势无明显差别，整个释放过程中高密度纤维板、中密度纤维板以及刨花板 TVOC 释放浓度从初始状态达到平衡状态分别下降了 78.52%、78.07%、79.71%。

表 2-8　快速检测法检测条件 5 下三种板材 TVOC 释放水平

时间/d	TVOC 释放浓度/(μg·m^{-3})		
	高密度纤维板	中密度纤维板	刨花板
1	239.11	189.14	179.27
2	187.67	161.86	144.62
3	156.34	143.17	123.14
4	140.82	133.02	108.44
5	128.15	117.36	98.27
6	114.87	104.25	89.56
7	102.55	89.64	84.23
8	96.58	78.50	73.37
9	89.29	70.78	66.85
10	80.12	66.72	59.71
11	76.11	62.28	54.83
12	71.35	58.22	50.28
13	67.40	54.43	47.76
14	63.84	51.42	45.37
15	60.45	48.84	42.96
16	57.42	46.39	40.71
17	54.54	44.07	38.67
18	51.81	41.86	36.73
19	51.36	41.47	36.37

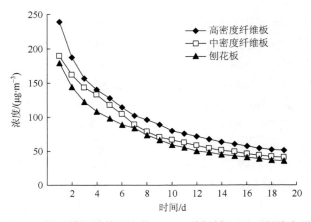

图 2-8　快速检测法检测条件 5 下三种板材 TVOC 释放水平

（6）检测条件 6 下三种板材 TVOC 释放水平

表 2-9 和图 2-9 为温度 60℃、相对湿度 40%、空气交换率与负荷因子之比为 0.5 次·m³·h⁻¹·m⁻² 的检测条件下使用快速检测法检测高密度纤维板、中密度纤维板以及刨花板 TVOC 释放浓度情况。三种板材 TVOC 释放在 16 天达到平衡状态，第 1 天三种板材释放浓度差异最为明显，TVOC 释放浓度从大到小依次是高密度纤维板、中密度纤维板、刨花板。在此检测条件下，三种板材 TVOC 初始释放浓度分别为 321.40μg·m⁻³、253.81μg·m⁻³ 和 238.03μg·m⁻³。三种板材 TVOC 释放浓度随时间的延长逐渐下降，并且都是在前 1～6 天释放较快，之后释放速率逐渐减慢，最后达到平衡状态。高密度纤维板、中密度纤维板、刨花板 TVOC 平衡浓度分别为 58.73μg·m⁻³、47.64μg·m⁻³ 和 41.60μg·m⁻³。三种板材 TVOC 总体释放趋势无明显差别，整个释放过程中高密度纤维板、中密度纤维板以及刨花板 TVOC 释放速率从初始状态达到平衡状态分别下降了 81.73%、81.23%、82.52%。

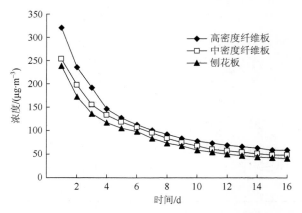

图 2-9　快速检测法检测条件 6 下三种板材 TVOC 释放水平

表 2-9　快速检测法检测条件 6 下三种板材 TVOC 释放水平

时间/d	TVOC 释放浓度/(µg·m⁻³)		
	高密度纤维板	中密度纤维板	刨花板
1	321.40	253.81	238.03
2	235.36	197.33	172.84
3	191.50	155.17	135.55
4	146.78	133.09	117.28
5	128.04	118.83	106.07
6	112.14	106.24	97.62
7	100.84	95.04	83.24
8	92.07	83.64	73.34
9	83.66	75.18	66.83
10	77.58	67.63	58.74
11	72.75	60.44	53.91
12	69.11	56.47	49.31
13	65.65	53.64	46.84
14	62.36	50.92	44.49
15	59.24	48.37	42.26
16	58.73	47.64	41.60

（7）检测条件 7 下三种板材 TVOC 释放水平

表 2-10 和图 2-10 为温度 80℃、相对湿度 40%、空气交换率与负荷因子之比为 0.5 次·m³·h⁻¹·m⁻² 的检测条件下使用快速检测法检测高密度纤维板、中密度纤维板以及刨花板 TVOC 释放浓度情况。三种板材 TVOC 释放在 14 天达到平衡状态，第 1 天三种板材释放浓度差异最为明显，TVOC 释放浓度从大到小依次是高密度纤维板、中密度纤维板、刨花板。在此检测条件下，三种板材 TVOC 初始释放浓度分别为 366.65µg·m⁻³、286.59µg·m⁻³ 和 268.75µg·m⁻³。三种板材 TVOC 释放浓度随时间的延长逐渐下降，并且都是在前 1～5 天释放较快，之后释放速率逐渐减慢，最后达到平衡状态。高密度纤维板、中密度纤维板、刨花板 TVOC 平衡浓度分别为 62.18µg·m⁻³、50.13µg·m⁻³ 和 44.86µg·m⁻³。三种板材 TVOC 总体释放趋势无明显差别，整个释放过程中高密度纤维板、中密度纤维板以及刨花板 TVOC 释放浓度

从初始状态达到平衡状态分别下降了 83.04%、82.51%、83.31%。

表 2-10　快速检测法检测条件 7 下三种板材 TVOC 释放水平

时间/d	TVOC 释放速率/($\mu g \cdot m^{-3}$)		
	高密度纤维板	中密度纤维板	刨花板
1	366.65	286.59	268.75
2	253.36	209.38	214.11
3	188.29	171.42	167.46
4	143.63	132.65	139.27
5	126.25	110.82	108.56
6	110.47	95.65	93.63
7	96.88	81.67	79.74
8	88.24	71.89	67.21
9	81.03	67.44	61.95
10	73.17	63.12	54.11
11	69.51	56.16	50.45
12	66.02	53.35	47.92
13	62.71	50.68	45.52
14	62.18	50.13	44.86

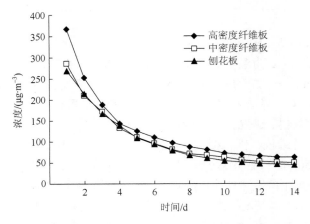

图 2-10　快速检测法检测条件 7 下三种板材 TVOC 释放水平

（8）检测条件 8 下三种板材 TVOC 释放水平

表 2-11 和图 2-11 为温度 100℃、相对湿度 40%、空气交换率与负荷因子之比为 0.5 次·m³·h⁻¹·m⁻² 的检测条件下使用快速检测法检测高密度纤维板、中密度纤维板以及刨花板 TVOC 释放浓度情况。三种板材 TVOC 释放在 14 天达到平衡状态，第 1 天三种板材释放浓度差异最为明显，TVOC 释放浓度从大到小依次是高密度纤维板、中密度纤维板、刨花板。在此检测条件下，三种板材 TVOC 初始释放浓度分别为 392.31μg·m⁻³、306.07μg·m⁻³ 和 287.02μg·m⁻³。三种板材 TVOC 释放浓度随时间的延长逐渐下降，并且都是在前 1~4 天释放较快，之后释放速率逐渐减慢，最后达到平衡状态。高密度纤维板、中密度纤维板、刨花板 TVOC 平衡浓度分别为 62.55μg·m⁻³、51.02μg·m⁻³ 和 45.65μg·m⁻³。三种板材 TVOC 总体释放趋势无明显差别，整个释放过程中高密度纤维板、中密度纤维板以及刨花板 TVOC 释放浓度从初始状态达到平衡状态分别下降了 84.06%、83.33%、84.10%。

表 2-11　快速检测法检测条件 8 下三种板材 TVOC 释放水平

时间/d	TVOC 释放浓度/(μg·m⁻³)		
	高密度纤维板	中密度纤维板	刨花板
1	392.31	306.07	287.02
2	275.28	239.16	204.76
3	211.72	187.81	161.28
4	165.83	151.52	138.23
5	145.29	137.3	110.42
6	125.68	119.04	92.55
7	111.85	106.44	83.38
8	103.36	97.32	66.87
9	90.64	79.16	61.63
10	80.37	67.61	56.62
11	70.67	58.53	51.89
12	67.13	55.42	49.29
13	63.77	52.64	46.82
14	62.55	51.02	45.65

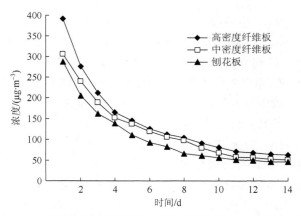

图 2-11　快速检测法检测条件 8 下三种板材 TVOC 释放水平

（9）检测条件 9 下三种板材 TVOC 释放水平

表 2-12 和图 2-12 为温度 40℃、相对湿度 40%、空气交换率与负荷因子之比为 1 次·m³·h⁻¹·m⁻² 的检测条件下使用快速检测法检测高密度纤维板、中密度纤维板以及刨花板 TVOC 释放浓度情况。三种板材 TVOC 释放在 18 天达到平衡状态，第 1 天三种板材释放浓度差异最为明显，TVOC 释放浓度从大到小依次是高密度纤维板、中密度纤维板、刨花板。在此检测条件下，三种板材 TVOC 初始释放浓度分别为 273.75μg·m⁻³、227.10μg·m⁻³ 和 203.63μg·m⁻³。三种板材 TVOC 释放浓度随时间的延长逐渐下降，并且都是在前期释放较快，随着时间的延长，释放速率渐渐减慢，最后达到平衡状态。高密度纤维板、中密度纤维板、刨花板 TVOC 平衡浓度分别为 52.21μg·m⁻³、43.63μg·m⁻³ 和 37.16μg·m⁻³。三种板材 TVOC 总体释放趋势无明显差别，整个释放过程中高密度纤维板、中密度纤维板以及刨花板 TVOC 释放浓度从初始状态达到平衡状态分别下降了 80.93%、80.79%、81.75%。

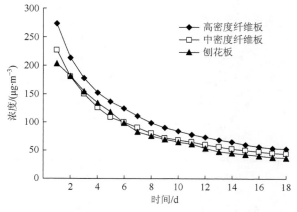

图 2-12　快速检测法检测条件 9 下三种板材 TVOC 释放水平

表 2-12   快速检测法检测条件 9 下三种板材 TVOC 释放水平

时间/d	TVOC 释放浓度/($\mu g \cdot m^{-3}$)		
	高密度纤维板	中密度纤维板	刨花板
1	273.75	227.10	203.63
2	213.47	180.53	182.15
3	177.54	149.63	154.69
4	152.52	125.04	133.66
5	136.81	108.34	118.38
6	124.37	99.42	98.87
7	110.55	90.20	82.65
8	98.38	80.49	75.67
9	90.62	72.22	69.04
10	84.26	68.35	64.63
11	78.14	64.45	60.48
12	73.18	59.33	53.66
13	68.43	55.51	47.18
14	64.58	52.26	44.82
15	59.37	49.64	42.57
16	56.05	47.15	40.44
17	53.24	44.74	38.41
18	52.21	43.63	37.16

（10）检测条件 10 下三种板材 TVOC 释放水平

表 2-13 和图 2-13 为温度 60℃、相对湿度 40%、空气交换率与负荷因子之比为 1 次·$m^3 \cdot h^{-1} \cdot m^{-2}$ 的检测条件下使用快速检测法检测高密度纤维板、中密度纤维板以及刨花板 TVOC 释放浓度情况。三种板材 TVOC 释放在 14 天达到平衡状态，第 1 天三种板材释放浓度差异最为明显，TVOC 释放浓度从大到小依次是高密度纤维板、中密度纤维板、刨花板。在此检测条件下，三种板材 TVOC 初始释放浓度分别为 371.56$\mu g \cdot m^{-3}$、298.68$\mu g \cdot m^{-3}$ 和 279.10$\mu g \cdot m^{-3}$。三种板材 TVOC 释放浓度随时间的延长逐渐下降，并且都是在前期释放较快，随着时间的延长，释放速率渐渐减慢，最后达到平衡状态。高密度纤维板、中密度纤维板、刨花板 TVOC 平

衡浓度分别为 60.15μg·m⁻³、48.53μg·m⁻³ 和 44.20μg·m⁻³。三种板材 TVOC 总体释放趋势无明显差别，整个释放过程中高密度纤维板、中密度纤维板以及刨花板 TVOC 释放浓度从初始状态达到平衡状态分别下降了 83.81%、83.75%、84.16%。

表 2-13　快速检测法检测条件 10 下三种板材 TVOC 释放水平

时间/d	TVOC 释放浓度/(μg·m⁻³)		
	高密度纤维板	中密度纤维板	刨花板
1	371.56	298.68	279.10
2	283.61	227.86	201.87
3	227.43	171.67	168.03
4	180.55	145.04	142.53
5	153.83	127.34	122.11
6	120.15	103.87	103.66
7	112.24	83.58	86.13
8	94.28	70.85	71.38
9	82.84	62.56	60.22
10	77.75	57.54	53.41
11	68.17	54.66	50.34
12	64.76	51.92	47.82
13	61.52	49.32	45.42
14	60.15	48.53	44.20

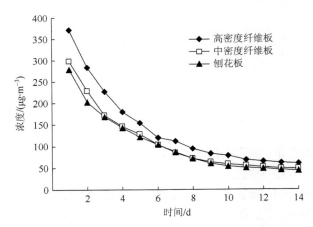

图 2-13　快速检测法检测条件 10 下三种板材 TVOC 释放水平

（11）检测条件 11 下三种板材 TVOC 释放水平

表 2-14 和图 2-14 为温度 80℃、相对湿度 40%、空气交换率与负荷因子之比为 1 次·m³·h⁻¹·m⁻² 的检测条件下使用快速检测法检测高密度纤维板、中密度纤维

板以及刨花板 TVOC 释放浓度情况。三种板材 TVOC 释放在 12 天达到平衡状态，第 1 天三种板材释放浓度差异最为明显，TVOC 释放浓度从大到小依次是高密度纤维板、中密度纤维板、刨花板。在此检测条件下，三种板材 TVOC 初始释放浓度分别为 419.07μg·m⁻³、328.62μg·m⁻³ 和 307.89μg·m⁻³。三种板材 TVOC 释放浓度随时间的延长逐渐下降，并且都是在前 1～5 天释放较快，之后释放速率逐渐减慢，最后达到平衡状态。高密度纤维板、中密度纤维板、刨花板 TVOC 平衡浓度分别为 62.87μg·m⁻³、51.35μg·m⁻³ 和 46.23μg·m⁻³。三种板材 TVOC 总体释放趋势无明显差别，整个释放过程中高密度纤维板、中密度纤维板以及刨花板 TVOC 释放浓度从初始状态达到平衡状态分别下降了 85.00%、84.37%、84.98%。

表 2-14　快速检测法检测条件 11 下三种板材 TVOC 释放水平

时间/d	TVOC 释放浓度/($\mu g \cdot m^{-3}$)		
	高密度纤维板	中密度纤维板	刨花板
1	419.07	328.62	307.89
2	280.34	238.30	228.76
3	224.93	186.69	178.82
4	163.48	152.65	135.21
5	134.41	124.12	105.65
6	113.44	102.72	95.62
7	90.92	83.36	73.73
8	76.88	67.77	60.55
9	71.14	59.64	52.78
10	67.45	55.67	50.14
11	64.07	52.88	47.63
12	62.87	51.35	46.23

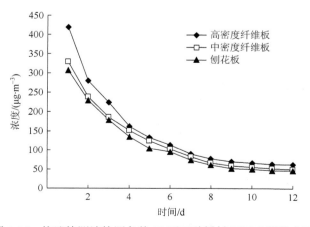

图 2-14　快速检测法检测条件 11 下三种板材 TVOC 释放水平

（12）检测条件 12 下三种板材 TVOC 释放水平

表 2-15 和图 2-15 为温度 100℃、相对湿度 40%、空气交换率与负荷因子之比为 1 次·m³·h⁻¹·m⁻² 的检测条件下使用快速检测法检测高密度纤维板、中密度纤维板以及刨花板 TVOC 释放浓度情况。三种板材 TVOC 释放在 11 天达到平衡状态，第 1 天三种板材释放浓度差异最为明显，TVOC 释放浓度从大到小依次是高密度纤维板、中密度纤维板、刨花板。在此检测条件下，三种板材 TVOC 初始释放浓度分别为 453.75μg·m⁻³、359.04μg·m⁻³ 和 331.86μg·m⁻³。三种板材 TVOC 释放浓度随时间的延长逐渐下降，并且都是在前 1～6 天释放较快，之后释放速率逐渐减慢，

表 2-15　快速检测法检测条件 12 下三种板材 TVOC 释放水平

时间/d	TVOC 释放浓度/(μg·m⁻³)		
	高密度纤维板	中密度纤维板	刨花板
1	453.75	359.04	331.86
2	296.37	266.86	242.84
3	225.51	215.62	177.72
4	185.74	176.34	132.34
5	161.26	123.52	88.23
6	124.75	92.35	64.82
7	99.55	72.44	58.73
8	80.62	61.22	53.89
9	68.98	56.26	51.19
10	65.53	53.44	48.54
11	64.24	51.72	47.07

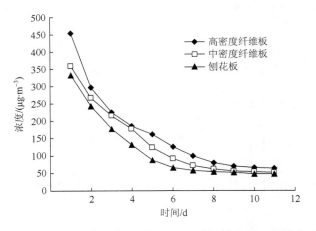

图 2-15　快速检测法检测条件 12 下三种板材 TVOC 释放水平

最后达到平衡状态。高密度纤维板、中密度纤维板、刨花板 TVOC 平衡浓度分别为 $64.24\mu g\cdot m^{-3}$、$51.72\mu g\cdot m^{-3}$ 和 $47.07\mu g\cdot m^{-3}$。三种板材 TVOC 总体释放趋势无明显差别，整个释放过程中高密度纤维板、中密度纤维板以及刨花板 TVOC 释放浓度从初始状态达到平衡状态分别下降了 85.84%、85.59%、85.82%。

（13）检测条件 13 下三种板材 TVOC 释放水平

表 2-16 和图 2-16 为温度 40℃、相对湿度 60%、空气交换率与负荷因子之比为 0.2 次·$m^3\cdot h^{-1}\cdot m^{-2}$ 的检测条件下使用快速检测法检测高密度纤维板、中密度纤维板以及刨花板 TVOC 释放浓度情况。三种板材 TVOC 释放在 18 天达到平衡状态，第 1 天三种板材释放浓度差异最为明显，TVOC 释放浓度从大到小依次是高密度纤维板、中密度纤维板、刨花板。在此检测条件下，三种板材 TVOC 初始释放浓度分别为 $256.25\mu g\cdot m^{-3}$、$197.37\mu g\cdot m^{-3}$ 和 $183.23\mu g\cdot m^{-3}$。三种板材 TVOC 释放浓度随时间的延长逐渐下降，并且都是在前期释放较快，随着时间的延长，释放速率逐渐减慢，最后达到平衡状态。高密度纤维板、中密度纤维板、刨花板 TVOC 平衡浓度分别为 $52.15\mu g\cdot m^{-3}$、$42.73\mu g\cdot m^{-3}$ 和 $37.45\mu g\cdot m^{-3}$。三种板材 TVOC 总体释放趋势无明显差别，整个释放过程中高密度纤维板、中密度纤维板以及刨花板 TVOC 释放浓度从初始状态达到平衡状态分别下降了 79.65%、78.35%、79.56%。

表 2-16　快速检测法检测条件 13 下三种板材 TVOC 释放水平

时间/d	TVOC 释放浓度/($\mu g\cdot m^{-3}$)		
	高密度纤维板	中密度纤维板	刨花板
1	256.25	197.37	183.23
2	210.36	168.77	144.24
3	183.06	154.63	128.78
4	169.86	142.15	107.15
5	139.47	125.35	96.08
6	127.25	111.09	81.78
7	114.67	98.64	74.37
8	103.33	86.81	67.81
9	92.94	75.47	61.57
10	83.55	69.24	55.65
11	75.58	62.83	52.48
12	68.62	56.81	49.57
13	65.18	53.77	47.09
14	61.92	51.08	44.73
15	58.82	48.52	42.46
16	55.87	46.09	40.33
17	53.07	43.78	38.32
18	52.15	42.73	37.45

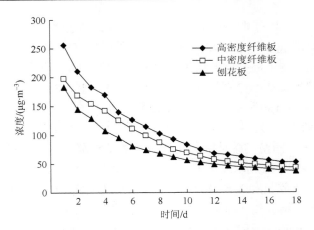

图 2-16　快速检测法检测条件 13 下三种板材 TVOC 释放水平

（14）检测条件 14 下三种板材 TVOC 释放水平

表 2-17 和图 2-17 为温度 60℃、相对湿度 60%、空气交换率与负荷因子之比为 0.2 次·m³·h⁻¹·m⁻² 的检测条件下使用快速检测法检测高密度纤维板、中密度纤维板以及刨花板 TVOC 释放浓度情况。三种板材 TVOC 释放在 16 天达到平衡状态，第 1 天三种板材释放浓度差异最为明显，TVOC 释放浓度从大到小依次是高密度纤维板、中密度纤维板、刨花板。在此检测条件下，三种板材 TVOC 初始释放浓度分别为 341.97μg·m⁻³、269.30μg·m⁻³ 和 234.72μg·m⁻³。三种板材 TVOC 释放浓度随时间的延长逐渐下降，并且都是在前期释放较快，随着时间的延长，释放速率逐渐减慢，最后达到平衡状态。高密度纤维板、中密度纤维板、刨花板 TVOC 平衡浓度分别为 59.77μg·m⁻³、48.84μg·m⁻³ 和 43.67μg·m⁻³。三种板材 TVOC 总体释

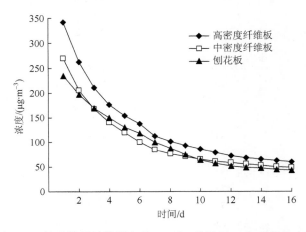

图 2-17　快速检测法检测条件 14 下三种板材 TVOC 释放水平

放趋势无明显差别，整个释放过程中高密度纤维板、中密度纤维板以及刨花板 TVOC 释放浓度从初始状态达到平衡状态分别下降了 82.52%、81.86%、81.39%。

表 2-17　快速检测法检测条件 14 下三种板材 TVOC 释放水平

时间/d	TVOC 释放浓度/($\mu g \cdot m^{-3}$)		
	高密度纤维板	中密度纤维板	刨花板
1	341.97	269.30	234.72
2	262.85	205.71	197.64
3	211.11	167.42	168.86
4	176.27	140.57	150.54
5	154.16	119.53	131.17
6	137.15	99.31	117.82
7	112.15	84.85	99.64
8	101.80	75.86	87.06
9	93.58	71.16	74.91
10	86.06	64.75	63.57
11	78.91	61.33	57.55
12	72.12	57.98	51.83
13	68.51	54.98	49.23
14	65.07	52.23	46.76
15	61.81	49.61	44.42
16	59.77	48.84	43.67

（15）检测条件 15 下三种板材 TVOC 释放水平

表 2-18 和图 2-18 为温度 80℃、相对湿度 60%、空气交换率与负荷因子之比为 0.2 次·$m^3 \cdot h^{-1} \cdot m^{-2}$ 的检测条件下使用快速检测法检测高密度纤维板、中密度纤维板以及刨花板 TVOC 释放浓度情况。三种板材 TVOC 释放在 15 天达到平衡状态，第 1 天三种板材释放浓度差异最为明显，TVOC 释放浓度从大到小依次是高密度纤维板、中密度纤维板、刨花板。在此检测条件下，三种板材 TVOC 初始释放浓度分别为 389.36$\mu g \cdot m^{-3}$、302.83$\mu g \cdot m^{-3}$ 和 264.68$\mu g \cdot m^{-3}$。3 种板材 TVOC 释放浓度随时间的延长逐渐下降，并且都是在前 1～4 天释放较快，之后释放速率逐渐减慢，最后达到平衡状态。高密度纤维板、中密度纤维板、刨花板 TVOC 平衡浓度分别为 62.91$\mu g \cdot m^{-3}$、51.93$\mu g \cdot m^{-3}$ 和 46.37$\mu g \cdot m^{-3}$。三种板材 TVOC 总体释放趋势无明显

差别，整个释放过程中高密度纤维板、中密度纤维板以及刨花板 TVOC 释放浓度从初始状态达到平衡状态分别下降了 83.84%、82.85%、82.48%。

表 2-18 快速检测法检测条件 15 下三种板材 TVOC 释放水平

时间/d	TVOC 释放浓度/($\mu g \cdot m^{-3}$)		
	高密度纤维板	中密度纤维板	刨花板
1	389.36	302.83	264.68
2	269.35	227.81	213.07
3	211.09	186.02	183.27
4	170.19	159.02	151.24
5	145.67	138.36	124.68
6	130.48	117.44	103.52
7	112.56	101.12	88.35
8	101.24	90.36	77.29
9	90.48	80.15	67.73
10	80.27	71.28	58.84
11	75.31	62.12	55.67
12	71.17	58.91	52.88
13	67.61	55.95	50.23
14	64.22	53.15	47.71
15	62.91	51.93	46.37

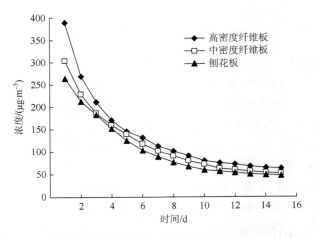

图 2-18 快速检测法检测条件 15 下三种板材 TVOC 释放水平

（16）检测条件 16 下三种板材 TVOC 释放水平

表 2-19 和图 2-19 为温度 100℃、相对湿度 60%、空气交换率与负荷因子之比为 0.2 次·m³·h⁻¹·m⁻² 的检测条件下使用快速检测法检测高密度纤维板、中密度纤维板以及刨花板 TVOC 释放浓度情况。三种板材 TVOC 释放在 15 天达到平衡状态，

表 2-19　快速检测法检测条件 16 下三种板材 TVOC 释放水平

时间/d	TVOC 释放浓度/(μg·m⁻³)		
	高密度纤维板	中密度纤维板	刨花板
1	420.14	319.74	283.28
2	324.44	257.68	239.26
3	270.72	211.65	203.55
4	200.17	182.32	166.18
5	169.67	153.11	140.78
6	134.58	124.56	116.65
7	118.36	103.13	101.32
8	106.27	88.44	85.52
9	95.26	76.42	71.75
10	84.65	65.93	59.27
11	75.92	62.63	55.73
12	72.12	59.49	52.94
13	68.51	56.51	50.25
14	65.07	53.68	47.73
15	63.72	52.04	46.35

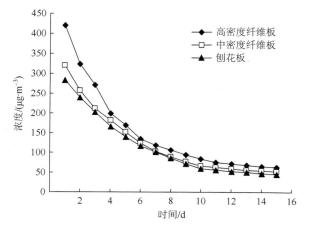

图 2-19　快速检测法检测条件 16 下三种板材 TVOC 释放水平

第 1 天三种板材释放浓度差异最为明显，TVOC 释放浓度从大到小依次是高密度纤维板、中密度纤维板、刨花板。在此检测条件下，三种板材 TVOC 初始释放浓度分别为 420.14μg·m⁻³、319.74μg·m⁻³ 和 283.28μg·m⁻³。三种板材 TVOC 释放浓度随时间的延长逐渐下降，并且都是在前 1~5 天释放较快，之后释放速率逐渐减慢，最后达到平衡状态。高密度纤维板、中密度纤维板、刨花板 TVOC 平衡浓度分别为 63.72μg·m⁻³、52.04μg·m⁻³ 和 46.35μg·m⁻³。三种板材 TVOC 总体释放趋势无明显差别，整个释放过程中高密度纤维板、中密度纤维板以及刨花板 TVOC 释放浓度从初始状态达到平衡状态分别下降了 84.83%、83.72%、83.64%。

（17）检测条件 17 下三种板材 TVOC 释放水平

表 2-20 和图 2-20 为温度 40℃、相对湿度 60%、空气交换率与负荷因子之比为 0.5 次·m³·h⁻¹·m⁻² 的检测条件下使用快速检测法检测高密度纤维板、中密度纤维板以及刨花板 TVOC 释放浓度情况。三种板材 TVOC 释放在 16 天达到平衡状态，第 1 天三种板材释放浓度差异最为明显，TVOC 释放浓度从大到小依次是高密度纤维板、中密度纤维板、刨花板。在此检测条件下，三种板材 TVOC 初始释放浓度分别为 291.73μg·m⁻³、228.55μg·m⁻³ 和 203.78μg·m⁻³。三种板材 TVOC 释放浓度随时间的延长逐渐下降，并且都是在前期释放较快，随着时间的延长，释放速率逐渐减慢，最后达到平衡状态。高密度纤维板、中密度纤维板、刨花板 TVOC 平衡浓度分别为 54.55μg·m⁻³、44.47μg·m⁻³ 和 39.87μg·m⁻³。三种板材 TVOC 总体释放趋势无明显差别，整个释放过程中高密度纤维板、中密度纤维板以及刨花板 TVOC 释放浓度从初始状态达到平衡状态分别下降了 81.30%、80.54%、80.43%。

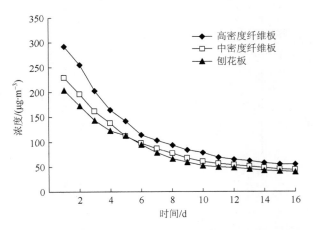

图 2-20　快速检测法检测条件 17 下三种板材 TVOC 释放水平

表 2-20　快速检测法检测条件 17 下三种板材 TVOC 释放水平

时间/d	TVOC 释放浓度/(μg·m⁻³)		
	高密度纤维板	中密度纤维板	刨花板
1	291.73	228.55	203.78
2	254.27	195.48	172.82
3	202.63	161.66	143.48
4	164.29	137.28	122.41
5	142.08	112.22	113.41
6	113.88	98.06	94.44
7	103.44	87.45	78.32
8	93.52	77.38	66.81
9	84.38	67.82	58.72
10	79.07	60.73	52.94
11	68.47	56.03	50.25
12	64.93	53.22	47.73
13	61.65	50.55	45.34
14	58.56	48.02	43.07
15	55.63	45.61	40.92
16	54.55	44.47	39.87

（18）检测条件 18 下三种板材 TVOC 释放水平

表 2-21 和图 2-21 为温度 60℃、相对湿度 60%、空气交换率与负荷因子之比为 0.5 次·m³·h⁻¹·m⁻² 的检测条件下使用快速检测法检测高密度纤维板、中密度纤维板以及刨花板 TVOC 释放浓度情况。三种板材 TVOC 释放在 14 天达到平衡状态，第 1 天三种板材释放浓度差异最为明显，TVOC 释放浓度从大到小依次是高密度纤维板、中密度纤维板、刨花板。在此检测条件下，三种板材 TVOC 初始释放浓度分别为 388.91μg·m⁻³、301.44μg·m⁻³ 和 273.85μg·m⁻³。三种板材 TVOC 释放浓度随时间的延长逐渐下降，并且都是在前 1～5 天释放较快，之后释放速率逐渐减慢，最后达到平衡状态。高密度纤维板、中密度纤维板、刨花板 TVOC 平衡浓度分别为 62.56μg·m⁻³、51.28μg·m⁻³ 和 46.18μg·m⁻³。三种板材 TVOC 总体释放趋势无明显差别，整个释放过程中高密度纤维板、中密度纤维板以及刨花板 TVOC 释放浓度从初始状态达到平衡状态分别下降了 83.91%、82.99%、83.14%。

表 2-21　快速检测法检测条件 18 下三种板材 TVOC 释放水平

时间/d	TVOC 释放浓度/($\mu g \cdot m^{-3}$)		
	高密度纤维板	中密度纤维板	刨花板
1	388.91	301.44	273.85
2	289.24	235.12	221.96
3	227.78	186.52	173.76
4	173.40	142.75	136.37
5	148.28	125.17	106.14
6	131.47	104.67	94.03
7	107.38	94.69	82.18
8	99.22	84.26	70.48
9	84.75	72.44	61.26
10	74.82	61.22	55.35
11	70.98	58.15	52.48
12	67.43	55.24	49.85
13	63.86	52.47	47.36
14	62.56	51.28	46.18

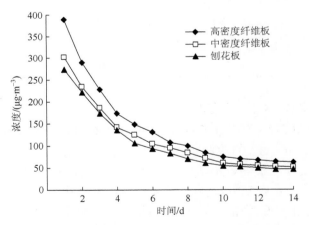

图 2-21　快速检测法检测条件 18 下三种板材 TVOC 释放水平

（19）检测条件 19 下三种板材 TVOC 释放水平

表 2-22 和图 2-22 为温度 80℃、相对湿度 60%、空气交换率与负荷因子之比为 0.5 次·$m^3 \cdot h^{-1} \cdot m^{-2}$ 的检测条件下使用快速检测法检测高密度纤维板、中密度纤维板以及刨花板 TVOC 释放浓度情况。三种板材 TVOC 释放在 12 天达到平衡状态，第 1 天三种板材释放浓度差异最为明显，TVOC 释放浓度从大到小依次是高密度

纤维板、中密度纤维板、刨花板。在此检测条件下，三种板材 TVOC 初始释放浓度分别为 439.66μg·m^{-3}、337.67μg·m^{-3} 和 300.65μg·m^{-3}。三种板材 TVOC 释放浓度随时间的延长逐渐下降，并且都是在前 1～4 天释放较快，之后释放速率逐渐减慢，最后达到平衡状态。高密度纤维板、中密度纤维板、刨花板 TVOC 平衡浓度分别为 64.01μg·m^{-3}、52.26μg·m^{-3} 和 46.72μg·m^{-3}。三种板材 TVOC 总体释放趋势无明显差别，整个释放过程中高密度纤维板、中密度纤维板以及刨花板 TVOC 释放浓度从初始状态达到平衡状态分别下降了 85.44%、84.52%、84.46%。

表 2-22　快速检测法检测条件 19 下三种板材 TVOC 释放水平

时间/d	TVOC 释放浓度/(μg·m^{-3})		
	高密度纤维板	中密度纤维板	刨花板
1	439.66	337.67	300.65
2	351.72	248.58	235.18
3	247.37	182.36	183.68
4	167.50	135.25	123.77
5	131.78	104.74	88.64
6	109.15	85.49	69.05
7	87.55	71.72	61.66
8	77.48	62.44	55.73
9	72.66	59.31	52.91
10	69.02	56.34	50.26
11	65.37	53.52	47.74
12	64.01	52.26	46.72

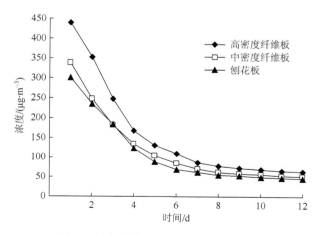

图 2-22　快速检测法检测条件 19 下三种板材 TVOC 释放水平

（20）检测条件 20 下三种板材 TVOC 释放水平

表 2-23 和图 2-23 为温度 100℃、相对湿度 60%、空气交换率与负荷因子之比为 0.5 次·m³·h⁻¹·m⁻² 的检测条件下使用快速检测法检测高密度纤维板、中密度纤维板以及刨花板 TVOC 释放浓度情况。三种板材 TVOC 释放在 11 天达到平衡状态，第 1 天三种板材释放浓度差异最为明显，TVOC 释放浓度从大到小依次是高密度纤维板、中密度纤维板、刨花板。在此检测条件下，三种板材 TVOC 初始释放浓度分别为 468.77μg·m⁻³、358.23μg·m⁻³ 和 319.23μg·m⁻³。三种板材 TVOC 释放浓度随时间的延长逐渐下降，并且都是在前 1～4 天释放较快，之后释放速率逐渐减慢，

表 2-23　快速检测法检测条件 20 下三种板材 TVOC 释放水平

时间/d	TVOC 释放浓度/(μg·m⁻³)		
	高密度纤维板	中密度纤维板	刨花板
1	468.77	358.23	319.23
2	348.23	279.32	225.74
3	222.92	180.66	168.86
4	165.95	124.63	126.22
5	118.31	94.65	93.31
6	92.44	82.32	70.33
7	78.37	68.71	57.32
8	74.45	60.53	54.45
9	70.72	57.50	51.72
10	67.18	54.62	49.13
11	65.73	53.79	48.26

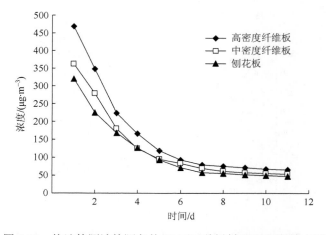

图 2-23　快速检测法检测条件 20 下三种板材 TVOC 释放水平

最后达到平衡状态。高密度纤维板、中密度纤维板、刨花板 TVOC 平衡浓度分别为 $65.73\mu g\cdot m^{-3}$、$53.79\mu g\cdot m^{-3}$ 和 $48.26\mu g\cdot m^{-3}$。三种板材 TVOC 总体释放趋势无明显差别，整个释放过程中高密度纤维板、中密度纤维板以及刨花板 TVOC 释放浓度从初始状态达到平衡状态分别下降了 84.98%、84.98%、84.88%。

（21）检测条件 21 下三种板材 TVOC 释放水平

表 2-24 和图 2-24 为温度 40℃、相对湿度 60%、空气交换率与负荷因子之比为 1 次·$m^3\cdot h^{-1}\cdot m^{-2}$ 的检测条件下使用快速检测法检测高密度纤维板、中密度纤维板以及刨花板 TVOC 释放浓度随时间变化的情况。三种板材 TVOC 释放在 14 天达到平衡状态，第 1 天三种板材释放浓度差异最为明显，TVOC 释放浓度从大到小依次是高密度纤维板、中密度纤维板、刨花板。在此检测条件下，三种板材 TVOC 初始释放浓度分别为 $348.72\mu g\cdot m^{-3}$、$267.36\mu g\cdot m^{-3}$ 和 $235.64\mu g\cdot m^{-3}$。三种板材 TVOC 释放浓度随时间的延长逐渐下降，并且都是在前期释放较快，随着时间的延长，释放浓度逐渐减小，最后达到平衡状态。高密度纤维板、中密度纤维板、刨花板 TVOC 平衡浓度分别为 $60.79\mu g\cdot m^{-3}$、$50.64\mu g\cdot m^{-3}$ 和 $45.05\mu g\cdot m^{-3}$。三种板材 TVOC 总体释放趋势无明显差别，整个释放过程中高密度纤维板、中密度纤维板以及刨花板 TVOC 释放浓度从初始状态达到平衡状态分别下降了 82.57%、81.06%、80.88%。

表 2-24 快速检测法检测条件 21 下三种板材 TVOC 释放水平

时间/d	TVOC 释放浓度/($\mu g\cdot m^{-3}$)		
	高密度纤维板	中密度纤维板	刨花板
1	348.72	267.36	235.64
2	266.64	215.48	197.34
3	196.46	170.33	163.73
4	165.53	141.47	135.85
5	144.86	123.57	106.61
6	126.92	105.41	90.43
7	115.18	90.64	77.32
8	98.53	74.61	65.86
9	84.11	63.56	57.82
10	72.31	60.38	53.98
11	68.69	57.36	51.28
12	65.25	54.49	48.71
13	61.98	51.76	46.26
14	60.79	50.64	45.05

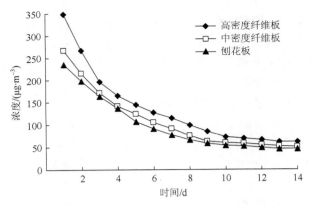

图 2-24　快速检测法检测条件 21 下三种板材 TVOC 释放水平

（22）检测条件 22 下三种板材 TVOC 释放水平

表 2-25 和图 2-25 为温度 60℃、相对湿度 60%、空气交换率与负荷因子之比为 1 次·m³·h⁻¹·m⁻² 的检测条件下使用快速检测法检测高密度纤维板、中密度纤维板以及刨花板 TVOC 释放浓度随时间变化的情况。三种板材 TVOC 释放在 11 天达到平衡状态，第 1 天三种板材释放浓度差异最为明显，TVOC 释放浓度从大到小依次是高密度纤维板、中密度纤维板、刨花板。在此检测条件下，三种板材 TVOC 初始释放浓度分别为 447.25μg·m⁻³、356.76μg·m⁻³ 和 317.45μg·m⁻³。三种板材 TVOC 释放浓度随时间的延长逐渐下降，并且都是在前 1～4 天释放较快，之后释放浓度逐渐减小，最后达到平衡状态。高密度纤维板、中密度纤维板、刨花板 TVOC 平衡浓度分别为 64.78μg·m⁻³、53.86μg·m⁻³ 和 47.82μg·m⁻³。三种板材 TVOC 总体释放趋势无明显差别，整个释放过程中高密度纤维板、中密度纤维板以及刨花板 TVOC 释放浓度从初始状态达到平衡状态分别下降了 85.52%、84.90%、84.94%。

表 2-25　快速检测法检测条件 22 下三种板材 TVOC 释放水平

时间/d	TVOC 释放浓度/(μg·m⁻³)		
	高密度纤维板	中密度纤维板	刨花板
1	447.25	356.76	317.45
2	276.48	233.61	230.68
3	185.51	157.78	145.05
4	133.27	112.75	109.29
5	112.11	91.67	90.53
6	97.76	75.49	72.71
7	87.18	64.12	58.73
8	74.63	60.91	53.89
9	69.66	57.86	51.19
10	66.17	54.96	48.63
11	64.78	53.86	47.82

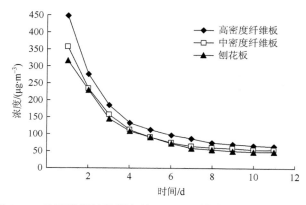

图 2-25　快速检测法检测条件 22 下三种板材 TVOC 释放水平

（23）检测条件 23 下三种板材 TVOC 释放水平

表 2-26 和图 2-26 为温度 80℃、相对湿度 60%、空气交换率与负荷因子之比为 1 次·m^3·h^{-1}·m^{-2} 的检测条件下使用快速检测法检测高密度纤维板、中密度纤维板以及刨花板 TVOC 释放浓度随时间变化的情况。三种板材 TVOC 释放在 9 天达到平衡状态，第 1 天三种板材释放浓度差异最为明显，TVOC 释放浓度从大到小依次是高密度纤维板、中密度纤维板、刨花板。在此检测条件下，三种板材 TVOC 初始释放浓度分别为 512.37μg·m^{-3}、388.73μg·m^{-3} 和 347.82μg·m^{-3}。三种板材 TVOC 释放浓度随时间的延长逐渐下降，并且都是在前 1~4 天释放较快，之后释放浓度逐渐减小，最后达到平衡状态。高密度纤维板、中密度纤维板、刨花板 TVOC 平衡浓度分别为 68.14μg·m^{-3}、56.47μg·m^{-3} 和 50.27μg·m^{-3}。三种板材 TVOC 总体释放趋势无明显差别，整个释放过程中高密度纤维板、中密度纤维板以及刨花板 TVOC 释放浓度从初始状态达到平衡状态分别下降了 86.70%、85.47%、85.55%。

表 2-26　快速检测法检测条件 23 下三种板材 TVOC 释放水平

时间/d	TVOC 释放浓度/(μg·m^{-3})		
	高密度纤维板	中密度纤维板	刨花板
1	512.37	388.73	347.82
2	314.24	258.92	243.77
3	206.53	168.81	175.74
4	132.71	117.62	118.85
5	93.83	83.24	80.15
6	76.76	63.88	62.15
7	72.92	60.68	54.29
8	69.27	57.64	51.57
9	68.14	56.47	50.27

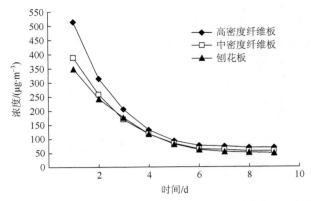

图 2-26　快速检测法检测条件 23 下三种板材 TVOC 释放水平

（24）检测条件 24 下三种板材 TVOC 释放水平

表 2-27 和图 2-27 为温度 100℃、相对湿度 60%、空气交换率与负荷因子之比为 1 次·m³·h⁻¹·m⁻² 的检测条件下使用快速检测法检测高密度纤维板、中密度纤维板以及刨花板 TVOC 释放浓度随时间变化的情况。三种板材 TVOC 释放在 9 天达到平衡状态，第 1 天三种板材释放浓度差异最为明显，TVOC 释放浓度从大到小依次是高密度纤维板、中密度纤维板、刨花板。在此检测条件下，三种板材 TVOC 初始释放浓度分别为 548.65μg·m⁻³、420.93μg·m⁻³ 和 372.15μg·m⁻³。三种板材 TVOC 释放浓度随时间的延长逐渐下降，并且都是在前 1～4 天释放较快，之后释放浓度逐渐减小，最后达到平衡状态。高密度纤维板、中密度纤维板、刨花板 TVOC 平衡浓度分别为 70.08μg·m⁻³、57.39μg·m⁻³ 和 51.83μg·m⁻³。三种板材 TVOC 总体释放趋势无明显差别，整个释放过程中高密度纤维板、中密度纤维板以及刨花板 TVOC 释放浓度从初始状态达到平衡状态分别下降了 87.23%、86.37%、86.07%。

表 2-27　快速检测法检测条件 24 下三种板材 TVOC 释放水平

时间/d	TVOC 释放浓度/(μg·m⁻³)		
	高密度纤维板	中密度纤维板	刨花板
1	548.65	420.93	372.15
2	348.55	313.92	247.73
3	209.63	186.53	159.35
4	141.05	110.71	103.89
5	112.70	83.13	80.65
6	83.52	66.73	60.57
7	75.54	61.49	55.64
8	71.76	58.41	52.85
9	70.08	57.39	51.83

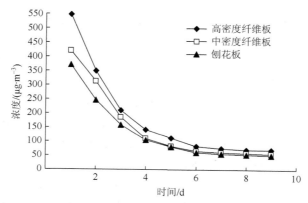

图 2-27　快速检测法检测条件 24 下三种板材 TVOC 释放水平

　　由图 2-4～图 2-27 快速检测条件下高密度纤维板、中密度纤维板及刨花板 TVOC 释放趋势可以看出，在快速检测条件下，三种板材总体释放趋势相同，TVOC 释放浓度随时间的延长逐渐下降，并且相对来说，前期释放较快，随着时间的延长，释放浓度渐渐减小，最后达到平衡状态。TVOC 释放呈现这种趋势的原因是，在释放初期，板材内部的挥发性有机化合物含量较多，TVOC 浓度大，这样就与外界的挥发性物质含量形成了很大的浓度差，可以用传质原理解释，挥发性物质就从浓度大的板材内部向外界空气中释放且速率较快。随着时间的延长，板材内部的挥发性物质含量不断释放出来，二者之间的浓度差就逐渐减小，因此释放速率逐渐减小，TVOC 的释放浓度逐渐减小，最终会达到浓度差为零，即板材内部与外界环境中的 TVOC 浓度达到一致，这样挥发性有机化合物的释放就受到了限制，达到最终的平衡状态。

　　由表 2-4～表 2-27 和图 2-4～图 2-27 可知，高密度纤维板、中密度纤维板以及刨花板三种板材 TVOC 释放浓度总体水平都是高密度纤维板释放浓度最大，其次是中密度纤维板，释放浓度最小的是刨花板。相关研究证明，人造板挥发性有机化合物的释放与板材的密度有关，并且板材密度越大，板材的挥发性有机化合物的释放速率越大，而 TVOC 的释放速率与 TVOC 的浓度呈正比例关系。人造板板材的密度越大，板材热压时的热传递速率就越小，板材的渗透性越低，影响了板材内部蒸气的对流，传热过程被延缓，这一系列影响作用的结果就是使密度较大的板材在后期所需平衡的实际时间延长，促进了挥发性有机化合物的进一步释放；此外，板材的密度大，在板材制造过程中原料的用量及板材的含水量都会较大，其他相关因素如板材内部温度梯度、木材的细胞壁受力压溃以及水蒸气压力等作用会共同影响板材的挥发性有机化合物的释放，造成高密度纤维板、中密度纤维板以及刨花板的 TVOC 释放浓度大小呈现这种规律。

　　由表 2-4～表 2-7、图 2-4～图 2-7 或表 2-8～表 2-11、图 2-8～图 2-11 或表 2-12～表 2-15、图 2-12～图 2-15 或表 2-16～表 2-19、图 2-16～图 2-19 或表 2-20～表 2-23、

图 2-20～图 2-23 或表 2-24～表 2-27、图 2-24～图 2-27 可知，检测条件温度的提高，可以提高高密度纤维板、中密度纤维板及刨花板的挥发性有机化合物的释放浓度，即提高 TVOC 的释放浓度；并且可以加快板材的 TVOC 释放；同时，温度越高，达到平衡时板材 TVOC 释放浓度的下降幅度越大。以检测条件 21～24 的三种板材 TVOC 释放水平为例，即以相对湿度均为 60%、空气交换率与负荷因子之比均为 1 次·m^3·h^{-1}·m^{-2}，温度分别为 40℃、60℃、80℃和 100℃为例。另外两个条件一定，温度由低到高 4 个温度，高密度纤维板的 TVOC 初始释放浓度分别为 348.72μg·m^{-3}、447.25μg·m^{-3}、512.37μg·m^{-3}、548.65μg·m^{-3}，比例关系为 1∶1.28∶1.47∶1.57；中密度纤维板的 TVOC 初始释放浓度分别为 267.36μg·m^{-3}、356.76μg·m^{-3}、388.73μg·m^{-3}、420.93μg·m^{-3}，比例关系为 1∶1.33∶1.45∶1.57；刨花板的 TVOC 初始释放浓度分别为 235.64μg·m^{-3}、317.45μg·m^{-3}、347.82μg·m^{-3}、372.15μg·m^{-3}，比例关系为 1∶1.35∶1.48∶1.58。达到平衡时，温度由低到高 4 个温度，高密度纤维板的 TVOC 平衡浓度分别为 60.79μg·m^{-3}、64.78μg·m^{-3}、68.14μg·m^{-3}、70.08μg·m^{-3}，比例关系为 1∶1.07∶1.12∶1.15；中密度纤维板的 TVOC 平衡浓度分别为 50.64μg·m^{-3}、53.86μg·m^{-3}、56.47μg·m^{-3}、57.39μg·m^{-3}，比例关系为 1∶1.06∶1.12∶1.13；刨花板的 TVOC 平衡浓度分别为 45.05μg·m^{-3}、47.82μg·m^{-3}、50.27μg·m^{-3}、51.83μg·m^{-3}，比例关系为 1∶1.07∶1.12∶1.15。另外两个条件一定，温度由低到高 4 个温度，板材释放 TVOC 达到平衡所需时间分别为 14 天、11 天、9 天、9 天。从初始状态到达到平衡状态，温度由低到高 4 个温度，高密度纤维板 TVOC 释放浓度下降幅度分别为 82.57%、85.52%、86.70%、87.23%，比例关系为 1∶1.04∶1.05∶1.06；中密度纤维板 TVOC 释放浓度下降幅度分别为 81.06%、84.90%、85.47%、86.37%，比例关系为 1∶1.05∶1.05∶1.07；刨花板 TVOC 释放浓度下降幅度分别为 80.88%、84.94%、85.55%、86.07%，比例关系为 1∶1.05∶1.06∶1.06。从数据分析可以看出，温度对这三种板材 TVOC 释放的影响在初期更为明显，即温度的升高对板材挥发性有机化合物释放初期释放总量的提高影响更大。温度升高可以使人造板 TVOC 释放浓度提高的原因是，人造板内部的化合物蒸气压随着检测温度的增大而增大，因而提高了板材内部与外界空气的流动相化合物蒸气压力差，即二者的压力梯度变大，根据传质原理，板材的挥发性有机化合物的释放增加了；另外，温度的升高同样提高了挥发性化合物在板材内部的扩散系数，由传质原理可知，扩散系数的增大会提高挥发性物质的释放，二者的共同作用使 TVOC 的释放浓度随着温度的增大而增大。随着时间的推移，由于检测舱体的空气交换，加上板材内部挥发性物质的浓度降低，蒸气压的影响作用随着时间的延长逐渐下降，所以温度对检测后期的 TVOC 释放浓度的影响减弱，并且越来越小，此外，人造板的挥发性有机物含量逐渐减小，外界条件对 TVOC 释放的影响作用也渐渐弱化，这也解释了温度越高，TVOC 释放浓度达到平衡时下降幅度越大的现象。

　　由表 2-4、图 2-4 和表 2-16、图 2-16，或表 2-5、图 2-5 和表 2-17、图 2-17，或表 2-6、图 2-6 和表 2-18、图 2-18，或表 2-7、图 2-7 和表 2-19、图 2-19，或表 2-8、图 2-8 和表 2-20、图 2-20，或表 2-9、图 2-9 和表 2-21、图 2-21，或表 2-10、图 2-10 和表 2-22、图 2-22，或表 2-11、图 2-11 和表 2-23、图 2-23，或表 2-12、图 2-12 和表 2-24、图 2-24，或表 2-13、图 2-13 和表 2-25、图 2-25，或表 2-14、图 2-14 和表 2-26、图 2-26，或表 2-15、图 2-15 和表 2-27、图 2-27 可知，提高检测条件相对湿度，可以提高高密度纤维板、中密度纤维板及刨花板的挥发性有机化合物的释放浓度，即提高 TVOC 的释放浓度；并且可以加快板材的 TVOC 释放；同时相对湿度越大，达到平衡时板材 TVOC 释放浓度的下降幅度越大。以检测条件 11 和检测条件 23 的三种板材 TVOC 释放水平为例，即以温度均为 80℃、空气交换率与负荷因子之比均为 1 次·m^3·h^{-1}·m^{-2}，相对湿度分别为 40% 和 60% 为例。另外两个条件一定，相对湿度分别为 40% 和 60%，高密度纤维板的 TVOC 初始释放浓度分别为 419.07μg·m^{-3}、512.37μg·m^{-3}，比例关系为 1∶1.22；中密度纤维板的 TVOC 初始释放浓度分别为 328.62μg·m^{-3}、388.73μg·m^{-3}，比例关系为 1∶1.18；刨花板的 TVOC 初始释放浓度分别为 307.89μg·m^{-3}、347.82μg·m^{-3}，比例关系为 1∶1.13。达到平衡时，相对湿度分别为 40% 和 60%，高密度纤维板的 TVOC 平衡浓度分别为 62.87μg·m^{-3}、68.14μg·m^{-3}，比例关系为 1∶1.08；中密度纤维板的 TVOC 平衡浓度分别为 51.35μg·m^{-3}、56.47μg·m^{-3}，比例关系为 1∶1.10；刨花板的 TVOC 平衡浓度分别为 46.23μg·m^{-3}、50.27μg·m^{-3}，比例关系为 1∶1.09。另外两个条件一定，相对湿度分别为 40% 和 60%，板材释放 TVOC 达到平衡所需时间分别为 12 天、9 天。从初始状态到达到平衡状态，相对湿度分别为 40% 和 60%，高密度纤维板 TVOC 释放浓度下降幅度分别为 85.00%、86.70%，比例关系为 1∶1.02；中密度纤维板 TVOC 释放浓度下降幅度分别为 84.37%、85.47%，比例关系为 1∶1.01；刨花板 TVOC 释放浓度下降幅度分别为 84.98%、85.55%，比例关系为 1∶1.01。提高相对湿度可以提高板材 TVOC 的释放浓度以及加快 TVOC 的释放速率的原因有两方面，首先是人造板内水分的蒸发需要吸收热量，吸收热量会阻碍挥发性有机化合物的蒸发，而提高了相对湿度可以降低板材内部水蒸气的蒸发，因为较高相对湿度的环境条件降低了人造板内部与外界环境的水蒸气压力梯度，因此 TVOC 的释放速率提高，板材 TVOC 释放加快。提高相对湿度可以促进板材的挥发性有机化合物释放的另外一个原因是，板材内部的部分挥发性有机物质都是疏水性的，这些有机物分子与水分子在板材内部会占据不同的孔隙，提高了环境湿度，板材内外水分含量梯度减小，水分子释放减慢，水分子占据的板材内部孔隙就变大了，因而会促进疏水性有机化合物分子的释放。

　　由表 2-4、图 2-4，表 2-8、图 2-8 和表 2-12、图 2-12，或者表 2-5、图 2-5、表 2-9、图 2-9 和表 2-13、图 2-13，或者表 2-6、图 2-6，表 2-10、图 2-10 和表 2-14、

图 2-14，或者表 2-7、图 2-7，表 2-11、图 2-11 和表 2-15、图 2-15，或者表 2-16、图 2-16，表 2-20、图 2-20 和表 2-24、图 2-24，或者表 2-17、图 2-17，表 2-21、图 2-21 和表 2-25、图 2-25，或者表 2-18、图 2-18，表 2-22、图 2-22 和表 2-26、图 2-26，或者表 2-19、图 2-19，表 2-23、图 2-23 和表 2-27、图 2-27 可知，提高检测条件空气交换率与负荷因子之比，又因所有试验板材的负荷因子相同，即提高空气交换率，可以提高高密度纤维板、中密度纤维及刨花板的挥发性有机化合物的释放浓度，即提高 TVOC 的释放浓度；并且可以加快板材的 TVOC 释放；同时空气交换率越大，达到平衡时板材 TVOC 释放浓度的下降幅度越大。以检测条件 15、19 和 23 的三种板材 TVOC 释放水平为例，即以温度均为 80℃、相对湿度均为 60%，空气交换率与负荷因子之比分别为 0.2、0.5 和 1。另外两个条件一定，空气交换率由低到高 3 个值，高密度纤维板的 TVOC 初始释放浓度分别为 389.36μg·m^{-3}、439.66μg·m^{-3}、512.37μg·m^{-3}，比例关系为 1：1.13：1.32；中密度纤维板的 TVOC 初始释放浓度分别为 302.83μg·m^{-3}、337.67μg·m^{-3}、388.73μg·m^{-3}，比例关系为 1：1.12：1.28；刨花板的 TVOC 初始释放浓度分别为 264.68μg·m^{-3}、300.65μg·m^{-3}、347.82μg·m^{-3}，比例关系为 1：1.14：1.31。达到平衡时，空气交换率由低到高 3 个值，高密度纤维板的 TVOC 平衡浓度分别为 62.91μg·m^{-3}、64.01μg·m^{-3}、68.14μg·m^{-3}，比例关系为 1：1.02：1.08；中密度纤维板的 TVOC 平衡浓度分别为 51.93μg·m^{-3}、52.26μg·m^{-3}、56.47μg·m^{-3}，比例关系为 1：1.01：1.09；刨花板的 TVOC 平衡浓度分别为 46.37μg·m^{-3}、46.72μg·m^{-3}、50.27μg·m^{-3}，比例关系为 1：1.01：1.08。另外两个条件一定，空气交换率由低到高 3 个值，板材释放 TVOC 达到平衡所需时间分别为 15 天、12 天、9 天。从初始状态到平衡状态，空气交换率由低到高 3 个值，高密度纤维板 TVOC 释放浓度下降幅度分别为 83.84%、85.44%、86.70%，比例关系为 1：1.02：1.03；中密度纤维板 TVOC 释放浓度下降幅度分别为 82.85%、84.52%、85.47%，比例关系为 1：1.02：1.03；刨花板 TVOC 释放浓度下降幅度分别为 82.48%、84.46%、85.55%，比例关系为 1：1.02：1.04。提高检测条件空气交换率能够提高板材 TVOC 的释放浓度以及加快 TVOC 的释放速率的原因是：提高检测时的空气交换率能够减小检测舱内 TVOC 的量，根据传质原理，人造板内部和检测舱间的挥发性有机化合物含量浓度梯度变大，促进了人造板挥发性有机化合物的释放，因而 TVOC 的释放速率提高，板材 TVOC 释放加快。

2. 不同检测条件下三种板材 VOCs 释放成分

（1）检测条件 1 下三种板材 VOCs 释放成分

表 2-28 和图 2-28 为温度 40℃、相对湿度 40%、空气交换率与负荷因子之比为 0.2 次·m^3·h^{-1}·m^{-2} 的检测条件下使用快速检测法检测高密度纤维板、中密度纤维

板以及刨花板 TVOC 及各类 VOCs 释放初期和释放平衡期的浓度。可以看出，在释放条件 1 下，三种板材 VOCs 释放初期，各类化合物释放浓度相差非常大，而板材 VOCs 释放达到平衡期时，各类化合物的释放浓度相差就很小了；同时，各类 VOCs 物质从释放初期到平衡期，释放浓度均减小，但减小幅度各不相同。

表 2-28　快速检测法检测条件 1 下三种板材 TVOC 及各类 VOCs 第 1 天和第 20 天释放浓度

释放成分	TVOC 及各类 VOCs 释放浓度/(μg·m⁻³)					
	高密度纤维板		中密度纤维板		刨花板	
	第 1 天	第 20 天	第 1 天	第 20 天	第 1 天	第 20 天
TVOC	210.11	50.47	165.92	41.74	157.37	36.86
烯烃	56.31	14.58	43.28	11.87	40.66	10.32
芳香烃	45.79	7.50	41.47	7.09	38.72	5.87
烷烃	55.33	12.63	41.33	10.36	23.84	8.08
醛	7.10	0.65	5.76	0.55	21.86	1.47
酮	9.16	4.18	5.83	2.14	10.11	4.06
酯	25.28	7.06	19.80	6.35	15.48	4.54
醇	8.87	3.04	7.25	2.90	3.67	1.30
其他	2.27	0.83	1.20	0.48	3.03	1.22

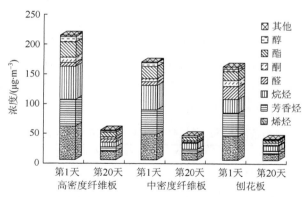

图 2-28　快速检测法检测条件 1 下三种板材 TVOC 及各类 VOCs 第 1 天和第 20 天释放浓度

释放初期，三种板材释放浓度最大的都是烯烃类物质，高密度纤维板和中密度纤维板芳香烃类以及烷烃类物质释放浓度也较大，然后是酯类物质，醛、酮、醇以及其他类物质释放浓度比较小，刨花板和其他两种板材不同的是醛类物质释放浓度较大，大于其酯类物质的释放浓度，同时也远大于另外两种板材的醛类释放浓度。具体来看，每种板材各类 VOCs 的释放浓度大小均不相同，其中高密度纤维板和中密度纤维板释放较多的 4 类物质是烯烃、芳香烃、烷烃和酯类，高密度纤维板、中密度纤维板的这 4 类物质释放浓度之和分别占其 TVOC 释放浓度的 86.96%、87.92%，刨花板释放浓度较大的物质比另外两种板材多了醛类物质，其释放浓度较大的 5 类化合物释放之和占 TVOC 的 89.32%，具体释放情况是：高密度纤维板释放浓度由大到小依次为烯烃、烷烃、芳香烃、酯类，释放浓度最大的烯烃类占 TVOC 总释放浓度的 26.80%；中密度纤维板释放浓度由大到小依次为烯烃、芳香烃、烷烃、酯类，释放浓度最大的烯烃类占 TVOC 总释放浓度的 26.08%；刨花板释放浓度由大到小依次为烯烃、芳香烃、烷烃、醛类、酯类，释放浓度最大的烯烃类占 TVOC 总释放浓度的 25.84%。

　　到达平衡期时，各类 VOCs 下降幅度均较大，但各不相同。高密度纤维板初期释放浓度较大的烯烃、芳香烃、烷烃、酯类物质下降幅度分别为 74.11%、83.62%、77.17%、72.07%；中密度纤维板初期释放浓度较大的烯烃、芳香烃、烷烃、酯类物质下降幅度分别为 72.57%、82.90%、74.93%、67.93%；刨花板初期释放浓度较大的烯烃、芳香烃、烷烃、醛类、酯类物质下降幅度分别为 74.62%、84.84%、66.11%、93.27%、70.67%。此外，在平衡期，烷烃类物质与酯类物质所占比例与释放初期相比上升，平衡期各类 VOCs 释放浓度所占比例居第 1 位和第 2 位的分别是烯烃和烷烃，其次是芳香烃和酯类。

　　（2）检测条件 2 下三种板材 VOCs 释放成分

　　表 2-29 和图 2-29 为温度 60℃、相对湿度 40%、空气交换率与负荷因子之比为 0.2 次·m³·h⁻¹·m⁻² 的检测条件下使用快速检测法检测高密度纤维板、中密度纤维板以及刨花板 TVOC 及各类 VOCs 释放初期和释放平衡期的浓度。可以看出，在释放条件 2 下，三种板材 VOCs 释放初期，各类化合物释放浓度相差非常大，而板材 VOCs 释放达到平衡期时，各类化合物的释放浓度相差就很小了；同时，各类 VOCs 物质从释放初期到平衡期，释放浓度均减小，但减小幅度各不相同。

表 2-29　快速检测法检测条件 2 下三种板材 TVOC 及各类 VOCs 第 1 天和第 18 天释放浓度

释放成分	TVOC 及各类 VOCs 释放浓度/(μg·m⁻³)					
	高密度纤维板		中密度纤维板		刨花板	
	第 1 天	第 18 天	第 1 天	第 18 天	第 1 天	第 18 天
TVOC	282.18	56.58	222.83	46.37	209.00	40.87
烯烃	91.48	17.10	67.36	13.86	58.46	11.40
芳香烃	56.60	7.92	55.77	7.69	51.76	6.73
烷烃	68.07	13.28	55.02	10.87	32.54	8.30
醛	9.84	1.20	6.62	1.02	28.26	1.92
酮	12.75	4.78	6.53	2.92	11.15	4.12
酯	30.25	7.73	22.05	6.72	18.65	5.21
醇	10.05	3.09	7.91	2.51	4.35	1.41
其他	3.14	1.48	1.57	0.78	3.83	1.69

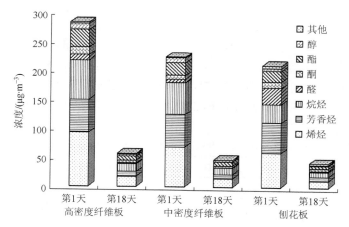

图 2-29　快速检测法检测条件 2 下三种板材 TVOC 及各类 VOCs 第 1 天和第 18 天释放浓度

　　释放初期，三种板材释放浓度最大的都是烯烃类物质，高密度纤维板和中密度纤维板芳香烃类以及烷烃类物质释放浓度也较大，然后是酯类物质，醛、酮、醇以及其他类物质释放浓度比较小，刨花板和其他两种板材不同的是醛类物质释放浓度较大，大于其酯类物质的释放浓度，同时也远大于另外两种板材的醛类释放浓度。具体来看，每种板材各类 VOCs 的释放浓度大小均不相同，其中高密度纤维板和中密度纤维板释放较多的 4 类物质是烯烃、芳香烃、烷烃和酯类，高密度纤维板、中密度纤维板的这 4 类物质释放浓度之和分别占其 TVOC 释放浓度的 87.32%、89.84%，刨花板释放浓度较大的物质比另外两种板材多了醛类物质，其释放浓度较大的 5 类化合物释放之和占 TVOC 的 90.75%，具体释放情况是：高密度纤维板释放浓度由大到小依次为烯烃、烷烃、芳香烃、酯类，释放浓度最大的烯烃类占 TVOC 总释放浓度的 32.42%；中密度纤维板释放浓度由大到小依次为烯烃、芳香烃、烷烃、酯类，释放浓度最大的烯烃类占 TVOC 总释放浓度的 30.23%；刨花板释放浓度由大到小依次为烯烃、芳香烃、烷烃、醛类、酯类，释放浓度最大的烯烃类占 TVOC 总释放浓度的 27.97%。

　　到达平衡期时，各类 VOCs 下降幅度均较大，但各不相同。高密度纤维板初期释放浓度较大的烯烃、芳香烃、烷烃、酯类物质下降幅度分别为 81.31%、86.01%、80.49%、74.45%；中密度纤维板初期释放浓度较大的烯烃、芳香烃、烷烃、酯类物质下降幅度分别为 79.42%、86.21%、80.24%、69.52%；刨花板初期释放浓度较大的烯烃、芳香烃、烷烃、醛类、酯类物质下降幅度分别为 80.50%、87.00%、74.49%、93.21%、72.06%。此外，在平衡期，烷烃类物质与酯类物质所占比例与释放初期相比上升，平衡期各类 VOCs 释放浓度所占比例居第 1 位和第 2 位的分别是烯烃和烷烃，其次是芳香烃和酯类。

　　（3）检测条件 3 下三种板材 VOCs 释放成分

　　表 2-30 和图 2-30 为温度 80℃、相对湿度 40%、空气交换率与负荷因子之比

为 0.2 次·m³·h⁻¹·m⁻² 的检测条件下使用快速检测法检测高密度纤维板、中密度纤维板以及刨花板 TVOC 及各类 VOCs 释放初期和释放平衡期的浓度。可以看出，在释放条件 3 下，三种板材 VOCs 释放初期，各类化合物释放浓度相差非常大，而板材 VOCs 释放达到平衡期时，各类化合物的释放浓度相差就很小了；同时，各类 VOCs 物质从释放初期到平衡期，释放浓度均减小，但减小幅度各不相同。

表 2-30　快速检测法检测条件 3 下三种板材 TVOC 及各类 VOCs 第 1 天和第 16 天释放浓度

释放成分	TVOC 及各类 VOCs 释放浓度/(μg·m⁻³)					
	高密度纤维板		中密度纤维板		刨花板	
	第 1 天	第 16 天	第 1 天	第 16 天	第 1 天	第 16 天
TVOC	322.19	61.64	251.84	49.81	236.18	43.64
烯烃	105.12	19.34	76.88	14.39	68.23	12.23
芳香烃	67.66	8.55	63.35	8.29	59.23	6.81
烷烃	79.69	14.24	62.78	11.42	37.33	8.85
醛	10.29	1.48	7.32	1.67	30.18	2.24
酮	13.27	4.83	7.26	3.22	12.09	4.37
酯	32.23	8.41	24.27	7.25	20.10	5.77
醇	10.65	3.25	8.28	2.72	4.74	1.52
其他	3.28	1.54	1.70	0.85	4.28	1.85

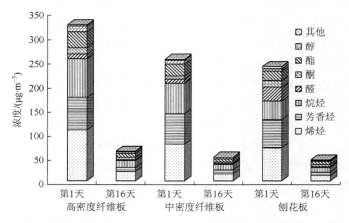

图 2-30　快速检测法检测条件 3 下三种板材 TVOC 及各类 VOCs 第 1 天和第 16 天释放浓度

释放初期，三种板材释放浓度最大的都是烯烃类物质，高密度纤维板和中密度纤维板芳香烃类以及烷烃类物质释放浓度也较大，然后是酯类物质，醛、酮、醇以及其他类物质释放浓度比较小，刨花板和其他两种板材不同的是醛类物质释放浓度较大，大于其酯类物质的释放浓度，同时也远大于另外两种板材的醛类释放浓度。具体来看，每种板材各类 VOCs 的释放浓度大小均不相同，其中高密度纤维板和中密度纤维板释放较多的 4 类物质是烯烃、芳香烃、烷烃和酯类，高密度纤维板、中密度纤维板的这 4 类物质释放浓度之和分别占其 TVOC 释放浓度的88.36%、90.25%，刨花板释放浓度较大的物质比另外两种板材多了醛类物质，其释放浓度较大的 5 类化合物释放之和占 TVOC 的 91.06%，具体释放情况是：高密度纤维板释放浓度由大到小依次为烯烃、烷烃、芳香烃、酯类，释放浓度最大的烯烃类占 TVOC 总释放浓度的 32.63%；中密度纤维板释放浓度由大到小依次为烯烃、芳香烃、烷烃、酯类，释放浓度最大的烯烃类占 TVOC 总释放浓度的 30.53%；刨花板释放浓度由大到小依次为烯烃、芳香烃、烷烃、醛类、酯类，释放浓度最大的烯烃类占 TVOC 总释放浓度的 28.89%。

到达平衡期时，各类 VOCs 下降幅度均较大，但各不相同。高密度纤维板初期释放浓度较大的烯烃、芳香烃、烷烃、酯类物质下降幅度分别为 81.60%、87.36%、82.13%、73.91%；中密度纤维板初期释放浓度较大的烯烃、芳香烃、烷烃、酯类物质下降幅度分别为 81.28%、86.91%、81.81%、70.13%；刨花板初期释放浓度较大的烯烃、芳香烃、烷烃、醛类、酯类物质下降幅度分别为 82.08%、88.50%、76.29%、92.58%、71.29%。此外，在平衡期，烷烃类物质与酯类物质所占比例与释放初期相比上升，平衡期各类 VOCs 释放浓度所占比例居第 1 位和第 2 位的分别是烯烃和烷烃，其次是芳香烃和酯类。

（4）检测条件 4 下三种板材 VOCs 释放成分

表 2-31 和图 2-31 为温度 100℃、相对湿度 40%、空气交换率与负荷因子之比为 0.2 次·m³·h⁻¹·m⁻² 的检测条件下使用快速检测法检测高密度纤维板、中密度纤维

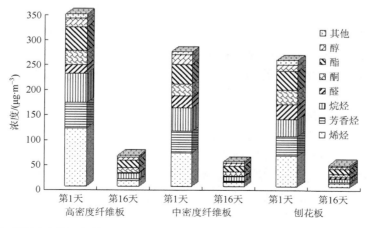

图 2-31　快速检测法检测条件 4 下三种板材 TVOC 及各类 VOCs 第 1 天和第 16 天释放浓度

板以及刨花板 TVOC 及各类 VOCs 释放初期和释放平衡期的浓度。可以看出，在释放条件 4 下，三种板材 VOCs 释放初期，各类化合物释放浓度相差非常大，而板材 VOCs 释放达到平衡期时，各类化合物的释放浓度相差就很小了；同时，各类 VOCs 物质从释放初期到平衡期，释放浓度均减小，但减小幅度各不相同。

表 2-31　快速检测法检测条件 4 下三种板材 TVOC 及各类 VOCs 第 1 天和第 16 天释放浓度

释放成分	TVOC 及各类 VOCs 释放浓度/($\mu g \cdot m^{-3}$)					
	高密度纤维板		中密度纤维板		刨花板	
	第 1 天	第 16 天	第 1 天	第 16 天	第 1 天	第 16 天
TVOC	344.74	61.85	268.96	50.23	252.71	44.15
烯烃	115.90	11.66	66.72	8.47	61.43	6.83
芳香烃	51.02	3.66	43.72	3.78	39.98	3.52
烷烃	57.43	10.93	46.99	7.47	33.17	6.31
醛	16.93	1.83	23.46	2.22	29.82	2.88
酮	29.10	9.88	24.14	7.98	28.69	7.30
酯	48.26	13.63	38.75	11.43	36.96	9.72
醇	17.24	6.97	19.93	6.63	13.28	4.07
其他	8.86	3.29	5.25	2.25	9.38	3.52

释放初期，与检测条件 1、2、3 相比较，相对湿度以及空气交换率与负荷因子之比均相同，只有温度是变量，从条件 1 到条件 4，温度逐渐上升，条件 1、2、3，即温度分别为 40℃、60℃、80℃条件下，三种板材释放各类 VOCs 物质特点相似，每种板材释放的各类物质占 TVOC 的比例相似，且随着温度的升高，TVOC 及各类主要释放物均呈现上升的趋势。但是在 100℃条件下，并不呈现这种规律。

释放初期，检测条件 4 和检测条件 3 的各类 VOCs 相比，即其他检测条件相同，温度 100℃条件下与温度 80℃条件下相比，高密度纤维板的芳香烃和烷烃的释放浓度没有增加，反而减少了，这两类释放物占 TVOC 的比例分别下降 29.53%和 32.65%，此外，醛、酮、酯、醇、其他这 5 类释放物在 100℃条件下释放浓度和 80℃相比增加非常大，这 5 类释放物占 TVOC 比例和 80℃相比分别上升了 53.77%、104.95%、39.94%、51.29%、152.45%。中密度纤维板的烯烃、芳香烃和烷烃的释放浓度均减少了，其占 TVOC 的比例分别下降 18.74%、

35.38%、29.92%，醛、酮、酯、醇、其他这 5 类释放物在 100℃条件下释放浓度和 80℃相比增加非常大，这 5 类释放物占 TVOC 比例和 80℃相比分别上升了 200.09%、211.34%、49.50%、125.38%、189.17%。刨花板的烯烃、芳香烃、烷烃、醛类均比 80℃的释放浓度减少，占 TVOC 比例分别下降 15.86%、36.92%、16.96%、7.66%，而酮、酯、醇、其他这 4 类释放物在 100℃条件下释放浓度和 80℃相比增加非常大，这 4 类释放物占 TVOC 比例和 80℃相比分别上升了 121.78%、71.85%、161.84%、104.82%。

　　到达平衡期时，和条件 1、2、3 相比，条件 4 下达到平衡期时各类 VOCs 物质占 TVOC 的比例差别较大，条件 1、2、3 下达到平衡时各类 VOCs 成分占 TVOC 比例特点、大小相似，而 100℃条件下，各比例变化较大，条件 4 下达到平衡时，烯烃、芳香烃及烷烃所占比例均较小，平衡期各类 VOCs 释放浓度所占比例最多的是酯类物质。

　　（5）检测条件 5 下三种板材 VOCs 释放成分

　　表 2-32 和图 2-32 为温度 40℃、相对湿度 40%、空气交换率与负荷因子之比为 0.5 次·m³·h⁻¹·m⁻² 的检测条件下使用快速检测法检测高密度纤维板、中密度纤维板以及刨花板 TVOC 及各类 VOCs 释放初期和释放平衡期的浓度。可以看出，在释放条件 5 下，三种板材 VOCs 释放初期，各类化合物释放浓度相差非常大，而板材 VOCs 释放达到平衡期时，各类化合物的释放浓度相差就很小了；同时，各类 VOCs 物质从释放初期到平衡期，释放浓度均减小，但减小幅度各不相同。

表 2-32　快速检测法检测条件 5 下三种板材 TVOC 及各类 VOCs 第 1 天和第 19 天释放浓度

释放成分	TVOC 及各类 VOCs 释放浓度/(μg·m⁻³)					
	高密度纤维板		中密度纤维板		刨花板	
	第 1 天	第 19 天	第 1 天	第 19 天	第 1 天	第 19 天
TVOC	239.11	51.36	189.14	41.47	179.27	36.37
烯烃	67.35	14.76	51.67	11.90	51.37	10.37
芳香烃	52.93	7.62	47.64	7.11	44.22	5.97
烷烃	62.08	12.78	47.48	10.41	25.62	8.09
醛	7.93	0.78	6.18	0.56	22.79	1.42
酮	9.80	4.26	6.29	2.01	10.87	3.65
酯	27.43	7.18	20.73	6.15	17.03	4.66
醇	9.31	3.07	7.84	2.87	3.92	1.16
其他	2.28	0.91	1.31	0.46	3.45	1.05

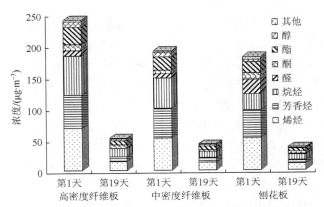

图 2-32　快速检测法检测条件 5 下三种板材 TVOC 及各类 VOCs 第 1 天和第 19 天释放浓度

　　释放初期，三种板材释放浓度最大的都是烯烃类物质，高密度纤维板和中密度纤维板芳香烃类以及烷烃类物质释放浓度也较大，然后是酯类物质，醛、酮、醇以及其他类物质释放浓度比较小，刨花板和其他两种板材不同的是醛类物质释放浓度较大，大于其酯类物质的释放浓度，同时也远大于另外两种板材的醛类释放浓度。具体来看，每种板材各类 VOCs 的释放浓度大小均不相同，其中高密度纤维板和中密度纤维板释放较多的 4 类物质是烯烃、芳香烃、烷烃和酯类，高密度纤维板、中密度纤维板的这 4 类物质释放浓度之和分别占其 TVOC 释放浓度的 87.74%、88.57%，刨花板释放浓度较大的物质比另外两种板材多了醛类物质，其释放浓度较大的 5 类化合物释放之和占 TVOC 的 89.83%，具体释放情况是：高密度纤维板释放浓度由大到小依次为烯烃、烷烃、芳香烃、酯类，释放浓度最大的烯烃类占 TVOC 总释放浓度的 28.17%；中密度纤维板释放浓度由大到小依次为烯烃、芳香烃、烷烃、酯类，释放浓度最大的烯烃类占 TVOC 总释放浓度的 27.32%；刨花板释放浓度由大到小依次为烯烃、芳香烃、烷烃、醛类、酯类，释放浓度最大的烯烃类占 TVOC 总释放浓度的 28.66%。

　　到达平衡期时，各类 VOCs 下降幅度均较大，但各不相同。高密度纤维板初期释放浓度较大的烯烃、芳香烃、烷烃、酯类物质下降幅度分别为 78.08%、85.60%、79.41%、73.82%；中密度纤维板初期释放浓度较大的烯烃、芳香烃、烷烃、酯类物质下降幅度分别为 76.97%、85.08%、78.08%、70.33%；刨花板初期释放浓度较大的烯烃、芳香烃、烷烃、醛类、酯类物质下降幅度分别为 79.81%、86.50%、68.42%、93.77%、72.64%。此外，在平衡期，烷烃类物质与酯类物质所占比例与释放初期相比上升，平衡期各类 VOCs 释放浓度所占比例居第 1 位和第 2 位的分别是烯烃和烷烃，其次是芳香烃和酯类。

　　（6）检测条件 6 下三种板材 VOCs 释放成分

　　表 2-33 和图 2-33 为温度 60℃、相对湿度 40%、空气交换率与负荷因子之比

为 0.5 次·m³·h⁻¹·m⁻² 的检测条件下使用快速检测法检测高密度纤维板、中密度纤维板以及刨花板 TVOC 及各类 VOCs 释放初期和释放平衡期的浓度。可以看出，在释放条件 6 下，三种板材 VOCs 释放初期，各类化合物释放浓度相差非常大，而板材 VOCs 释放达到平衡期时，各类化合物的释放浓度相差就很小了；同时，各类 VOCs 物质从释放初期到平衡期，释放浓度均减小，但减小幅度各不相同。

表 2-33　快速检测法检测条件 6 下三种板材 TVOC 及各类 VOCs 第 1 天和第 16 天释放浓度

释放成分	TVOC 及各类 VOCs 释放浓度/(μg·m⁻³)					
	高密度纤维板		中密度纤维板		刨花板	
	第 1 天	第 16 天	第 1 天	第 16 天	第 1 天	第 16 天
TVOC	321.40	58.73	253.81	47.64	238.03	41.60
烯烃	106.7	17.87	79.29	13.96	68.17	11.55
芳香烃	65.15	8.29	62.97	7.84	58.15	6.81
烷烃	77.70	13.42	61.64	11.08	37.83	8.60
醛	10.39	1.57	7.02	1.13	32.32	1.94
酮	13.04	4.91	6.97	3.06	11.79	4.13
酯	34.23	7.94	25.55	7.05	20.74	5.31
醇	10.71	3.19	8.54	2.64	4.82	1.53
其他	3.48	1.54	1.83	0.88	4.21	1.73

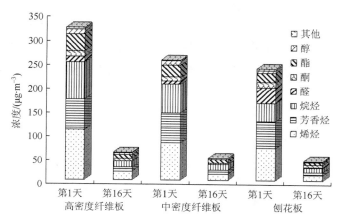

图 2-33　快速检测法检测条件 6 下三种板材 TVOC 及各类 VOCs 第 1 天和第 16 天释放浓度

释放初期，三种板材释放浓度最大的都是烯烃类物质，高密度纤维板和中密度纤维板芳香烃类以及烷烃类物质释放浓度也较大，然后是酯类物质，醛、酮、醇以及其他类物质释放浓度比较小，刨花板和其他两种板材不同的是醛类物质释放量较大，大于其酯类物质的释放浓度，同时也远大于另外两种板材的醛类释放浓度。具体来看，每种板材各类 VOCs 的释放浓度大小均不相同，其中高密度纤维板和中密度纤维板释放较多的 4 类物质是烯烃、芳香烃、烷烃和酯类，高密度纤维板、中密度纤维板的这 4 类物质释放浓度之和分别占其 TVOC 释放浓度的 88.29%、90.40%，刨花板释放浓度较大的物质比另外两种板材多了醛类物质，其释放浓度较大的 5 类化合物释放之和占 TVOC 的 91.25%，具体释放情况是：高密度纤维板释放浓度由大到小依次为烯烃、烷烃、芳香烃、酯类，释放浓度最大的烯烃类占 TVOC 总释放浓度的 33.20%；中密度纤维板释放浓度由大到小依次为烯烃、芳香烃、烷烃、酯类，释放浓度最大的烯烃类占 TVOC 总释放浓度的 31.24%；刨花板释放浓度由大到小依次为烯烃、芳香烃、烷烃、醛类、酯类，释放浓度最大的烯烃类占 TVOC 总释放浓度的 28.64%。

　　到达平衡期时，各类 VOCs 下降幅度均较大，但各不相同。高密度纤维板初期释放浓度较大的烯烃、芳香烃、烷烃、酯类物质下降幅度分别为 83.25%、87.28%、82.73%、76.80%；中密度纤维板初期释放浓度较大的烯烃、芳香烃、烷烃、酯类物质下降幅度分别为 82.39%、87.55%、82.02%、72.41%；刨花板初期释放浓度较大的烯烃、芳香烃、烷烃、醛类、酯类物质下降幅度分别为 83.06%、88.29%、77.27%、94.00%、74.40%。此外，在平衡期，烷烃类物质与酯类物质所占比例与释放初期相比上升，平衡期各类 VOCs 释放浓度所占比例居第 1 位和第 2 位的分别是烯烃和烷烃，其次是芳香烃和酯类。

　　（7）检测条件 7 下三种板材 VOCs 释放成分

　　表 2-34 和图 2-34 为温度 80℃、相对湿度 40%、空气交换率与负荷因子之比为 0.5 次·m³·h⁻¹·m⁻² 的检测条件下使用快速检测法检测高密度纤维板、中密度纤维板以及刨花板 TVOC 及各类 VOCs 释放初期和释放平衡期的浓度。可以看出，在

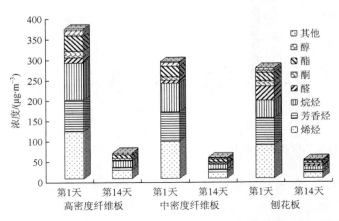

图 2-34　快速检测法检测条件 7 下三种板材 TVOC 及各类 VOCs 第 1 天和第 14 天释放浓度

释放条件 7 下，三种板材 VOCs 释放初期，各类化合物释放浓度相差非常大，而板材 VOCs 释放达到平衡期时，各类化合物的释放浓度相差就很小了；同时，各类 VOCs 物质从释放初期到平衡期，释放浓度均减小，但减小幅度各不相同。

表 2-34　快速检测法检测条件 7 下三种板材 TVOC 及各类 VOCs 第 1 天和第 14 天释放浓度

| 释放成分 | TVOC 及各类 VOCs 释放浓度/($\mu g \cdot m^{-3}$) | | | | | |
| | 高密度纤维板 | | 中密度纤维板 | | 刨花板 | |
	第 1 天	第 14 天	第 1 天	第 14 天	第 1 天	第 14 天
TVOC	366.65	62.18	286.59	50.13	268.75	44.86
烯烃	115.88	19.47	91.41	14.42	80.97	12.38
芳香烃	77.74	8.62	71.84	8.43	67.09	6.93
烷烃	91.56	14.31	70.87	11.21	42.63	9.32
醛	11.78	1.50	7.96	1.76	33.65	2.41
酮	15.62	4.95	7.72	3.40	13.28	4.48
酯	37.34	8.48	26.01	7.29	21.24	5.84
醇	12.85	3.28	8.94	2.75	5.28	1.58
其他	3.88	1.57	1.84	0.87	4.61	1.92

释放初期，三种板材释放浓度最大的都是烯烃类物质，高密度纤维板和中密度纤维板芳香烃类以及烷烃类物质释放浓度也较大，然后是酯类物质，醛、酮、醇以及其他类物质释放浓度比较小，刨花板和其他两种板材不同的是醛类物质释放浓度较大，大于其酯类物质的释放浓度，同时也远大于另外两种板材的醛类释放浓度。具体来看，每种板材各类 VOCs 的释放浓度大小均不相同，其中高密度纤维板和中密度纤维板释放较多的 4 类物质是烯烃、芳香烃、烷烃和酯类，高密度纤维板、中密度纤维板的这 4 类物质释放浓度之和分别占其TVOC 释放浓度的 87.96%、90.77%，刨花板释放浓度较大的物质比另外两种板材多了醛类物质，其释放浓度较大的 5 类化合物释放之和占 TVOC 的91.38%，具体释放情况是：高密度纤维板释放浓度由大到小依次为烯烃、烷烃、芳香烃、酯类，释放浓度最大的烯烃类占 TVOC 总释放浓度的 31.61%；中密度纤维板释放浓度由大到小依次为烯烃、芳香烃、烷烃、酯类，释放浓度最大的烯烃类占 TVOC 总释放浓度的 31.90%；刨花板释放浓度由大到小依次为烯烃、芳香烃、烷烃、醛类、酯类，释放浓度最大的烯烃类占 TVOC 总释放浓度的 30.13%。

　　到达平衡期时，各类 VOCs 下降幅度均较大，但各不相同。高密度纤维板初期释放浓度较大的烯烃、芳香烃、烷烃、酯类物质下降幅度分别为 83.20%、88.91%、84.37%、77.29%；中密度纤维板初期释放浓度较大的烯烃、芳香烃、烷烃、酯类物质下降幅度分别为 84.22%、88.27%、84.18%、71.97%；刨花板初期释放浓度较大的烯烃、芳香烃、烷烃、醛类、酯类物质下降幅度分别为 84.71%、89.67%、78.14%、92.84%、72.50%。此外，在平衡期，烷烃类物质与酯类物质所占比例与释放初期相比上升，平衡期各类 VOCs 释放浓度所占比例居第 1 位和第 2 位的分别是烯烃和烷烃，其次是芳香烃和酯类。

　　（8）检测条件 8 下三种板材 VOCs 释放成分

　　表 2-35 和图 2-35 为温度 100℃、相对湿度 40%、空气交换率与负荷因子之比为 0.5 次·m³·h⁻¹·m⁻² 的检测条件下使用快速检测法检测高密度纤维板、中密度纤维板以及刨花板 TVOC 及各类 VOCs 释放初期和释放平衡期的浓度。可以看出，在释放条件 8 下，三种板材 VOCs 释放初期，各类化合物释放浓度相差非常大，而板材 VOCs 释放达到平衡期时，各类化合物的释放浓度相差就很小了；同时，各类 VOCs 物质从释放初期到平衡期，释放浓度均减小，但减小幅度各不相同。

表 2-35　快速检测法检测条件 8 下三种板材 TVOC 及各类 VOCs 第 1 天和第 14 天释放浓度

释放成分	TVOC 及各类 VOCs 释放浓度/(μg·m⁻³)					
	高密度纤维板		中密度纤维板		刨花板	
	第 1 天	第 14 天	第 1 天	第 14 天	第 1 天	第 14 天
TVOC	392.31	62.55	306.07	51.02	287.02	45.65
烯烃	134.34	11.77	82.45	8.52	68.07	6.98
芳香烃	57.00	3.45	51.76	3.79	49.27	3.83
烷烃	60.14	10.89	53.58	7.45	38.31	5.89
醛	19.63	1.86	23.12	2.58	33.83	3.40
酮	36.09	9.86	24.09	7.85	31.57	7.14
酯	56.00	13.44	44.54	11.56	43.18	10.48
醇	20.09	7.39	20.55	6.48	13.71	4.60
其他	9.02	3.89	5.98	2.79	9.08	3.33

　　释放初期，与检测条件 5、6、7 相比较，相对湿度以及空气交换率与负荷因子之比均相同，只有温度是变量，从条件 5 到条件 8，温度逐渐上升，条件 5、6、7，即温度分别为 40℃、60℃、80℃条件下，三种板材释放各类 VOCs 物质特点相似，每种板材释放的各类物质占 TVOC 的比例相似，且随着温度的升高，TVOC 及各类主要释放物均呈现上升的趋势。但是在 100℃条件下，并不呈现这种规律。

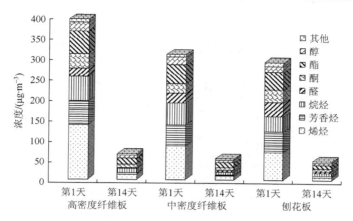

图 2-35　快速检测法检测条件 8 下三种板材 TVOC 及各类 VOCs 第 1 天和第 14 天释放浓度

释放初期，检测条件 8 和检测条件 7 的各类 VOCs 相比，即其他检测条件相同，温度 100℃条件下与温度 80℃条件下相比，高密度纤维板的芳香烃和烷烃的释放浓度没有增加，反而减少了，这两类释放物占 TVOC 的比例分别下降 31.47%和 38.61%，此外，醛、酮、酯、醇、其他这 5 类释放物在 100℃条件下释放浓度和 80℃相比增加非常大，这 5 类释放物占 TVOC 比例和 80℃相比分别上升了 55.74%、115.94%、40.16%、46.12%、117.27%。中密度纤维板的烯烃、芳香烃和烷烃的释放浓度均减少了，其占 TVOC 的比例分别下降 16.00%、32.54%、29.39%，醛、酮、酯、醇、其他这 5 类释放物在 100℃条件下释放浓度和 80℃相比增加非常大，这 5 类释放物占 TVOC 比例和 80℃相比分别上升了 171.97%、192.19%、60.34%、115.24%、204.32%。刨花板的烯烃、芳香烃、烷烃均比 80℃的释放浓度减少，占 TVOC 比例分别下降 21.28%、31.24%、15.85%，而酮、酯、醇、其他这 4 类释放物在 100℃条件下释放浓度和 80℃相比增加非常大，这 4 类释放物占 TVOC 比例和 80℃相比分别上升了 122.59%、90.36%、143.13%、84.43%。

到达平衡期时，和条件 5、6、7 相比，条件 8 下达到平衡期时各类 VOCs 物质占 TVOC 的比例差别较大，条件 5、6、7 下达到平衡时各类 VOCs 成分占 TVOC 比例特点、大小相似，而 100℃条件下，各比例变化较大，条件 8 下达到平衡时，烯烃、芳香烃及烷烃所占比例均较小，平衡期各类 VOCs 释放浓度所占比例最多的是酯类物质。

（9）检测条件 9 下三种板材 VOCs 释放成分

表 2-36 和图 2-36 为温度 40℃、相对湿度 40%、空气交换率与负荷因子之比为 1 次·m³·h⁻¹·m⁻² 的检测条件下使用快速检测法检测高密度纤维板、中密度纤维板以及刨花板 TVOC 及各类 VOCs 释放初期和释放平衡期的浓度。可以看出，在释放条件 9 下，三种板材 VOCs 释放初期，各类化合物释放浓度相差非常大，而

板材 VOCs 释放达到平衡期时，各类化合物的释放浓度相差就很小了；同时，各类
VOCs 物质从释放初期到平衡期，释放浓度均减小，但减小幅度各不相同。

表 2-36　快速检测法检测条件 9 下三种板材 TVOC 及各类 VOCs 第 1 天和第 18 天释放浓度

释放成分	TVOC 及各类 VOCs 释放浓度/($\mu g \cdot m^{-3}$)					
	高密度纤维板		中密度纤维板		刨花板	
	第 1 天	第 18 天	第 1 天	第 18 天	第 1 天	第 18 天
TVOC	273.75	52.21	227.10	43.63	203.63	37.16
烯烃	82.83	14.85	65.01	12.21	58.72	10.41
芳香烃	60.04	7.71	58.06	7.34	51.21	6.02
烷烃	70.89	12.9	57.64	10.76	30.84	8.24
醛	8.86	0.82	7.01	0.72	25.71	1.59
酮	9.52	4.40	7.15	2.45	11.00	3.77
酯	29.66	7.26	22.58	6.48	18.12	4.76
醇	9.53	3.14	8.21	3.06	4.31	1.23
其他	2.42	1.13	1.44	0.61	3.72	1.14

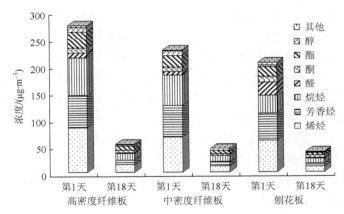

图 2-36　快速检测法检测条件 9 下三种板材 TVOC 及各类 VOCs 第 1 天和第 18 天释放浓度

　　释放初期，三种板材释放浓度最大的都是烯烃类物质，高密度纤维板和中密
度纤维板芳香烃类以及烷烃类物质释放浓度也较大，然后是酯类物质，醛、酮、
醇以及其他类物质释放浓度比较小，刨花板和其他两种板材不同的是醛类物质释
放浓度较大，大于其酯类物质的释放浓度，同时也远大于另外两种板材的醛类释
放浓度。具体来看，每种板材各类 VOCs 的释放浓度大小均不相同，其中高密度
纤维板和中密度纤维板释放较多的 4 类物质是烯烃、芳香烃、烷烃和酯类，高密
度纤维板、中密度纤维板的这 4 类物质释放浓度之和分别占其 TVOC 释放浓度的

88.92%、89.52%,刨花板释放浓度较大的物质比另外两种板材多了醛类物质,其释放浓度较大的 5 类化合物释放之和占 TVOC 的 90.65%,具体释放情况是:高密度纤维板释放浓度由大到小依次为烯烃、烷烃、芳香烃、酯类,释放浓度最大的烯烃类占 TVOC 总释放浓度的 30.26%;中密度纤维板释放浓度由大到小依次为烯烃、芳香烃、烷烃、酯类,释放浓度最大的烯烃类占 TVOC 总释放浓度的 28.63%;刨花板释放浓度由大到小依次为烯烃、芳香烃、烷烃、醛类、酯类,释放浓度最大的烯烃类占 TVOC 总释放浓度的 28.84%。

到达平衡期时,各类 VOCs 下降幅度均较大,但各不相同。高密度纤维板初期释放浓度较大的烯烃、芳香烃、烷烃、酯类物质下降幅度分别为 82.07%、87.16%、81.80%、75.52%;中密度纤维板初期释放浓度较大的烯烃、芳香烃、烷烃、酯类物质下降幅度分别为 81.22%、87.36%、81.33%、71.30%;刨花板初期释放浓度较大的烯烃、芳香烃、烷烃、醛类、酯类物质下降幅度分别为 82.27%、88.24%、73.28%、93.82%、73.73%。此外,在平衡期,烷烃类物质与酯类物质所占比例与释放初期相比上升,平衡期各类 VOCs 释放浓度所占比例居第 1 位和第 2 位的分别是烯烃和烷烃,其次是芳香烃和酯类。

（10）检测条件 10 下三种板材 VOCs 释放成分

表 2-37 和图 2-37 为温度 60℃、相对湿度 40%、空气交换率与负荷因子之比为 1 次·m³·h⁻¹·m⁻² 的检测条件下使用快速检测法检测高密度纤维板、中密度纤维板以及刨花板 TVOC 及各类 VOCs 释放初期和释放平衡期的浓度。可以看出,在释放条件 10 下,三种板材 VOCs 释放初期,各类化合物释放浓度相差非常大,而板材 VOCs 释放达到平衡期时,各类化合物的释放浓度相差就很小了;同时,各类 VOCs 物质从释放初期到平衡期,释放浓度均减小,但减小幅度各不相同。

表 2-37　快速检测法检测条件 10 下三种板材 TVOC 及各类 VOCs 第 1 天和第 14 天释放浓度

释放成分	TVOC 及各类 VOCs 释放浓度/($\mu g \cdot m^{-3}$)					
	高密度纤维板		中密度纤维板		刨花板	
	第 1 天	第 14 天	第 1 天	第 14 天	第 1 天	第 14 天
TVOC	371.56	60.15	298.68	48.53	279.10	44.20
烯烃	125.95	17.98	97.06	14.13	83.27	11.93
芳香烃	73.29	8.55	75.23	8.09	68.64	7.13
烷烃	93.58	13.56	71.36	11.13	44.93	9.21
醛	11.28	1.64	7.85	1.23	36.64	2.15
酮	14.13	5.29	7.75	3.16	12.58	4.46
酯	38.05	8.24	28.06	7.16	23.25	5.74
醇	11.27	3.27	9.14	2.72	5.12	1.72
其他	4.01	1.62	2.23	0.91	4.67	1.86

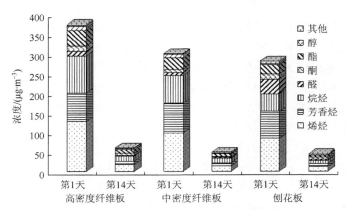

图 2-37　快速检测法检测条件 10 下三种板材 TVOC 及各类 VOCs 第 1 天和第 14 天释放浓度

释放初期，三种板材释放浓度最大的都是烯烃类物质，高密度纤维板和中密度纤维板芳香烃类以及烷烃类物质释放浓度也较大，然后是酯类物质，醛、酮、醇以及其他类物质释放浓度比较小，刨花板和其他两种板材不同的是醛类物质释放浓度较大，大于其酯类物质的释放浓度，同时也远大于另外两种板材的醛类释放浓度。具体来看，每种板材各类 VOCs 的释放浓度大小均不相同，其中高密度纤维板和中密度纤维板释放较多的 4 类物质是烯烃、芳香烃、烷烃和酯类，高密度纤维板、中密度纤维板的这 4 类物质释放浓度之和分别占其 TVOC 释放浓度的89.05%、90.97%，刨花板释放浓度较大的物质比另外两种板材多了醛类物质，其释放浓度较大的 5 类化合物释放浓度之和占 TVOC 的 91.98%，具体释放情况是：高密度纤维板释放浓度由大到小依次为烯烃、烷烃、芳香烃、酯类，释放浓度最大的烯烃类占 TVOC 总释放浓度的 33.90%；中密度纤维板释放浓度由大到小依次为烯烃、芳香烃、烷烃、酯类，释放浓度最大的烯烃类占 TVOC 总释放浓度的32.50%；刨花板释放浓度由大到小依次为烯烃、芳香烃、烷烃、醛类、酯类，释放浓度最大的烯烃类占 TVOC 总释放浓度的 29.84%。

到达平衡期时，各类 VOCs 下降幅度均较大，但各不相同。高密度纤维板初期释放浓度较大的烯烃、芳香烃、烷烃、酯类物质下降幅度分别为 85.72%、88.33%、85.51%、78.34%；中密度纤维板初期释放浓度较大的烯烃、芳香烃、烷烃、酯类物质下降幅度分别为 85.44%、89.25%、84.40%、74.48%；刨花板初期释放浓度较大的烯烃、芳香烃、烷烃、醛类、酯类物质下降幅度分别为 85.67%、89.61%、79.50%、94.13%、75.31%。此外，在平衡期，烷烃类物质与酯类物质所占比例与释放初期相比上升，平衡期各类VOCs 释放浓度所占比例居第 1 位和第 2 位的分别是烯烃和烷烃，其次是芳香烃和酯类。

（11）检测条件 11 下三种板材 VOCs 释放成分

表 2-38 和图 2-38 为温度 80℃、相对湿度 40%、空气交换率与负荷因子之比为 1 次·m³·h⁻¹·m⁻² 的检测条件下使用快速检测法检测高密度纤维板、中密度纤维

板以及刨花板 TVOC 及各类 VOCs 释放初期和释放平衡期的浓度。可以看出,在释放条件 11 下,三种板材 VOCs 释放初期,各类化合物释放浓度相差非常大,而板材 VOCs 释放达到平衡期时,各类化合物的释放浓度相差就很小了;同时,各类 VOCs 物质从释放初期到平衡期,释放浓度均减小,但减小幅度各不相同。

表 2-38　快速检测法检测条件 11 下三种板材 TVOC 及各类 VOCs 第 1 天和第 12 天释放浓度

释放成分	TVOC 及各类 VOCs 释放浓度/(μg·m⁻³)					
	高密度纤维板		中密度纤维板		刨花板	
	第 1 天	第 12 天	第 1 天	第 12 天	第 1 天	第 12 天
TVOC	419.07	62.87	328.62	51.35	307.89	46.23
烯烃	139.02	19.54	109.23	14.68	98.28	12.60
芳香烃	88.45	8.75	82.46	8.58	75.73	7.15
烷烃	104.89	14.42	81.03	11.38	48.87	9.58
醛	12.38	1.66	8.34	1.96	36.69	2.63
酮	16.24	5.03	8.03	3.59	14.17	4.55
酯	40.64	8.51	28.07	7.38	23.39	6.06
醇	13.24	3.34	9.31	2.87	5.72	1.62
其他	4.21	1.62	2.15	0.91	5.04	2.04

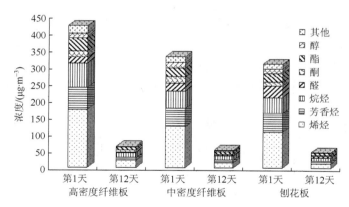

图 2-38　快速检测法检测条件 11 下三种板材 TVOC 及各类 VOCs 第 1 天和第 12 天释放浓度

　　释放初期,三种板材释放浓度最大的都是烯烃类物质,高密度纤维板和中密度纤维板芳香烃类以及烷烃类物质释放浓度也较大,然后是酯类物质,醛、酮、醇以及其他类物质释放浓度比较小,刨花板和其他两种板材不同的是醛类物质释放浓度较大,大于其酯类物质的释放浓度,同时也远大于另外两种板材的醛类释放浓度。具体来看,每种板材各类 VOCs 的释放浓度大小均不相同,其中高密度纤维板和中密度纤维板释放较多的 4 类物质是烯烃、芳香烃、烷烃和酯类,高密度纤维板、中密度纤维板的这

4 类物质释放浓度之和分别占其 TVOC 释放浓度的 89.01%、91.53%，刨花板释放浓度较大的物质比另外两种板材多了醛类物质，其释放浓度较大的 5 类化合物释放之和占 TVOC 的 91.90%，具体释放情况是：高密度纤维板释放浓度由大到小依次为烯烃、烷烃、芳香烃、酯类，释放浓度最大的烯烃类占 TVOC 总释放浓度的 33.17%；中密度纤维板释放浓度由大到小依次为烯烃、芳香烃、烷烃、酯类，释放浓度最大的烯烃类占 TVOC 总释放浓度的 33.24%；刨花板释放浓度由大到小依次为烯烃、芳香烃、烷烃、醛类、酯类，释放浓度最大的烯烃类占 TVOC 总释放浓度的 31.92%。

到达平衡期时，各类 VOCs 下降幅度均较大，但各不相同。高密度纤维板初期释放浓度较大的烯烃、芳香烃、烷烃、酯类物质下降幅度分别为 85.94%、90.11%、86.25%、79.06%；中密度纤维板初期释放浓度较大的烯烃、芳香烃、烷烃、酯类物质下降幅度分别为 86.56%、89.60%、85.96%、73.71%；刨花板初期释放浓度较大的烯烃、芳香烃、烷烃、醛类、酯类物质下降幅度分别为 87.18%、90.56%、80.40%、92.83%、74.09%。此外，在平衡期，烷烃类物质与酯类物质所占比例与释放初期相比上升，平衡期各类 VOCs 释放浓度所占比例居第 1 位和第 2 位的分别是烯烃和烷烃，其次是芳香烃和酯类。

（12）检测条件 12 下三种板材 VOCs 释放成分

表 2-39 和图 2-39 为温度 100℃、相对湿度 40%、空气交换率与负荷因子之比为 1 次·$m^3 \cdot h^{-1} \cdot m^{-2}$ 的检测条件下使用快速检测法检测高密度纤维板、中密度纤维板以及刨花板 TVOC 及各类 VOCs 释放初期和释放平衡期的浓度。可以看出，在释放条件 12 下，三种板材 VOCs 释放初期，各类化合物释放浓度相差非常大，而板材 VOCs 释放达到平衡期时，各类化合物的释放浓度相差就很小了；同时，各类 VOCs 物质从释放初期到平衡期，释放浓度均减小，但减小幅度各不相同。

表 2-39　快速检测法检测条件 12 下三种板材 TVOC 及各类 VOCs 第 1 天和第 11 天释放浓度

释放成分	TVOC 及各类 VOCs 释放浓度/($\mu g \cdot m^{-3}$)					
	高密度纤维板		中密度纤维板		刨花板	
	第 1 天	第 11 天	第 1 天	第 11 天	第 1 天	第 11 天
TVOC	453.75	64.24	359.04	51.72	331.86	47.07
烯烃	149.60	12.06	95.44	8.35	77.57	7.29
芳香烃	66.18	3.23	67.57	3.57	55.88	3.53
烷烃	76.03	10.76	69.32	7.62	50.39	6.32
醛	23.64	1.94	23.4	2.63	41.05	2.83
酮	40.42	11.02	25.88	8.26	32.65	7.41
酯	64.25	14.46	50.17	11.75	50.67	10.29
醇	24.00	7.45	21.12	6.26	14.47	5.92
其他	9.63	3.23	6.14	3.28	9.18	3.48

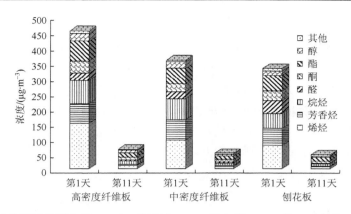

图 2-39　快速检测法检测条件 12 下三种板材 TVOC 及各类 VOCs 第 1 天和第 11 天释放浓度

　　释放初期，与检测条件 9、10、11 相比较，相对湿度以及空气交换率与负荷因子之比均相同，只有温度是变量，从条件 9 到条件 12，温度逐渐上升，条件 9、10、11，即温度分别为 40℃、60℃、80℃条件下，三种板材释放各类 VOCs 物质特点相似，每种板材释放的各类物质占 TVOC 的比例相似，且随着温度的升高，TVOC 及各类主要释放物均呈现上升的趋势。但是在 100℃条件下，并不呈现这种规律。

　　释放初期，检测条件 12 和检测条件 11 的各类 VOCs 相比，即其他检测条件相同，温度 100℃条件下与温度 80℃条件下相比，高密度纤维板的芳香烃和烷烃的释放浓度没有增加，反而减少了，这两类释放物占 TVOC 的比例分别下降30.90%和33.05%，此外，醛、酮、酯、醇、其他这 5 类释放物在 100℃条件下释放浓度和 80℃相比增加非常大，这 5 类释放物占 TVOC 比例和 80℃相比分别上升了 76.36%、129.87%、46.01%、67.42%、111.26%。中密度纤维板的烯烃、芳香烃和烷烃的释放浓度均减小了，其占 TVOC 的比例分别下降 20.03%、25.00%、21.70%，醛、酮、酯、醇、其他这 5 类释放物在 100℃条件下释放浓度和 80℃相比增加非常大，这 5 类释放物占 TVOC 比例和 80℃相比分别上升了 156.80%、194.99%、63.59%、107.63%、161.39%。刨花板的烯烃、芳香烃均比 80℃的释放浓度减少，占 TVOC 比例分别下降 26.77%、31.54%，而酮、酯、醇、其他这 4 类释放物在 100℃条件下释放浓度和 80℃相比增加非常大,这 4 类释放物占 TVOC 比例和 80℃相比分别上升了 113.77%、100.98%、134.70%、68.99%。

　　到达平衡期时，和条件 9、10、11 相比，条件 12 下达到平衡期时各类 VOCs 物质占 TVOC 的比例差别较大，条件 9、10、11 下达到平衡时各类 VOCs 成分占 TVOC 比例特点、大小相似，而 100℃条件下，各比例变化较大，条件 12 下达到平衡时，烯烃、芳香烃及烷烃所占比例均较小，平衡期各类 VOCs 释放浓度所占比例最多的是酯类物质。

（13）检测条件 13 下三种板材 VOCs 释放成分

表 2-40 和图 2-40 为温度 40℃、相对湿度 60%、空气交换率与负荷因子之比为 0.2 次·m³·h⁻¹·m⁻² 的检测条件下使用快速检测法检测高密度纤维板、中密度纤维板以及刨花板 TVOC 及各类 VOCs 释放初期和释放平衡期的浓度。可以看出，在释放条件 13 下，三种板材 VOCs 释放初期，各类化合物释放浓度相差非常大，而板材 VOCs 释放达到平衡期时，各类化合物的释放浓度相差就很小了；同时，各类 VOCs 物质从释放初期到平衡期，释放浓度均减小，但减小幅度各不相同。

表 2-40　快速检测法检测条件 13 下三种板材 TVOC 及各类 VOCs 第 1 天和第 18 天释放浓度

释放成分	TVOC 及各类 VOCs 释放浓度/(μg·m⁻³)					
	高密度纤维板		中密度纤维板		刨花板	
	第 1 天	第 18 天	第 1 天	第 18 天	第 1 天	第 18 天
TVOC	256.25	52.15	197.37	42.73	183.23	37.45
烯烃	78.01	14.87	57.89	12.27	53.81	10.68
芳香烃	56.71	7.74	50.11	7.33	46.07	6.15
烷烃	67.03	12.98	49.81	10.72	26.29	8.33
醛	8.12	0.87	6.06	0.58	23.18	1.46
酮	8.83	4.34	6.12	2.07	10.28	3.76
酯	27.04	7.31	19.48	6.33	16.56	4.80
醇	8.46	3.12	6.83	2.96	3.75	1.19
其他	2.05	0.92	1.07	0.47	3.29	1.08

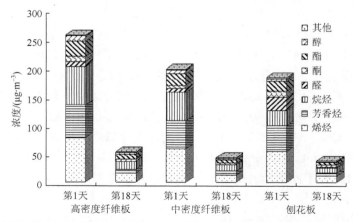

图 2-40　快速检测法检测条件 13 下三种板材 TVOC 及各类 VOCs 第 1 天和第 18 天释放浓度

释放初期，三种板材释放的 VOCs 均为 8 类，即烯烃、芳香烃、烷烃、醛、酮、酯、醇、其他。高密度纤维板主要释放物有 4 种，释放浓度从大到小依次为烯烃、烷烃、芳香烃、酯，烯烃的释放浓度远大于其他类物质，释放浓度占 TVOC 总释放量的 30.44%；中密度纤维板主要释放物有 4 种，释放浓度从大到小依次为烯烃、芳香烃、烷烃、酯，芳香烃和烷烃的释放浓度大小很接近，分别占 TVOC 释放浓度的 25.39%、25.24%，烯烃的释放浓度仍然是最大的，占 TVOC 总释放浓度的 29.33%；刨花板和另外两种板材不同的是，醛类物质的释放浓度较大，虽然 TVOC 值小于高密度纤维板和中密度纤维板的 TVOC 值，但是醛类物质的释放浓度大于另外两种板材的醛类释放浓度，主要释放物有 5 种，释放浓度从大到小依次为烯烃、芳香烃、烷烃、醛类、酯类，烯烃的释放浓度最大，占 TVOC 的 29.37%。

到达平衡期时，各类 VOCs 下降幅度均较大，但各不相同。高密度纤维板初期释放浓度较大的烯烃、芳香烃、烷烃、酯类物质下降幅度分别为 80.94%、86.35%、80.64%、72.97%；中密度纤维板初期释放浓度较大的烯烃、芳香烃、烷烃、酯类物质下降幅度分别为 78.80%、85.37%、78.48%、67.51%；刨花板初期释放浓度较大的烯烃、芳香烃、烷烃、醛类、酯类物质下降幅度分别为 80.15%、86.65%、68.31%、93.70%、71.01%。此外，在平衡期，烷烃类物质与酯类物质所占比例与释放初期相比上升，平衡期各类 VOCs 释放浓度所占比例居第 1 位和第 2 位的分别是烯烃和烷烃，其次是芳香烃和酯类。

（14）检测条件 14 下三种板材 VOCs 释放成分

表 2-41 和图 2-41 为温度 60℃、相对湿度 60%、空气交换率与负荷因子之比为 0.2 次·m^3·h^{-1}·m^{-2} 的检测条件下使用快速检测法检测高密度纤维板、中密度纤维板以及刨花板 TVOC 及各类 VOCs 释放初期和释放平衡期的浓度。可以看出，在释放条件 14 下，三种板材 VOCs 释放初期，各类化合物释放浓度相差非常大，而板材 VOCs 释放达到平衡期时，各类化合物的释放浓度相差就很小了；同时，各类 VOCs 物质从释放初期到平衡期，释放浓度均减小，但减小幅度各不相同。

表 2-41　快速检测法检测条件 14 下三种板材 TVOC 及各类 VOCs 第 1 天和第 16 天释放浓度

释放成分	TVOC 及各类 VOCs 释放浓度/(μg·m^{-3})					
	高密度纤维板		中密度纤维板		刨花板	
	第 1 天	第 16 天	第 1 天	第 16 天	第 1 天	第 16 天
TVOC	341.97	59.77	269.30	48.84	234.72	43.67
烯烃	115.54	18.19	88.41	14.31	71.68	12.12
芳香烃	71.65	8.44	66.62	8.04	57.63	7.15
烷烃	83.59	13.66	66.03	11.36	37.57	9.03
醛	10.18	1.60	6.95	1.16	30.58	2.04
酮	12.78	4.98	6.66	3.14	10.03	4.33
酯	34.82	8.08	24.93	7.23	19.31	5.57
醇	10.04	3.25	7.88	2.71	4.21	1.61
其他	3.37	1.57	1.82	0.89	3.71	1.82

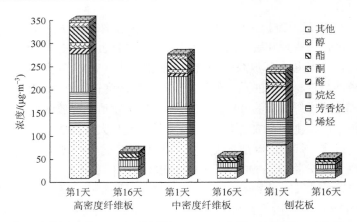

图 2-41　快速检测法检测条件 14 下三种板材 TVOC 及各类 VOCs 第 1 天和第 16 天释放浓度

　　释放初期，三种板材释放的 VOCs 均为 8 类，即烯烃、芳香烃、烷烃、醛、酮、酯、醇、其他。高密度纤维板主要释放物有 4 种，释放浓度从大到小依次为烯烃、烷烃、芳香烃、酯，烯烃的释放浓度远大于其他类物质，释放浓度占 TVOC 总释放浓度的 33.79%；中密度纤维板主要释放物有 4 种，释放浓度从大到小依次为烯烃、芳香烃、烷烃、酯，芳香烃和烷烃的释放浓度大小很接近，分别占 TVOC 释放浓度的 24.74%、24.52%，烯烃的释放浓度仍然是最大的，占 TVOC 总释放浓度的 32.83%；刨花板和另外两种板材不同的是，醛类物质的释放浓度较大，虽然 TVOC 值小于高密度纤维板和中密度纤维板的 TVOC 值，但是醛类物质的释放浓度大于另外两种板材的醛类释放浓度，主要释放物有 5 种，释放浓度从大到小依次为烯烃、芳香烃、烷烃、醛类、酯类，烯烃的释放浓度最大，占 TVOC 的 30.54%。

　　到达平衡期时，各类 VOCs 下降幅度均较大，但各不相同。高密度纤维板初期释放浓度较大的烯烃、芳香烃、烷烃、酯类物质下降幅度分别为 84.26%、88.22%、83.66%、76.79%；中密度纤维板初期释放浓度较大的烯烃、芳香烃、烷烃、酯类物质下降幅度分别为 83.81%、87.93%、82.80%、71.00%；刨花板初期释放浓度较大的烯烃、芳香烃、烷烃、醛类、酯类物质下降幅度分别为 83.09%、87.59%、75.96%、93.33%、71.15%。此外，在平衡期，烷烃类物质与酯类物质所占比例与释放初期相比上升，平衡期各类 VOCs 释放浓度所占比例居第 1 位和第 2 位的分别是烯烃和烷烃，其次是芳香烃和酯类。

　　（15）检测条件 15 下三种板材 VOCs 释放成分

　　表 2-42 和图 2-42 为温度 80℃、相对湿度 60%、空气交换率与负荷因子之比为 0.2 次·m³·h⁻¹·m⁻² 的检测条件下使用快速检测法检测高密度纤维板、中密度纤维板以及刨花板 TVOC 及各类 VOCs 释放初期和释放平衡期的浓度。可以看出，在释放条件 15 下，三种板材 VOCs 释放初期，各类化合物释放浓度相差非常大，而板

材 VOCs 释放达到平衡期时，各类化合物的释放浓度相差就很小了；同时，各类 VOCs 物质从释放初期到平衡期，释放浓度均减小，但减小幅度各不相同。

表 2-42　快速检测法检测条件 15 下三种板材 TVOC 及各类 VOCs 第 1 天和第 15 天释放浓度

释放成分	TVOC 及各类 VOCs 释放浓度/(μg·m⁻³)					
	高密度纤维板		中密度纤维板		刨花板	
	第 1 天	第 15 天	第 1 天	第 15 天	第 1 天	第 15 天
TVOC	389.36	62.91	302.83	51.93	264.68	46.37
烯烃	132.89	19.70	102.23	14.94	86.41	12.79
芳香烃	81.64	8.72	76.03	8.73	65.19	7.17
烷烃	96.86	14.48	75.06	11.61	41.79	9.63
醛	11.26	1.52	7.30	1.82	31.11	2.49
酮	14.03	5.01	7.07	3.52	11.75	4.63
酯	37.05	8.58	25.24	7.55	20.08	6.05
醇	11.91	3.32	8.16	2.85	4.34	1.63
其他	3.72	1.58	1.74	0.91	4.01	1.98

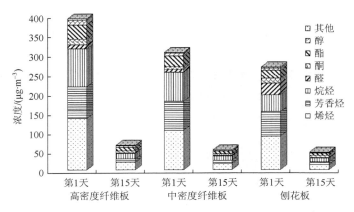

图 2-42　快速检测法检测条件 15 下三种板材 TVOC 及各类 VOCs 第 1 天和第 15 天释放浓度

　　释放初期，三种板材释放的 VOCs 均为 8 类，即烯烃、芳香烃、烷烃、醛、酮、酯、醇、其他。高密度纤维板主要释放物有 4 种，释放浓度从大到小依次为烯烃、烷烃、芳香烃、酯，烯烃的释放浓度远大于其他类物质，释放浓度占 TVOC 总释放浓度的 34.13%；中密度纤维板主要释放物有 4 种，释放浓度从大到小依次为烯烃、芳香烃、烷烃、酯，芳香烃和烷烃的释放浓度大小很接近，分别占 TVOC 释放浓度的 25.11%、24.79%，烯烃的释放浓度仍然是最大的，占 TVOC 总释放浓度的 33.76%；刨花板和另外两种板材不同的是，醛类物质的释放浓度较大，虽然 TVOC 值小于高密度纤维板和中密度纤维板的 TVOC 值，但是醛类物质的释放浓度大于另外两种板材的醛类释放浓度，主要释放物有 5 种，释放浓度从大到小依次为烯烃、芳香烃、烷烃、醛类、酯类，烯烃的释放浓度最大，占 TVOC 的 32.65%。

到达平衡期时，各类 VOCs 下降幅度均较大，但各不相同。高密度纤维板初期释放浓度较大的烯烃、芳香烃、烷烃、酯类物质下降幅度分别为 85.18%、89.32%、85.05%、76.84%；中密度纤维板初期释放浓度较大的烯烃、芳香烃、烷烃、酯类物质下降幅度分别为 85.39%、88.52%、84.53%、70.09%；刨花板初期释放浓度较大的烯烃、芳香烃、烷烃、醛类、酯类物质下降幅度分别为 85.20%、89.00%、76.96%、92.00%、69.87%。此外，在平衡期，烷烃类物质与酯类物质所占比例与释放初期相比上升，平衡期各类 VOCs 释放浓度所占比例居第 1 位和第 2 位的分别是烯烃和烷烃，其次是芳香烃和酯类。

（16）检测条件 16 下三种板材 VOCs 释放成分

表 2-43 和图 2-43 为温度 100℃、相对湿度 60%、空气交换率与负荷因子之比为 0.2 次·m³·h⁻¹·m⁻² 的检测条件下使用快速检测法检测高密度纤维板、中密度纤维板以及刨花板 TVOC 及各类 VOCs 释放初期和释放平衡期的浓度。可以看出，在释放条件 16 下，三种板材 VOCs 释放初期，各类化合物释放浓度相差非常大，而板材 VOCs 释放达到平衡期时，各类化合物的释放浓度相差就很小了；同时，各类 VOCs 物质从释放初期到平衡期，释放浓度均减小，但减小幅度各不相同。

表 2-43　快速检测法检测条件 16 下三种板材 TVOC 及各类 VOCs 第 1 天和第 15 天释放浓度

释放成分	TVOC 及各类 VOCs 释放浓度/$(\mu g \cdot m^{-3})$					
	高密度纤维板		中密度纤维板		刨花板	
	第 1 天	第 15 天	第 1 天	第 15 天	第 1 天	第 15 天
TVOC	420.14	63.72	319.74	52.04	283.28	46.35
烯烃	137.57	13.78	93.00	9.92	72.45	6.95
芳香烃	74.55	0	64.80	2.51	56.49	2.38
烷烃	76.62	9.89	65.51	5.55	38.81	5.23
醛	17.24	2.05	17.56	3.07	37.21	3.03
酮	29.33	10.73	16.79	8.26	20.17	7.83
酯	58.87	15.43	42.69	13.64	41.00	10.63
醇	17.99	8.40	15.53	7.18	9.11	6.42
其他	7.97	3.44	3.86	1.91	8.04	3.88

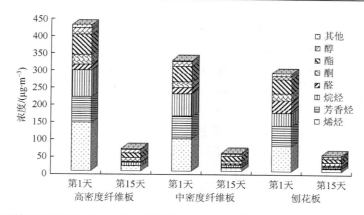

图 2-43　快速检测法检测条件 16 下三种板材 TVOC 及各类 VOCs 第 1 天和第 15 天释放浓度

释放初期，与检测条件 13、14、15 相比较，相对湿度以及空气交换率与负荷因子之比均相同，只有温度是变量，从条件 13 到条件 16，温度逐渐上升，条件 13、14、15，即温度分别为 40℃、60℃、80℃条件下，三种板材释放各类 VOCs 物质特点相似，每种板材释放的各类物质占 TVOC 的比例相似，且随着温度的升高，TVOC 及各类主要释放物均呈现上升的趋势。但是在 100℃条件下，并不呈现这种规律。

释放初期，检测条件 16 和检测条件 15 的各类 VOCs 相比，即其他检测条件相同，温度 100℃条件下与温度 80℃条件下相比，高密度纤维板的芳香烃和烷烃的释放浓度没有增加，反而减少了，这两类释放物占 TVOC 的比例分别下降 15.37%和 26.69%，此外，醛、酮、酯、醇、其他这 5 类释放物在 100℃条件下释放浓度和 80℃相比增加非常大，这 5 类释放物占 TVOC 比例和 80℃相比分别上升了 41.89%、93.74%、47.25%、39.98%、98.55%。中密度纤维板的烯烃、芳香烃和烷烃的释放浓度均减小了，其占 TVOC 的比例分别下降 13.84%、19.28%、17.34%，醛、酮、酯、醇、其他这 5 类释放物在 100℃条件下释放浓度和 80℃相比增加非常大，这 5 类释放物占 TVOC 比例和 80℃相比分别上升了 127.83%、124.92%、60.19%、80.25%、110.11%。刨花板的烯烃、芳香烃、烷烃均比 80℃的释放浓度减少，占 TVOC 比例分别下降 21.66%、19.04%、13.23%，而酮、酯、醇、其他这 4 类释放物在 100℃条件下释放浓度和 80℃相比增加非常大，这 4 类释放物占 TVOC 比例和 80℃相比分别上升了 60.39%、90.78%、96.13%、87.33%。

到达平衡期时，和条件 13、14、15 相比，条件 16 下达到平衡期时各类 VOCs 物质占 TVOC 的比例差别较大，条件 13、14、15 下达到平衡时各类 VOCs 成分占 TVOC 比例特点、大小相似，而 100℃条件下，各比例变化较大，条件 16 下达到平衡时，烯烃、芳香烃及烷烃所占比例均较小，平衡期各类 VOCs 释放浓度所占比例最多的是酯类物质。

（17）检测条件 17 下三种板材 VOCs 释放成分

表 2-44 和图 2-44 为温度 40℃、相对湿度 60%、空气交换率与负荷因子之比为 0.5 次·m³·h⁻¹·m⁻² 的检测条件下使用快速检测法检测高密度纤维板、中密度纤维板以及刨花板 TVOC 及各类 VOCs 释放初期和释放平衡期的浓度。可以看出，在释放条件 17 下，三种板材 VOCs 释放初期，各类化合物释放浓度相差非常大，而板材 VOCs 释放达到平衡期时，各类化合物的释放浓度相差就很小了；同时，各类 VOCs 物质从释放初期到平衡期，释放浓度均减小，但减小幅度各不相同。

表 2-44　快速检测法检测条件 17 下三种板材 TVOC 及各类 VOCs 第 1 天和第 16 天释放浓度

释放成分	TVOC 及各类 VOCs 释放浓度/(μg·m⁻³)					
	高密度纤维板		中密度纤维板		刨花板	
	第 1 天	第 16 天	第 1 天	第 16 天	第 1 天	第 16 天
TVOC	291.73	54.55	228.55	44.47	203.78	39.87
烯烃	90.36	15.39	69.09	12.55	60.78	11.16
芳香烃	63.92	8.17	59.14	7.79	51.61	6.53
烷烃	76.89	13.24	57.05	11.02	30.69	8.69
醛	9.21	1.06	6.91	0.67	24.59	1.68
酮	9.83	4.62	6.85	2.25	11.03	4.11
酯	30.02	7.55	21.03	6.42	17.55	5.22
醇	9.38	3.34	7.33	3.18	4.08	1.33
其他	2.12	1.18	1.15	0.59	3.45	1.15

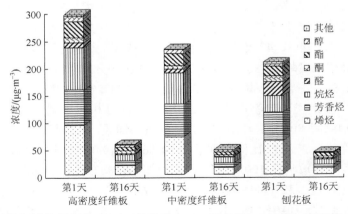

图 2-44　快速检测法检测条件 17 下三种板材 TVOC 及各类 VOCs 第 1 天和第 16 天释放浓度

释放初期，三种板材释放的 VOCs 均为 8 类，即烯烃、芳香烃、烷烃、醛、酮、酯、醇、其他。高密度纤维板主要释放物有 4 种，释放浓度从大到小依次为烯烃、烷烃、芳香烃、酯，烯烃的释放浓度远大于其他类物质，释放浓度占 TVOC 总释放浓度的 30.97%；中密度纤维板主要释放物有 4 种，释放浓度从大到小依次为烯烃、芳香烃、烷烃、酯，芳香烃和烷烃的释放浓度大小很接近，分别占 TVOC 释放浓度的 25.88%、24.96%，烯烃的释放浓度仍然是最大的，占 TVOC 总释放浓度的 30.23%；刨花板和另外两种板材不同的是，醛类物质的释放浓度较大，虽然 TVOC 值小于高密度纤维板和中密度纤维板的 TVOC 值，但是醛类物质的释放浓度大于另外两种板材的醛类释放浓度，主要释放物有 5 种，释放浓度从大到小依次为烯烃、芳香烃、烷烃、醛类、酯类，烯烃的释放浓度最大，占 TVOC 的 29.83%。

到达平衡期时，各类 VOCs 下降幅度均较大，但各不相同。高密度纤维板初期释放浓度较大的烯烃、芳香烃、烷烃、酯类物质下降幅度分别为 82.97%、87.22%、82.78%、74.85%；中密度纤维板初期释放浓度较大的烯烃、芳香烃、烷烃、酯类物质下降幅度分别为 81.84%、86.83%、80.68%、69.47%；刨花板初期释放浓度较大的烯烃、芳香烃、烷烃、醛类、酯类物质下降幅度分别为 81.64%、87.35%、71.68%、93.17%、70.26%。此外，在平衡期，烷烃类物质与酯类物质所占比例与释放初期相比上升，平衡期各类 VOCs 释放浓度所占比例居第 1 位和第 2 位的分别是烯烃和烷烃，其次是芳香烃和酯类。

（18）检测条件 18 下三种板材 VOCs 释放成分

表 2-45 和图 2-45 为温度 60℃、相对湿度 60%、空气交换率与负荷因子之比为 0.5 次·m³·h⁻¹·m⁻² 的检测条件下使用快速检测法检测高密度纤维板、中密度纤维板以及刨花板 TVOC 及各类 VOCs 释放初期和释放平衡期的浓度。可以看出，在释放条件 18 下，三种板材 VOCs 释放初期，各类化合物释放浓度相差非常大，而板材 VOCs 释放达到平衡期时，各类化合物的释放浓度相差就很小了；同时，各类 VOCs 物质从释放初期到平衡期，释放浓度均减小，但减小幅度各不相同。

表 2-45　快速检测法检测条件 18 下三种板材 TVOC 及各类 VOCs 第 1 天和第 14 天释放浓度

释放成分	TVOC 及各类 VOCs 释放浓度/(μg·m⁻³)					
	高密度纤维板		中密度纤维板		刨花板	
	第 1 天	第 14 天	第 1 天	第 14 天	第 1 天	第 14 天
TVOC	388.91	62.56	301.44	51.28	273.85	46.18
烯烃	135.1	18.85	101.75	14.82	85.48	12.83
芳香烃	81.31	8.83	74.74	8.47	67.03	7.65
烷烃	95.29	14.19	73.46	11.81	43.52	9.76
醛	11.01	1.89	7.44	1.35	35.22	2.29
酮	13.69	5.17	7.12	3.38	11.5	3.71
酯	38.03	8.51	26.42	7.57	22.44	6.05
醇	10.96	3.47	8.39	2.95	4.55	1.87
其他	3.52	1.65	2.12	0.93	4.11	2.02

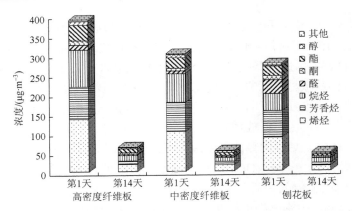

图 2-45　快速检测法检测条件 18 下三种板材 TVOC 及各类 VOCs 第 1 天和第 14 天释放浓度

　　释放初期，三种板材释放的 VOCs 均为 8 类，即烯烃、芳香烃、烷烃、醛、酮、酯、醇、其他。高密度纤维板主要释放物有 4 种，释放浓度从大到小依次为烯烃、烷烃、芳香烃、酯，烯烃的释放浓度远大于其他类物质，释放浓度占 TVOC 总释放浓度的 34.74%；中密度纤维板主要释放物有 4 种，释放浓度从大到小依次为烯烃、芳香烃、烷烃、酯，芳香烃和烷烃的释放浓度大小很接近，释放浓度分别为 74.74μg·m^{-3}、73.46μg·m^{-3}，烯烃的释放浓度仍然是最大的，占 TVOC 总释放浓度的 33.75%；刨花板和另外两种板材不同的是，醛类物质的释放浓度较大，虽然 TVOC 值小于高密度纤维板和中密度纤维板的 TVOC 值，但是醛类物质的释放浓度大于另外两种板材的醛类释放浓度，主要释放物有 5 种，释放浓度从大到小依次为烯烃、芳香烃、烷烃、醛类、酯类，烯烃的释放浓度最大，占 TVOC 的 31.21%。

　　到达平衡期时，各类 VOCs 下降幅度均较大，但各不相同。高密度纤维板初期释放浓度较大的烯烃、芳香烃、烷烃、酯类物质下降幅度均在 75% 以上；中密度纤维板初期释放浓度较大的烯烃、芳香烃、烷烃、酯类物质下降幅度均在 70% 以上；刨花板初期释放浓度较大的烯烃、芳香烃、烷烃、醛类、酯类物质下降幅度也均大于 70%，醛类物质的下降幅度最大，达 93.50%。此外，在平衡期，烷烃类物质与酯类物质所占比例与释放初期相比上升，平衡期各类 VOCs 释放浓度所占比例居第 1 位和第 2 位的分别是烯烃和烷烃，其次是芳香烃和酯类。

　　（19）检测条件 19 下三种板材 VOCs 释放成分

　　表 2-46 和图 2-46 为温度 80℃、相对湿度 60%、空气交换率与负荷因子之比为 0.5 次·m^3·h^{-1}·m^{-2} 的检测条件下使用快速检测法检测高密度纤维板、中密度纤维板以及刨花板 TVOC 及各类 VOCs 释放初期和释放平衡期的浓度。可以看出，在释放条件 19 下，三种板材 VOCs 释放初期，各类化合物释放浓度相差非常大，而板材 VOCs 释放达到平衡期时，各类化合物的释放浓度相差就很小了；同时，各类 VOCs 物质从释放初期到平衡期，释放浓度均减小，但减小幅度各不相同。

表 2-46　快速检测法检测条件 19 下三种板材 TVOC 及各类 VOCs 第 1 天和第 12 天释放浓度

释放成分	TVOC 及各类 VOCs 释放浓度/($\mu g \cdot m^{-3}$)					
	高密度纤维板		中密度纤维板		刨花板	
	第 1 天	第 12 天	第 1 天	第 12 天	第 1 天	第 12 天
TVOC	439.66	64.01	337.67	52.26	300.65	46.72
烯烃	152.98	20.04	116.41	15.01	101.03	12.86
芳香烃	92.13	9.02	84.27	8.76	74.02	7.24
烷烃	109.80	14.58	83.45	11.68	48.29	9.69
醛	12.04	1.61	8.05	1.84	34.27	2.51
酮	15.54	5.08	7.52	3.55	12.53	4.66
酯	40.80	8.67	27.17	7.58	21.75	6.09
醇	12.32	3.40	8.88	2.87	4.53	1.66
其他	4.05	1.61	1.92	0.97	4.23	2.01

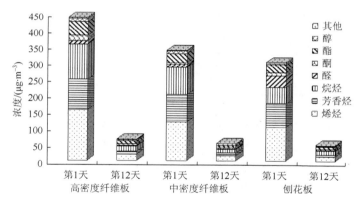

图 2-46　快速检测法检测条件 19 下三种板材 TVOC 及各类 VOCs 第 1 天和第 12 天释放浓度

　　释放初期，三种板材释放的 VOCs 均为 8 类，即烯烃、芳香烃、烷烃、醛、酮、酯、醇、其他。高密度纤维板主要释放物有 4 种，释放浓度从大到小依次为烯烃、烷烃、芳香烃、酯，烯烃的释放浓度远大于其他类物质，释放浓度占 TVOC 总释放浓度的 34.80%；中密度纤维板主要释放物有 4 种，释放浓度从大到小依次为烯烃、芳香烃、烷烃、酯，芳香烃和烷烃的释放浓度大小很接近，释放浓度分别为 84.27$\mu g \cdot m^{-3}$、83.45$\mu g \cdot m^{-3}$，烯烃的释放浓度仍然是最大的，占 TVOC 总释放浓度的 34.47%；刨花板和另外两种板材不同的是，醛类物质的释放浓度较大，虽然 TVOC 值小于高密度纤维板和中密度纤维板的 TVOC 值，但是醛类物质的释放浓度大于另外两种板材的醛类释放浓度，主要释放物有 5 种，释放浓度从大到小依次为烯烃、芳香烃、烷烃、醛类、酯类，烯烃的释放浓度最大，占 TVOC 的 33.60%。

到达平衡期时，各类 VOCs 下降幅度均较大，但各不相同。高密度纤维板初期释放浓度较大的烯烃、芳香烃、烷烃、酯类物质下降幅度均在 75%以上；中密度纤维板初期释放浓度较大的烯烃、芳香烃、烷烃、酯类物质下降幅度均在 70%以上；刨花板初期释放浓度较大的烯烃、芳香烃、烷烃、醛类、酯类物质下降幅度也均大于 70%，醛类物质的下降幅度最大，达 92.68%。此外，在平衡期，烷烃类物质与酯类物质所占比例与释放初期相比上升，平衡期各类 VOCs 释放浓度所占比例居第 1 位和第 2 位的分别是烯烃和烷烃，其次是芳香烃和酯类。

（20）检测条件 20 下三种板材 VOCs 释放成分

表 2-47 和图 2-47 为温度 100℃、相对湿度 60%、空气交换率与负荷因子之比为 0.5 次·m^3·h^{-1}·m^{-2} 的检测条件下使用快速检测法检测高密度纤维板、中密度纤维板以及刨花板 TVOC 及各类 VOCs 释放初期和释放平衡期的浓度。可以看出，在释放条件 20 下，三种板材 VOCs 释放初期，各类化合物释放浓度相差非常大，而板材 VOCs 释放达到平衡期时，各类化合物的释放浓度相差就很小了；同时，各类 VOCs 物质从释放初期到平衡期，释放浓度均减小，但减小幅度各不相同。

表 2-47　快速检测法检测条件 20 下三种板材 TVOC 及各类 VOCs 第 1 天和第 11 天释放浓度

| 释放成分 | TVOC 及各类 VOCs 释放浓度/(μg·m^{-3}) | | | | | |
| | 高密度纤维板 | | 中密度纤维板 | | 刨花板 | |
	第 1 天	第 11 天	第 1 天	第 11 天	第 1 天	第 11 天
TVOC	468.77	65.73	358.23	53.79	319.23	48.26
烯烃	147.77	13.07	102.59	10.29	90.23	8.63
芳香烃	86.60	0	79.86	2.11	66.17	1.53
烷烃	92.21	10.21	77.66	7.45	41.43	4.32
醛	19.99	2.98	16.29	3.01	39.69	2.97
酮	29.02	11.36	16.67	8.49	22.69	8.62
酯	63.70	15.03	51.08	12.41	41.98	12.32
醇	21.56	9.75	14.45	8.01	8.90	6.19
其他	7.92	3.33	3.63	2.02	8.14	3.68

释放初期，与检测条件 17、18、19 相比较，相对湿度以及空气交换率与负荷因子之比均相同，只有温度是变量，从条件 17 到条件 20，温度逐渐上升，条件 17、18、19，即温度分别为 40℃、60℃、80℃条件下，三种板材释放各类 VOCs 物质特点相似，每种板材释放的各类物质占 TVOC 的比例相似，且随着温度的升高，TVOC 及各类主要释放物均呈现上升的趋势。但是在 100℃条件下，并不呈现这种规律。

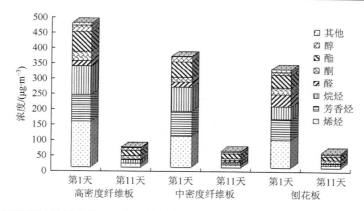

图 2-47　快速检测法检测条件 20 下三种板材 TVOC 及各类 VOCs 第 1 天和第 11 天释放浓度

　　释放初期，检测条件 20 和检测条件 19 的各类 VOCs 相比，即其他检测条件相同，温度 100℃条件下与温度 80℃条件下相比，高密度纤维板的烯烃、芳香烃、烷烃的释放浓度没有增加，反而减少了，这三类释放物占 TVOC 的比例分别下降 9.40%、11.84%和 21.24%，此外，醛、酮、酯、醇、其他这 5 类释放物在 100℃条件下释放浓度和 80℃相比增加非常大，这 5 类释放物占 TVOC 比例和 80℃相比分别上升了 55.72%、75.15%、46.43%、64.13%、83.41%。中密度纤维板的烯烃、芳香烃和烷烃的释放浓度均减小了，其占 TVOC 的比例分别下降 16.93%、10.67%、12.28%，醛、酮、酯、醇、其他这 5 类释放物在 100℃条件下释放浓度和 80℃相比增加非常大，这 5 类释放物占 TVOC 比例和 80℃相比分别上升了 90.75%、342.63%、535.20%、53.39%、78.21%。刨花板的烯烃、芳香烃、烷烃均比 80℃的释放浓度减少，占 TVOC 比例分别下降 15.89%、15.81%、19.20%，而酮、酯、醇、其他这 4 类释放物在 100℃条件下释放浓度和 80℃相比增加非常大，这 4 类释放物占 TVOC 比例和 80℃相比分别上升了 70.55%、81.78%、85.03%、81.23%。

　　到达平衡期时，和条件 17、18、19 相比，条件 20 下达到平衡期时各类 VOCs 物质占 TVOC 的比例差别较大，条件 17、18、19 下达到平衡时各类 VOCs 成分占 TVOC 比例特点、大小相似，而 100℃条件下，各比例变化较大，条件 20 下达到平衡时，烯烃、芳香烃及烷烃所占比例均较小，平衡期各类 VOCs 释放浓度所占比例最多的是酯类物质。

　　（21）检测条件 21 下三种板材 VOCs 释放成分

　　表 2-48 和图 2-48 为温度 40℃、相对湿度 60%、空气交换率与负荷因子之比为 1 次·m³·h⁻¹·m⁻² 的检测条件下使用快速检测法检测高密度纤维板、中密度纤维板以及刨花板 TVOC 及各类 VOCs 释放初期和释放平衡期的浓度。可以看出，在释放条件 21 下，三种板材 VOCs 释放初期，各类化合物释放浓度相差非常大，而板

材 VOCs 释放达到平衡期时，各类化合物的释放浓度相差就很小了；同时，各类 VOCs 物质从释放初期到平衡期，释放浓度均减小，但减小幅度各不相同。

表 2-48　快速检测法检测条件 21 下三种板材 TVOC 及各类 VOCs 第 1 天和第 14 天释放浓度

释放成分	TVOC 及各类 VOCs 释放浓度/($\mu g \cdot m^{-3}$)					
	高密度纤维板		中密度纤维板		刨花板	
	第 1 天	第 14 天	第 1 天	第 14 天	第 1 天	第 14 天
TVOC	348.72	60.79	267.36	50.64	235.64	45.05
烯烃	106.87	17.15	83.78	14.05	74.57	12.36
芳香烃	77.54	9.10	69.94	8.98	58.44	7.51
烷烃	92.28	14.76	66.14	12.46	34.64	9.62
醛	11.37	1.18	7.56	0.87	27.88	1.89
酮	11.93	5.14	7.49	2.68	12.04	4.48
酯	35.11	8.45	23.38	7.35	19.67	6.19
醇	11.25	3.68	7.85	3.47	4.62	1.62
其他	2.37	1.33	1.22	0.78	3.78	1.38

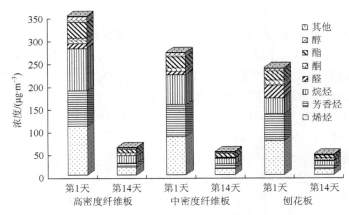

图 2-48　快速检测法检测条件 21 下三种板材 TVOC 及各类 VOCs 第 1 天和第 14 天释放浓度

释放初期，三种板材释放的 VOCs 均为 8 类，即烯烃、芳香烃、烷烃、醛、酮、酯、醇、其他。高密度纤维板主要释放物有 4 种，释放浓度从大到小依次为烯烃、烷烃、芳香烃、酯，烯烃的释放浓度远大于其他类物质，释放浓度占 TVOC 总释放浓度的 30.65%；中密度纤维板主要释放物有 4 种，释放浓度从大到小依次为烯烃、芳香烃、烷烃、酯，芳香烃和烷烃的释放浓度大小很接近，释放浓度相差 5.43%，烯烃的释放浓度仍然是最大的，占 TVOC 总释放浓度的 31.34%；刨花板和另外两种板材不同的是，醛类物质的释放浓度较大，虽然 TVOC 值小于高密度纤维板和中密度纤维板的 TVOC 值，但是醛类物质的释放浓度大于另外两种板材的醛类释放浓度，主要释放物有 5 种，释放浓度从大到小依次为烯烃、芳香烃、烷烃、醛类、酯类，烯烃的释放浓度最大，占 TVOC 的 31.65%。

到达平衡期时，各类 VOCs 下降幅度均较大，但各不相同。高密度纤维板初期释放浓度较大的烯烃、芳香烃、烷烃、酯类物质下降幅度分别为 83.95%、88.26%、84.01%、75.93%；中密度纤维板初期释放浓度较大的烯烃、芳香烃、烷烃、酯类物质下降幅度分别为 83.23%、87.16%、81.16%、68.56%；刨花板初期释放浓度较大的烯烃、芳香烃、烷烃、醛类、酯类物质下降幅度分别为 83.43%、87.15%、72.23%、93.22%、68.53%。此外，在平衡期，烷烃类物质与酯类物质所占比例与释放初期相比上升，平衡期各类 VOCs 释放浓度所占比例居第 1 位和第 2 位的分别是烯烃和烷烃，其次是芳香烃和酯类。

（22）检测条件 22 下三种板材 VOCs 释放成分

表 2-49 和图 2-49 为温度 60℃、相对湿度 60%、空气交换率与负荷因子之比为 1 次·m³·h⁻¹·m⁻² 的检测条件下使用快速检测法检测高密度纤维板、中密度纤维板以及刨花板 TVOC 及各类 VOCs 释放初期和释放平衡期的浓度。可以看出，在释放条件 22 下，三种板材 VOCs 释放初期，各类化合物释放浓度相差非常大，而板材 VOCs 释放达到平衡期时，各类化合物的释放浓度相差就很小了；同时，各类 VOCs 物质从释放初期到平衡期，释放浓度均减小，但减小幅度各不相同。

表 2-49　快速检测法检测条件 22 下三种板材 TVOC 及各类 VOCs 第 1 天和第 11 天释放浓度

| 释放成分 | TVOC 及各类 VOCs 释放浓度/($\mu g \cdot m^{-3}$) | | | | | |
| | 高密度纤维板 | | 中密度纤维板 | | 刨花板 | |
	第 1 天	第 11 天	第 1 天	第 11 天	第 1 天	第 11 天
TVOC	447.25	64.78	356.76	53.86	317.45	47.82
烯烃	160.25	19.46	124.45	15.51	102.05	13.25
芳香烃	93.85	9.28	88.61	8.83	76.00	8.07
烷烃	108.26	14.72	85.27	12.38	50.63	10.01
醛	12.23	1.97	8.34	1.44	40.20	2.35
酮	14.76	5.35	8.05	3.64	13.17	3.84
酯	42.51	8.71	30.37	7.89	25.58	6.21
醇	11.47	3.57	9.36	3.13	5.26	1.94
其他	3.92	1.72	2.31	1.04	4.56	2.15

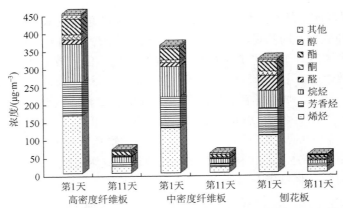

图 2-49　快速检测法检测条件 22 下三种板材 TVOC 及各类 VOCs 第 1 天和第 11 天释放浓度

　　释放初期，三种板材释放的 VOCs 均为 8 类，即烯烃、芳香烃、烷烃、醛、酮、酯、醇、其他。高密度纤维板主要释放物有 4 种，释放浓度从大到小依次为烯烃、烷烃、芳香烃、酯，烯烃的释放浓度远大于其他类物质，释放浓度占 TVOC 总释放浓度的 35.83%；中密度纤维板主要释放物有 4 种，释放浓度从大到小依次为烯烃、芳香烃、烷烃、酯，芳香烃和烷烃的释放浓度大小很接近，释放浓度仅相差 3.77%，烯烃的释放浓度仍然是最大的，占 TVOC 总释放浓度的 34.88%；刨花板和另外两种板材不同的是，醛类物质的释放浓度较大，虽然 TVOC 值小于高密度纤维板和中密度纤维板的 TVOC 值，但是醛类物质的释放浓度大于另外两种板材的醛类释放浓度，主要释放物有 5 种，释放浓度从大到小依次为烯烃、芳香烃、烷烃、醛类、酯类，烯烃的释放浓度最大，占 TVOC 的 32.15%。

　　到达平衡期时，各类 VOCs 下降幅度均较大，但各不相同。高密度纤维板初期释放浓度较大的烯烃、芳香烃、烷烃、酯类物质下降幅度均在 79% 以上；中密度纤维板初期释放浓度较大的烯烃、芳香烃、烷烃、酯类物质下降幅度均在 74% 以上；刨花板初期释放浓度较大的烯烃、芳香烃、烷烃、醛类、酯类物质下降幅度也均大于 75%，醛类物质的下降幅度最大，达 94.15%。此外，在平衡期，烷烃类物质与酯类物质所占比例与释放初期相比上升，平衡期各类 VOCs 释放浓度所占比例居第 1 位和第 2 位的分别是烯烃和烷烃，其次是芳香烃和酯类。

　　（23）检测条件 23 下三种板材 VOCs 释放成分

　　表 2-50 和图 2-50 为温度 80℃、相对湿度 60%、空气交换率与负荷因子之比为 1 次·m³·h⁻¹·m⁻² 的检测条件下使用快速检测法检测高密度纤维板、中密度纤维板以及刨花板 TVOC 及各类 VOCs 释放初期和释放平衡期的浓度。可以看出，在释放条件 23 下，三种板材 VOCs 释放初期，各类化合物释放浓度相差非常大，而板材 VOCs 释放达到平衡期时，各类化合物的释放浓度相差就很小了；同时，各类 VOCs 物质从释放初期到平衡期，释放浓度均减小，但减小幅度各不相同。

表 2-50　快速检测法检测条件 23 下三种板材 TVOC 及各类 VOCs 第 1 天和第 9 天释放浓度

释放成分	TVOC 及各类 VOCs 释放浓度/($\mu g \cdot m^{-3}$)					
	高密度纤维板		中密度纤维板		刨花板	
	第 1 天	第 9 天	第 1 天	第 9 天	第 1 天	第 9 天
TVOC	512.37	68.14	388.73	56.47	347.82	50.27
烯烃	183.79	20.15	138.28	15.45	118.82	14.76
芳香烃	107.62	10.81	96.81	10.68	84.81	7.84
烷烃	125.74	15.38	94.57	12.44	55.54	9.56
醛	13.73	1.83	8.91	1.91	39.34	2.67
酮	16.53	5.42	8.04	3.59	14.17	4.87
酯	46.48	9.22	30.24	8.23	25.06	6.64
醇	13.70	3.57	9.62	3.04	5.35	1.76
其他	4.78	1.76	2.26	1.13	4.73	2.17

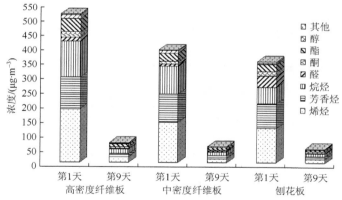

图 2-50　快速检测法检测条件 23 下三种板材 TVOC 及各类 VOCs 第 1 天和第 9 天释放浓度

　　释放初期，三种板材释放的 VOCs 均为 8 类，即烯烃、芳香烃、烷烃、醛、酮、酯、醇、其他。高密度纤维板主要释放物有 4 种，释放浓度从大到小依次为烯烃、烷烃、芳香烃、酯，烯烃的释放浓度远大于其他类物质，释放浓度占 TVOC 总释放浓度的 35.87%；中密度纤维板主要释放物有 4 种，释放浓度从大到小依次为烯烃、芳香烃、烷烃、酯，芳香烃和烷烃的释放浓度大小很接近，释放浓度仅相差 2.31%，烯烃的释放浓度仍然是最大的，占 TVOC 总释放浓度的 35.57%；刨花板和另外两种板材不同的是，醛类物质的释放浓度较大，虽然 TVOC 值小于高密度纤维板和中密度纤维板的 TVOC 值，但是醛类物质的释放浓度大于另外两种板材的醛类释放浓度，主要释放物有 5 种，释放浓度从大到小依次为烯烃、芳香烃、烷烃、醛类、酯类，烯烃的释放浓度最大，占 TVOC 的 34.16%。

到达平衡期时，各类 VOCs 下降幅度均较大，但各不相同。高密度纤维板初期释放浓度较大的烯烃、芳香烃、烷烃、酯类物质下降幅度均在 80% 以上；中密度纤维板初期释放浓度较大的烯烃、芳香烃、烷烃、酯类物质下降幅度均在 72% 以上；刨花板初期释放浓度较大的烯烃、芳香烃、烷烃、醛类、酯类物质下降幅度也均大于 73%，醛类物质的下降幅度最大，达 93.21%。此外，在平衡期，烷烃类物质与酯类物质所占比例与释放初期相比上升，平衡期各类 VOCs 释放浓度所占比例居第 1 位和第 2 位的分别是烯烃和烷烃，其次是芳香烃和酯类。

（24）检测条件 24 下三种板材 VOCs 释放成分

表 2-51 和图 2-51 为温度 100℃、相对湿度 60%、空气交换率与负荷因子之比为 1 次·m³·h⁻¹·m⁻² 的检测条件下使用快速检测法检测高密度纤维板、中密度纤维板以及刨花板 TVOC 及各类 VOCs 释放初期和释放平衡期的浓度。可以看出，在释放条件 24 下，三种板材 VOCs 释放初期，各类化合物释放浓度相差非常大，而板材 VOCs 释放达到平衡期时，各类化合物的释放浓度相差就很小了；同时，各类 VOCs 物质从释放初期到平衡期，释放浓度均减小，但减小幅度各不相同。

表 2-51　快速检测法检测条件 24 下三种板材 TVOC 及各类 VOCs 第 1 天和第 9 天释放浓度

释放成分	TVOC 及各类 VOCs 释放浓度/($\mu g \cdot m^{-3}$)					
	高密度纤维板		中密度纤维板		刨花板	
	第 1 天	第 9 天	第 1 天	第 9 天	第 1 天	第 9 天
TVOC	548.65	70.08	420.93	57.39	372.15	51.83
烯烃	172.02	14.12	130.47	12.91	106.33	10.34
芳香烃	100.51	0	90.44	1.42	80.23	1.55
烷烃	114.06	8.73	87.43	7.82	45.71	5.55
醛	23.58	2.59	16.81	2.33	45.2	3.19
酮	30.94	13.66	16.28	8.74	26.36	8.66
酯	74.47	15.86	57.93	13.83	49.35	11.88
醇	24.22	11.81	17.51	7.98	9.79	6.84
其他	8.85	3.31	4.06	2.36	9.18	3.82

释放初期，与检测条件 21、22、23 相比较，相对湿度以及空气交换率与负荷因子之比均相同，只有温度是变量，从条件 21 到条件 24，温度逐渐上升，条件 21、22、23，即温度分别为 40℃、60℃、80℃条件下，三种板材释放各类 VOCs 物质特点相似，每种板材释放的各类物质占 TVOC 的比例相似，且随着温度的升高，TVOC 及各类主要释放物均呈现上升的趋势。但是在 100℃条件下，并不呈现这种规律。

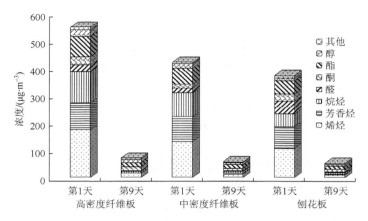

图 2-51　快速检测法检测条件 24 下三种板材 TVOC 及各类 VOCs 第 1 天和第 9 天释放浓度

　　释放初期，检测条件 24 和检测条件 23 的各类 VOCs 相比，即其他检测条件相同，温度 100℃条件下与温度 80℃条件下相比，高密度纤维板的烯烃、芳香烃、烷烃的释放浓度没有增加，反而减少了，这三类释放物占 TVOC 的比例分别下降 12.59%、12.78%和 15.29%，此外，醛、酮、酯、醇、其他这 5 类释放物在 100℃条件下释放浓度和 80℃相比增加非常大，这 5 类释放物占 TVOC 比例和 80℃相比分别上升了 60.38%、74.80%、49.62%、65.10%、72.90%。中密度纤维板的烯烃、芳香烃和烷烃的释放浓度均减少了，其占 TVOC 的比例分别下降 12.86%、13.73%、14.62%，醛、酮、酯、醇、其他这 5 类释放物在 100℃条件下释放浓度和 80℃相比增加非常大，这 5 类释放物占 TVOC 比例和 80℃相比分别上升了 74.23%、87.00%、76.91%、68.09%、65.90%。刨花板的烯烃、芳香烃、烷烃均比 80℃的释放浓度减小，占 TVOC 比例分别下降 16.36%、11.58%、23.08%，而酮、酯、醇、其他这 4 类释放物在 100℃条件下释放浓度和 80℃相比增加非常大，这 4 类释放物占 TVOC 比例和 80℃相比分别上升了 73.87%、84.05%、71.03%、81.39%。

　　到达平衡期时，和条件 21、22、23 相比，条件 24 下达到平衡期时各类 VOCs 物质占 TVOC 的比例差别较大，条件 21、22、23 下达到平衡时各类 VOCs 成分占 TVOC 比例特点、大小相似，而 100℃条件下，各比例变化较大，条件 24 下达到平衡时，烯烃、芳香烃及烷烃所占比例均较小，平衡期各类 VOCs 释放浓度所占比例最多的是酯类物质。

　　由表 2-28~表 2-51、图 2-28~图 2-51 可知，快速检测条件下，三种板材释放的挥发性有机化合物有烯烃类、芳香烃类、烷烃类、醛类、酮类、酯类、醇类及其他类物质。木材抽提物成分多且复杂，包含物质各种各样，主要有萜烯类、脂肪类、黄酮类和木酚类。板材所释放的烯烃类物质主要来自木材本身的抽提物成分，烷烃类物质也来自木材抽提物成分，但是与烯烃类来源不同的是，烷烃类物质是由抽提物成分发生化学反应生成的。但是芳烃类物质并不来源于木材抽提物或木材其他成分，因此推断其来源是人造板加工制造时所添加的物质，黄艳娣等曾通过探究人造板中 VOCs 的释放得出结论：人造板释放的芳香烃类物质主要来自生产过程中使用的胶黏剂。酯类物质是由木材的纤维素、半纤维素中所含的醇和酸类物质反应而成。醛类物质是木材本身的一些不饱和脂肪酸在一定条件（如温度、自由基和紫外线作用）下自氧化形成的，这一点 Makowski 等也曾报道过。其他物质则推断可能来自木材本身或由木材中各类物质在加工等过程中反应形成，抑或是来源于板材生产中所使用的胶黏剂或其他添加剂物质。

　　释放初期，三种板材在不同条件（除 100℃ 以外）下的 VOCs 释放成分整体规律相似，均是烯烃释放浓度最大，其次是芳香烃类以及烷烃类物质，然后是酯类物质，醛、酮、醇以及其他类物质释放浓度比较小。具体到每种板材，高密度纤维板释放浓度由大到小依次为烯烃、烷烃、芳香烃、酯类，中密度纤维板释放浓度由大到小依次为烯烃、芳香烃、烷烃、酯类，刨花板释放浓度由大到小依次为烯烃、芳香烃、烷烃、醛类、酯类。且三种板材烯烃的释放浓度均远大于其他 VOCs 物质，占 TVOC 释放浓度的 25%～36%，因为快速检测是在高温、高湿以及加快空气交换率条件下进行的，烯烃类物质作为来自木材本身的物质，很容易通过这些外界因素的改变来加速释放。此外，刨花板的醛类物质释放浓度及醛类物质释放浓度占 TVOC 的比例均大于高密度纤维板和中密度纤维板。烷烃、醛类和酯类物质是通过化学反应形成的，形成过程较为复杂，再加上三种外界因素同时改变，其释放浓度的提高没有烯烃类物质明显。同时板材在不同条件（除 100℃）下所表现出来的这种相似规律可以说明板材自身的 VOCs 释放特性主宰板材的 VOCs 释放特性。

　　释放浓度最多的烯烃、芳香烃以及烷烃类物质在不同条件（除 100℃）下表现出的初始释放特性与 TVOC 保持一致，即相对湿度和空气交换率与负荷因子之比一定时，检测条件温度提高，高密度纤维板、中密度纤维及刨花板这三种板材的烯烃、芳香烃及烷烃的初始释放浓度提高，同样地，另外两个条件一定，相对湿度提高或者另外两个条件一定，空气交换率提高，三种板材的烯烃、芳香烃及烷烃的初始释放浓度均提高，并且这些条件数值越大，烯烃、芳香烃及烷烃的释放浓度越大。而其他各类 VOCs 物质，并不一定随着检测条件数值的增大而增大，另外两个条件一定，随着温度或者湿度或者空气交换率的增大，另外的 VOCs 物质出现增大、下降或基本相等的情况均有。这说明没有任何一种化合物可以代表 TVOC 整体的释放规律，但释放浓度多的化合物释放规律与 TVOC 的释放规律比较接近。

　　在不同检测条件下，三种板材 VOCs 释放初期，各类化合物释放浓度相差非常大，而板材 VOCs 释放达到平衡期时，各类化合物的释放浓度相差就很小了；同时各类 VOCs 物质从释放初期到平衡期，释放浓度均减小，但减小幅度各不相同。人造板 VOCs 的释放是一个复杂的过程，如各类不同的挥发性物质在板材内及在空气中的扩散系数各不相同，且各 VOCs 物质在板材和空气中的扩散系数所受影响因素及受影响的程度均不同；VOCs 物质在板材内部的反应同时还受到物理、化学等多种因素影响；再加上温度主要影响板材内部化合物蒸气压，相对湿度主要影响板材内部水蒸气的蒸发情况，空气交换率主要靠浓度梯度影响 VOCs 的释放，三者的共同影响与变化势必造成 VOCs 各类物质释放浓度及释放速率不同。

可以明显看出，100℃条件下的各类 VOCs 释放成分与其他条件下的规律不同，在相对湿度和空气交换率与负荷因子相同的情况下，100℃条件与 40℃、60℃、80℃条件下所检测到的三种人造板所释放的各类 VOCs 成分占每种条件下 TVOC 的比例差别较大，另外三个温度下整体各类 VOCs 物质释放浓度大小及比例关系，尤其是释放浓度较多的烯烃、芳香烃、烷烃和酯类物质的这些规律相似，但是在 100℃条件下，烯烃、芳香烃以及烷烃的释放浓度占 TVOC 释放浓度的比例和另外三个条件下相比明显下降，且醛、酮、酯及其他类物质释放浓度占 TVOC 释放浓度的比例上升。推断原因是，100℃温度过高，对板材各类 VOCs 释放的影响过大，由于很多 VOCs 的产生属于化学反应，可能 100℃条件使这些化学反应发生变化，或者是使一些原本在低于 100℃条件下没有反应的物质间发生了反应。在其他温度下释放的主要物质烯烃、芳香烃、烷烃类物质释放浓度没有随着检测条件数值的提高而提高，可能是因为这些物质在第 1 天采样之前达到了释放最大值，也可能是这些物质在此温度下性质变得不稳定，发生了一些复杂的化学变化。

2.2.2　快速检测法最佳检测条件

试验探究了 24 种不同条件下的快速检测法检测三种人造板 VOCs 的释放情况，目的是找到可以快速检测人造板 VOCs 平衡值的方法，由以上对每个试验条件下板材 VOCs 释放情况的分析，可以得到在温度 80℃、相对湿度 60%、空气交换率与负荷因子之比为 1 次·m^3·h^{-1}·m^{-2} 的条件下，可以快速检测到三种人造板 VOCs 的释放平衡值。

首先，从三种板材在不同条件下挥发性有机化合物释放水平分析来看，相对湿度和空气交换率与负荷因子之比一定时，温度越高，可以越快地检测到高密度纤维板、中密度纤维板以及刨花板 VOCs 的释放平衡值，但是 100℃条件与 80℃条件相比，几乎不能进一步提高板材到达平衡的速度，仅仅在相对湿度 40%、空气交换率与负荷因子之比为 1 次·m^3·h^{-1}·m^{-2} 时和相对湿度 60%、空气交换率与负荷因子之比为 0.5 次·m^3·h^{-1}·m^{-2} 时 100℃的检测速度比 80℃的快 1 天。温度和空气交换率与负荷因子之比一定时，相对湿度越高，可以越快地检测到高密度纤维板、中密度纤维板以及刨花板 VOCs 的释放平衡值。温度和相对湿度一定时，空气交换率与负荷因子之比越高，可以越快地检测到高密度纤维板、中密度纤维板以及刨花板 VOCs 的释放平衡值。三种条件共同作用下，温度 80℃、相对湿度 60%、空气交换率与负荷因子之比为 1 次·m³·h⁻¹·m⁻² 的条件下 VOCs 释放可以在 9 天达到平衡，速度最快。需要说明的是，虽然温度 100℃、相对湿度 60%、空气交换率与负荷因子之比为 1 次·m³·h⁻¹·m⁻² 的条件下 VOCs 释放也可以在 9 天达到平衡，但是既然可以在比 100℃低的 80℃进行快速检测，没有必要再将温度设定为 100℃，这样等于浪费了很多能源。在实际生产中，提高温度会浪费大量的能源。

其次，从三种板材在不同条件下挥发性有机化合物释放成分分析来看，24 个不同检测条件，VOCs 释放成分均为烯烃、芳香烃、烷烃、醛、酮、酯、醇、其他 8 类物质，每种板材在不同条件下释放的各类 VOCs 物质的释放浓度及各类 VOCs 占 TVOC 的比例均不同，但是除了温度 100℃条件下三种板材所释放的各类 VOCs 物质的释放浓度和所占比例与其他条件下得到的数值存在较大差异外，其他温度下的 18 个条件所检测的三种板材 VOCs 释放成分规律相似，有 4 类主要释放物，其中释放浓度最大的是烯烃，其次是芳香烃和烷烃，然后是酯类，并且随着单一条件数值的升高，释放浓度最大的烯烃、芳香烃和烷烃的释放浓度升高。因此，在选择最佳检测条件时，应当在除去温度为 100℃的 18 个条件中选择，又因为温度 80℃、相对湿度 60%、空气交换率与负荷因子之比为 1 次·m³·h⁻¹·m⁻² 的条件下可以最快检测到三种板材 VOCs 释放平衡值，因此，仍然确定最佳检测条件为温度 80℃、相对湿度 60%、空气交换率与负荷因子之比为 1 次·m³·h⁻¹·m⁻²。

2.2.3　快速检测机理探究

探究三种板材在确定的最佳检测条件下的 VOCs 释放机理，即探究温度 80℃、相对湿度 60%、空气交换率与负荷因子之比为 1 次·m³·h⁻¹·m⁻² 条件的板材 VOCs 释放机理。

1. 高密度纤维板 VOCs 快速释放机理

（1）VOCs 释放水平

表 2-52 和图 2-52 为快速检测法得到的高密度纤维板 VOCs 释放趋势情况。在快速检测条件下，高密度纤维板 TVOC 释放在 9 天达到平衡状态，4 类主要的 VOCs 物质烯烃、芳香烃、烷烃、酯类物质释放整体趋势和 TVOC 相同，均呈现下降趋势，检测第 1 天 TVOC 和 4 类主要释放物释放浓度均最高，随着时间的延长逐渐下降，最后达到平衡状态。同时可以看出，在释放前期各类物质释放浓度下降最快，之后下降逐渐减缓直至平衡。这种下降趋势可以用传质原理来解释（2.2.1 小节）。烯烃、芳香烃、烷烃和酯类物质初始释放浓度分别为 183.79μg·m⁻³、

107.62μg·m^{-3}、125.74μg·m^{-3}、46.48μg·m^{-3}，达到平衡时这 4 类化合物浓度分别下降了 89.04%、89.96%、87.77%、80.16%。此外，烯烃类物质初期（前 3 天）下降较快，即释放速率较快，大于另外 3 类物质的初期释放速率。这是因为快速检测是在高温、高湿以及加快空气交换率条件下进行的，烯烃类物质作为来自木材本身的物质，很容易通过这些外界因素的改变来加速释放。而烷烃、酯类物质是通过化学反应形成的，形成过程较为复杂，再加上三种外界因素同时改变，其释放速率要小于烯烃类物质。

表 2-52　快速检测法检测高密度纤维板 TVOC 及主要物质的释放水平

时间/d	释放浓度/(μg·m^{-3})				
	TVOC	烯烃	芳香烃	烷烃	酯
1	512.37	183.79	107.62	125.74	46.48
2	314.24	104.54	58.83	81.67	30.95
3	206.53	63.51	40.03	52.78	21.33
4	132.71	38.59	26.47	31.91	15.13
5	93.83	27.15	17.48	22.31	11.82
6	76.76	22.97	13.87	18.13	10.75
7	72.92	20.88	12.85	17.12	10.27
8	69.27	20.13	11.36	16.17	9.65
9	68.14	20.15	10.81	15.38	9.22

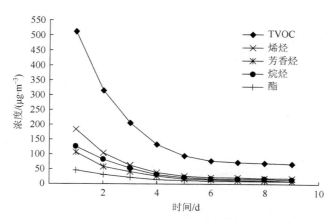

图 2-52　快速检测法检测高密度纤维板 TVOC 及主要物质的释放水平

（2）VOCs 释放成分

表 2-53 为快速检测法测得的高密度纤维板释放的主要单体化合物，图 2-53 为各

类 VOCs 物质初始释放成分占 TVOC 的百分含量。由此可知，快速检测条件下，高密度纤维板 VOCs 释放成分有 8 类，即烯烃类、芳香烃类、烷烃类、醛类、酮类、酯类、醇类、其他类，这些 VOCs 物质的来源探究已在本书的 2.2.1 小节中做出分析；释放浓度较多的有 4 类，即烯烃类、芳香烃类、烷烃类和酯类，这 4 类物质释放浓度由大到小依次为烯烃类、烷烃类、芳香烃类、酯类，分别占 35%、25%、21%、9%，烯烃的释放浓度及所占百分比远大于其他 7 类化合物。通过试验发现，烯烃类物质中释放浓度远大于其他烯烃类释放单体的是 α-荜澄茄油烯、2-亚丙烯基环丁烯，此外，长叶烯释放浓度也较大；烷烃类物质中释放浓度远大于其他烷烃类释放单体的是十四烷；芳香烃中释放浓度最大的是 1-亚甲基-1H-茚和 1-甲基萘，但这两种单体的释放浓度并没有远超过其他芳香烃类单体；酯类物质中释放浓度远大于其他酯类释放单体的是 2-丙烯酸-2-乙基己基酯，此外甲氧基苯甲酸乙酯释放浓度也较大。这说明这几种单体物质更容易从板材中释放出来，或者是这几种单体物质受外界条件影响程度大于其他单体物质，因而更容易在外界条件改变时释放出来。这与每种单体化合物自身物理、化学性质有关，但具体是其自身哪种性质或者哪几种性质导致其受外界条件影响较大，并不能在本试验中得出。

表 2-53　快速检测法检测高密度纤维板释放的主要 VOCs 单体物质

类别	主要单体物质
烯烃	α-荜澄茄油烯、2-亚丙烯基环丁烯、长叶烯、雪松烯、香橙烯、3,6,6-三甲基-双环[3.1.1]庚-2-烯、3-乙基-1,4-己二烯、1-甲基-4-(1-甲基乙烯基)环己烯
芳香烃	1-亚甲基-1H-茚、1-甲基萘、2-甲基萘、乙苯、1-甲基-3-(1-甲基乙基)-苯、反式-2-甲基十氢化萘
烷烃	十四烷、4,7-二甲基十一烷、2,6-二甲基癸烷、十二烷、2-甲基十三烷、3-甲基十三烷、十五烷、十六烷
酯	2-丙烯酸-2-乙基己基酯、甲氧基苯甲酸乙酯、乙酸-3-甲基庚酯、邻苯二甲酸二甲酯、2-丙烯酸(1-甲基-1,2-二乙基)双(含氧丙烷)酯、1,2-苯二羧酸-2-乙基己基酯

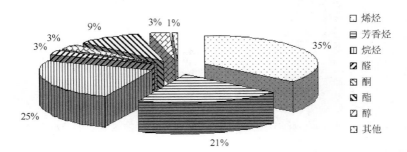

图 2-53　快速检测法检测高密度纤维板各类 VOCs 成分初始释放百分含量

2. 中密度纤维板 VOCs 快速释放机理

（1）VOCs 释放水平

表 2-54 和图 2-54 为快速检测法得到的中密度纤维板 VOCs 释放情况。在快速检测条件下，高密度纤维板 TVOC 释放在第 9 天达到平衡状态，4 类主要的 VOCs 物质烯烃、芳香烃、烷烃、酯类物质释放整体趋势和 TVOC 相同，均呈现下降趋势，检测第一天 TVOC 和 4 类主要释放物释放浓度均最高，随着时间的延长逐渐下降，最后达到平衡状态。同时可以看出，在释放前期各类物质释放浓度下降最快，之后下降逐渐减缓直至平衡。这种下降趋势可以用传质原理来解释（2.2.1 小节）。烯烃、芳香烃、烷烃和酯类物质初始释放浓度分别为 138.28μg·m^{-3}、96.81μg·m^{-3}、94.57μg·m^{-3}、30.24μg·m^{-3}，达到平衡时这 4 类化合物

表 2-54　快速检测法检测中密度纤维板 TVOC 及主要物质的释放水平

时间/d	释放浓度/(μg·m^{-3})				
	TVOC	烯烃	芳香烃	烷烃	酯
1	388.73	138.28	96.81	94.57	30.24
2	258.92	86.42	57.05	65.41	21.66
3	168.81	50.65	39.03	42.11	15.25
4	117.62	30.96	26.55	27.78	11.64
5	83.24	22.14	18.31	18.73	10.08
6	63.88	16.77	13.56	14.08	9.57
7	60.68	16.22	11.79	13.41	9.09
8	57.64	15.44	11.04	12.87	8.64
9	56.47	15.45	10.68	12.44	8.23

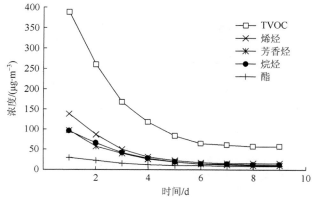

图 2-54　快速检测法检测中密度纤维板 TVOC 及主要物质的释放水平

浓度分别下降了 88.83%、88.97%、86.85%、72.78%。此外可得出，烯烃类物质初期（前 3 天）下降较快，即释放速率较快，大于另外 3 类物质的初期释放速率。这是因为快速检测是在高温、高湿以及加快空气交换率条件下进行的，烯烃类物质作为来自木材本身的物质，很容易通过这些外界因素的改变来加速释放。而烷烃、酯类物质是通过化学反应形成的，形成过程较为复杂，再加上三种外界因素同时改变，其释放速率要小于烯烃类物质。

（2）VOCs 释放成分

表 2-55 为快速检测法测得的中密度纤维板释放的主要单体化合物，图 2-55 为各类 VOCs 物质初始释放成分占 TVOC 的百分含量。由此可知，快速检测条件下，中密度纤维板 VOCs 释放成分有 8 类，即烯烃类、芳香烃类、烷烃类、醛类、酮类、酯类、醇类、其他类，这些 VOCs 物质的来源探究已在本书的 2.2.1 小节中做出分析；释放浓度较多的有 4 类，即烯烃类、芳香烃类、烷烃类和酯类，这 4 类物质释放浓度由大到小依次为烯烃类、芳香烃类、烷烃类、酯类，分别占 36%、25%、24%、8%，烯烃的释放浓度及所占百分比远大于其他 7 类化合物。通过试验发现，烯烃类物质中释放浓度远大于其他烯烃类释放单体的是古巴烯、2-亚丙烯基环丁烯，此外 α-荜澄茄油烯、长叶烯释放浓度也较大；芳香烃中释放浓度最大的是 1-亚甲基-1H-茚和 1-甲基萘，但这两种单体的释放浓度并没有远超过其他芳香烃类单体；烷烃类物质中释放浓度远大于其他烷类释放单体的是十四烷；酯类物质中释放浓度远大于其他酯类释放单体的是 2-丙烯酸-2-乙基己基酯，此外甲氧基苯甲酸乙酯释放浓度也较大。这说明这几种单体物质更容易从板材中释放出来，或者是这几种单体物质受外界条件影响程度大于其他单体物质，因而更容易在外界条件改变时释放出来。这与每种单体化合物自身物理、化学性质有关，但具体是其自身哪种性质或者哪几种性质导致其受外界条件影响较大，并不能在本试验中得出。

表 2-55　快速检测法检测中密度纤维板释放的主要 VOCs 单体物质

类别	主要单体物质
烯烃	古巴烯、2-亚丙烯基环丁烯、α-荜澄茄油烯、长叶烯、雪松烯、异丁香烯、3,6,6-三甲基-双环[3.1.1]庚-2-烯、1-甲基-5-(1-甲基乙烯基)-环己烯、1,5-二甲基-8-(1-甲基乙烯基)-1,5-环庚二烯
芳香烃	1-亚甲基-1H-茚、1-甲基萘、2-甲基萘、1,7-二甲基萘、乙苯、反式-4-甲基十氢化萘
烷烃	十四烷、癸烷、十一烷、2,5-二甲基十四烷、2,6,10-三甲基十二烷、2,6,11-三甲基十二烷、3-甲基十三烷、十六烷
酯	2-丙烯酸-2-乙基己基酯、甲氧基苯甲酸乙酯、乙酸-3-甲基庚酯、二丙烯酸乙烯酯、2-丙烯酸(1-甲基-1,2-二乙基)双(含氧丙烷)酯、1,2-苯二羧酸-2-乙基己基酯

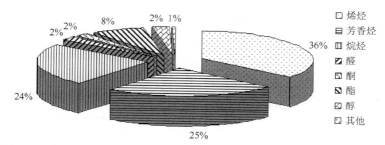

图 2-55　快速检测法检测中密度纤维板各类 VOCs 成分初始释放百分含量

3. 刨花板 VOCs 快速释放机理

（1）VOCs 释放水平

表 2-56 和图 2-56 为快速检测法得到的刨花板 VOCs 释放趋势情况。在快速检测条件下，刨花板 TVOC 释放 9 天达到平衡状态，和高密度纤维板与中密度纤维板明显不同的是，刨花板的醛类物质释放较多，大于酯类物质，因此刨花板释放的主要物质有 5 类，分别是烯烃、芳香烃、烷烃、醛类和酯类物质，这5 类化合物释放整体趋势和 TVOC 相同，均呈现下降趋势，检测第一天 TVOC 和 5 类主要释放物释放浓度均最高，随着时间的延长逐渐下降，最后达到平衡状态。同时可以看出，在释放前期各类物质释放浓度下降最快，之后下降逐渐减缓直至平衡。这种下降趋势可以用传质原理来解释（2.2.1 小节）。烯烃、芳香烃、烷烃、醛类和酯类物质初始释放浓度分别为 118.82μg·m^{-3}、84.81μg·m^{-3}、55.54μg·m^{-3}、39.34μg·m^{-3}、25.06μg·m^{-3}，达到平衡时这 5 类化合物浓度分别下降了 87.58%、90.76%、82.79%、93.21%、73.50%。此外可得出，烯烃类、芳香烃类和醛类物质初期（前 4 天）下降均较快，即释放速率较快，大于 TVOC 的

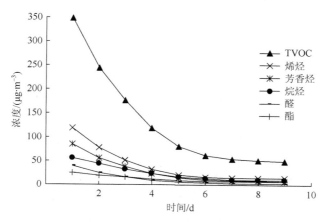

图 2-56　快速检测法检测刨花板 TVOC 及主要物质的释放水平

初期释放速率。烯烃类物质初期释放速率较快的原因是，快速检测是在高温、高湿以及加快空气交换率条件下进行的，烯烃类物质作为来自木材本身的物质，很容易通过这些外界因素的改变来加速释放。芳香烃和醛类物质在此条件下释放较快是外界因素和板材性质及化合物本身性质多种作用的结果，较为复杂，无法推测出速率较快的准确原因。而烷烃、酯类物质是通过化学反应形成的，形成过程较为复杂，再加上三种外界因素同时改变，其释放速率要小于烯烃类物质。

表 2-56　快速检测法检测刨花板 TVOC 及主要物质的释放水平

时间/d	释放浓度/$(\mu g \cdot m^{-3})$					
	TVOC	烯烃	芳香烃	烷烃	醛	酯
1	347.82	118.82	84.81	55.54	39.34	25.06
2	243.77	77.44	55.3	44.06	24.58	19.58
3	175.74	51.11	37.76	32.83	15.75	15.79
4	118.85	32.34	23.98	23.83	9.54	11.87
5	80.15	20.86	15.27	16.71	5.75	8.86
6	62.15	16.15	11.02	13.15	3.98	7.77
7	54.29	15.38	8.87	10.95	3.02	7.24
8	51.57	14.89	8.24	10.06	2.62	6.88
9	50.27	14.76	7.84	9.56	2.67	6.64

（2）VOCs 释放成分

表 2-57 为快速检测法测得的刨花板释放的主要单体化合物，图 2-57 为各类 VOCs 物质初始释放成分占 TVOC 的百分含量。由此可知，快速检测条件下，刨花板 VOCs 释放成分有 8 类，即烯烃类、芳香烃类、烷烃类、醛类、酮类、酯类、醇类、其他类，这些 VOCs 物质的来源探究已在本书的 2.2.1 小节中做出分析；释放浓度较多的有 5 类，即烯烃类、芳香烃类、烷烃类、醛类和酯类，这 5 类物质释放浓度由大到小依次为烯烃类、芳香烃类、烷烃类、醛类、酯类，分别占 35%、24%、16%、11%、7%，烯烃的释放浓度及所占百分比远大于其他 7 类化合物。通过试验发现，烯烃类物质中释放浓度远大于其他烯烃类释放单体的是古巴烯、α-荜澄茄油烯，此外 2-亚丙基环丁烯、3,6,6-三甲基-双环[3.1.1]庚-2-烯释放浓度也较大；芳香烃中释放浓度最大的是 1-亚甲基-1H-茚和 1-甲基萘，但这两种单体的释放浓度并没有远超过其他芳香烃类单体；烷烃类物质中释放浓度最大的是十四烷；醛类物质中释放浓度远大于其他醛类物质的是己醛，接近 3/4 的醛类物质为

己醛；酯类物质中释放浓度远大于其他酯类释放单体的是 2-丙烯酸-2-乙基己基酯，此外甲氧基苯甲酸乙酯释放浓度也较大。这说明这几种单体物质更容易从板材中释放出来，或者是这几种单体物质受外界条件影响程度大于其他单体物质，因而更容易在外界条件改变时释放出来。这与每种单体化合物自身物理、化学性质有关，但具体是其自身哪种性质或者哪几种性质导致其受外界条件影响较大，并不能在本试验中得出。

表 2-57　快速检测法检测刨花板释放的主要 VOCs 单体物质

类别	主要单体物质
烯烃	古巴烯、α-荜澄茄油烯、2-亚丙烯基环丁烯、3, 6, 6-三甲基-双环[3.1.1]庚-2-烯、莰烯、α-蒎烯、3-蒈烯、长叶烯、雪松烯、喇叭烯、右旋柠檬烯、1-甲基-5-(1-甲基乙烯基)-环己烯
芳香烃	1-亚甲基-1H-茚、1-甲基萘、2-甲基萘、乙苯、1-甲基-2-(1-甲基乙基)苯、1-甲基-4-(1-甲基乙烯基)苯、1, 2, 4, 5-四甲苯
烷烃	十四烷、4, 7-二甲基十一烷、十三烷、十二烷、2, 6, 10-三甲基十二烷、十五烷、1-乙烯基-1-甲基-2, 4-二(1-甲基乙烯基)环己烷
醛	己醛、庚醛、苯甲醛、辛醛、2-辛烯醛、壬醛、4-(1-甲基乙基)苯甲醛
酯	2-丙烯酸-2-乙基己基酯、甲氧基苯甲酸乙酯、乙酸-3-甲基庚酯、2-丙烯酸(1-甲基-1, 2-二乙基)双(含氧丙烷)酯、1, 2-苯二羧酸-2-乙基己基酯

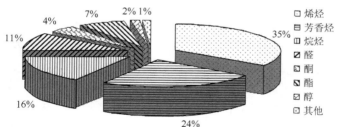

图 2-57　快速检测法检测刨花板各类 VOCs 成分初始释放百分含量

快速检测条件检测高密度纤维板、中密度纤维板和刨花板的 VOCs 释放情况，三种板材释放的 VOCs 均有 8 类，即烯烃类、芳香烃类、烷烃类、醛类、酮类、酯类、醇类、其他类，这些 VOCs 物质的来源探究已在本书的 2.2.1 小节中做出分析。三种板材的烯烃类化合物的释放浓度均最大且远大于其他 7 类化合物的释放浓度。高密度纤维板和中密度纤维板的主要释放物质均为烯烃、芳香烃、烷烃、酯类物质，高密度纤维板主要释放物质释放浓度大小排列依次为烯烃、烷烃、芳香烃、酯类，中密度纤维板主要释放物质释放浓度大小排列依次为烯烃、芳香烃、烷烃、酯类。刨花板的主要释放物质有烯烃、芳香烃、烷烃、醛类、酯类，释放浓度从大到小排列为烯烃、芳香烃、烷烃、醛类、酯类。三种板材释放的主要类别的 VOCs 中，释放的主要单体物质并不相同：高密度纤维板释放浓度最大的几种单体物质是 α-荜澄茄油烯、2-亚丙烯基环丁烯、长叶烯、十四烷、1-亚甲基-1H-茚、1-甲基萘、2-丙烯酸-2-乙基己基酯、甲氧基苯甲酸乙酯；中密度纤维板释放浓度最大的几种单体物质是古巴烯、2-亚丙烯基环丁烯、α-荜澄茄油烯、长叶烯、1-亚甲基-1H-茚、1-甲基萘、十四烷、2-丙烯酸-2-乙基己基酯、甲氧基苯甲酸乙酯；刨花板释放浓度最大的几种单体物质是古巴烯、α-荜澄茄油烯、2-亚丙烯基环丁烯、3, 6, 6-三甲基-双环[3.1.1]庚-2-烯、1-亚甲基-1H-茚、1-甲基萘、十四烷、己醛、2-丙烯酸-2-乙基己基酯、甲氧基苯甲酸乙酯。每种板材在快速检测条件下释放的主要物质与板材本身的性质有关，也与这些化合物本身的性质有关，说明板材本身含有的这些物质的浓度大，或者是这些化合物更容易从板材中释放出来，或者是这些物质受外界条件影响程度大于其他单体物质，因而更容易在外界条件改变时释放出来。这与每种单体化合物自身物理、化学性质有关，但具体是其自身哪种性质或者哪几种性质导致其受外界条件影响较大，并不能在本试验中得出。

快速检测条件检测高密度纤维板、中密度纤维板和刨花板的 VOCs 释放情况，TVOC 和每种板材各类主要释放物质的整体释放趋势一致，均呈现下降趋势，即释放第 1 天，TVOC 及各类主要 VOCs 释放浓度最大，之后释放浓度逐渐减小直至平衡；同时，释放前期浓度下降较快，即释放速率较大，之后释放速率逐渐减小。烯烃类物质作为释放浓度最大的物质，在初期释放速率较快，大于其他主要物质的初期释放速率。这是因为快速检测是在高温、高湿以及加快空气交换率条件下进行的，烯烃类物质作为来自木材本身的物质，很容易通过这些外界因素的改变来加速释放。而其他类主要物质形成过程较为复杂，再加上三种外界因素同时改变，其释放速率要小于烯烃类物质。严格来看，每种板材的各类 VOCs 物质的释放趋势均不完全相同，各自呈现特有趋势，同样是因为人造板的 VOCs 释放过程复杂，每种板材本来的性质就有不同，释放又会受到外界条件因素、板材加工过程等影响，且不同化学物质在不同介质中的扩散系数也不同，扩散系数又同时受很多因素影响。总体来看，TVOC 及烯烃、芳香烃、烷烃、酯类这几类主要释放物的释放浓度均是高密度纤维板最大，其次是中密度纤维板，最后是刨花板。但对于醛类物质，是刨花板释放浓度最大，这和每种板材的密度及各类化合物的性质有关。

2.3　本　章　小　结

1）由 4 种温度、2 种湿度和 3 种空气交换率与负荷因子之比的相互组合而成的 24 种不同快速检测法检测条件下，高密度纤维板、中密度纤维板及刨花板总体 TVOC 释放趋势相同，均是释放浓度随时间的延长逐渐下降。并且相对来说，前

期释放较快，随着时间的延长，释放浓度渐渐减小，最后达到平衡状态。TVOC
释放呈现这种趋势的现象可以用传质原理来解释。

　　2）在 24 种不同检测条件下快速检测法得到的 TVOC 释放浓度，总体水平都
是高密度纤维板释放浓度最大，其次是中密度纤维板，释放浓度最小的是刨花板，
原因是人造板挥发性有机化合物的释放与板材的密度有关。

　　3）提高检测条件温度、相对湿度以及空气交换率，可以提高高密度纤维板、
中密度纤维板及刨花板的 TVOC 释放值，并且可以加快板材的 TVOC 释放；同时，
达到平衡时板材 TVOC 释放浓度的下降幅度增大。此外，温度对这三种板材 TVOC
释放的影响在初期更为明显，即温度的升高对板材挥发性有机化合物释放初期释
放总量的提高更多。

　　4）在 24 种不同的快速检测条件下，高密度纤维板、中密度纤维板及刨花板
释放的 VOCs 有烯烃类、芳香烃类、烷烃类、醛类、酮类、酯类、醇类及其他类
物质。烯烃类物质主要来自木材本身的抽提物成分，烷烃类物质是由抽提物成分
发生化学反应生成的。据推断，芳烃类物质来源是加工制造时所添加物质，酯类
物质是由木材所含醇和酸类反应而成，醛类物质是木材本身的一些不饱和脂肪酸
在一定条件下自氧化形成。

　　5）释放初期，三种板材在不同条件（除 100℃以外）下的 VOCs 释放成分整
体规律相似，均是烯烃释放浓度最大，占 TVOC 释放浓度的 25%～36%。高密度
纤维板主要释放物有 4 种，释放浓度从大到小依次为烯烃、烷烃、芳香烃、酯；
中密度纤维板主要释放物有 4 种，释放浓度从大到小依次为烯烃、芳香烃、烷
烃、酯，芳香烃和烷烃的释放浓度大小很接近；刨花板主要释放物有 5 种，释
放浓度从大到小依次为烯烃、芳香烃、烷烃、醛类、酯类。烯烃类物质作为来
自木材本身的物质，很容易通过这些外界因素的改变来加速释放，烷烃、醛类
和酯类物质是通过化学反应形成的，形成过程较为复杂，再加上三种外界因素
同时改变，其释放浓度的提高没有烯烃类物质明显。同时，板材在不同条件（除
100℃）下所表现出来的这种相似规律可以说明板材自身的 VOCs 释放特性主宰
板材的 VOCs 释放特性。

　　6）不同检测条件下，三种板材 VOCs 释放初期，各类化合物释放浓度相差
非常大，而达到平衡期时，各化合物释放浓度相差很小；同时各类 VOCs 物质从
释放初期到平衡期，释放浓度均减小，但减小幅度各不相同。人造板 VOCs 的释
放是一个复杂的过程，板材自身性质、外界条件不同，加之每种 VOCs 受条件变
化影响程度不同，势必造成 VOCs 各类物质释放浓度及释放速率不同。

　　7）100℃条件下的各类 VOCs 释放成分与其他各个条件下的规律不同。在相
对湿度和空气交换率与负荷因子之比相同的情况下，温度由 40℃升到 60℃再
升到 80℃，每种板材 TVOC 及各类主要释放物的释放浓度均呈现上升的趋势，且

各主要物质占 TVOC 的比例相似，但是在 100℃条件下，并不呈现这种规律，与温度 80℃条件下相比，板材的烯烃、芳香烃、烷烃的释放浓度没有增加，反而减少了，酮、酯、醇、其他等释放物在 100℃条件下释放浓度和 80℃相比增加非常大，有的增加幅度甚至超过 100%。

8）从高密度纤维板、中密度纤维板和刨花板在不同条件下挥发性有机化合物释放水平及释放成分分析来看，可以使板材快速达到平衡且释放性质依然稳定的是温度 80℃、相对湿度 60%、空气交换率与负荷因子之比为 1 次·m^3·h^{-1}·m^{-2} 的条件，因此确定此条件为三种板材快速检测法最佳检测条件。

9）三种板材释放的主要类别的 VOCs 中，释放的主要单体物质并不相同：高密度纤维板释放浓度最大的几种单体物质是 α-荜澄茄油烯、2-亚丙烯基环丁烯、长叶烯、十四烷、1-亚甲基-1H-茚、1-甲基萘、2-丙烯酸-2-乙基己基酯、甲氧基苯甲酸乙酯；中密度纤维板释放浓度最大的几种单体物质是古巴烯、2-亚丙烯基环丁烯、α-荜澄茄油烯、长叶烯、1-亚甲基-1H-茚、1-甲基萘、十四烷、2-丙烯酸-2-乙基己基酯、甲氧基苯甲酸乙酯；刨花板释放浓度最大的几种单体物质是古巴烯、α-荜澄茄油烯、2-亚丙烯基环丁烯、3, 6, 6-三甲基-双环[3.1.1]庚-2-烯、1-亚甲基-1H-茚、1-甲基萘、十四烷、己醛、2-丙烯酸-2-乙基己基酯、甲氧基苯甲酸乙酯。

10）快速检测条件检测高密度纤维板、中密度纤维板和刨花板的 VOCs 释放情况，TVOC 和每种板材各类主要释放物质的整体释放趋势一致，均呈现下降趋势，即释放第 1 天，TVOC 及各类主要 VOCs 释放浓度最大，之后释放浓度逐渐减小直至平衡；同时，释放前期浓度下降较快，即释放速率较大，之后释放速率逐渐减小。烯烃类物质作为释放浓度最大的物质，在初期释放速率较快，大于其他主要物质的初期释放速率。

参 考 文 献

陈太安. 2003. 木材干燥中有机挥发物的研究[J]. 世界林业研究, 16（5）: 30-34.

封跃鹏. 2003. 室内空气中 TVOC 的分析测试技术[J]. 环境监测管理与技术, 15（1）: 16-18.

黄燕娣, 赵寿盼, 胡焱. 2007. 室内人造板材制品释放挥发性有机化合物研究[J]. 环境监测管理与技术, 19（1）: 38-40.

贾竹贤. 2009. 酚醛胶实木复合地板及基材有机挥发物释放[D]. 北京: 中国林业科学研究院.

李辉. 2010. 环境舱法研究家具有害物释放及其影响因子[D]. 北京: 北京林业大学.

李爽, 沈隽, 江淑敏. 2013. 不同外部环境因素下胶合板 VOC 的释放特性[J]. 林业科学, 49（1）: 179-184.

李信, 周定国. 2004. 人造板挥发性有机物的研究[J]. 南京林业大学学报, 28（3）: 19-22.

刘玉. 2010. 刨花板 VOC 释放控制技术及性能综合评价[D]. 哈尔滨: 东北林业大学.

龙玲, 李光荣, 周玉成. 2011. 大气候室测定家具中甲醛及其他 VOC 的释放浓度[J]. 木材工业, 25（1）: 12-15.

龙玲, 王金林. 2007. 4 种木材常温下醛和萜烯挥发物的释放[J]. 木材工业, 21（3）: 14-17.

卢志刚, 李建军, 黄河浪, 等. 2009. 饰面人造板中挥发性有机化合物的测试[J]. 林产工业, 36（4）: 31-34.

沈隽, 刘玉, 朱晓东. 2009. 热压工艺对刨花板甲醛及其他有机挥发物释放总量的影响[J]. 林业科学, 45（10）: 130-133.

史文萍. 2008. 人造板家具甲醛释放浓度检测——环境舱法应用的研究[D]. 北京：北京林业大学.

孙世静. 2011. 人造板 VOC 释放影响因子的评价研究[D]. 哈尔滨：东北林业大学.

谭和平，马天，登峰，等. 2006. 室内空气中 VOC 全采样多项快速检测技术研究[J]. 中国测试技术，32：1-2.

杨建华，海凌超. 2010. 家具检测开放式环境测试舱法[J]. 家具，（3）：103-104.

朱明亮，耿世彬. 2005. 装饰材料中 VOC 的散发规律及其影响因素[J]. 洁净与空调技术，2：56-59.

An J Y，Kim S，Kim H J. 2011. Formaldehyde and TVOC emission behavior of laminate flooring by structure of laminate flooring and heating condition [J]. Journal of Hazardous Materials，（187）：44-51.

Blair A. 1986. Moratality among industried workers exposed to formaldehyde[J]. Journal of the National Cancer Institute，176：1071.

Childers R T Jr，Therrien R. 1961. A comparison of the effectiveness of trifluoperazine and chlorpromazine in Schizophrenia[J]. American Psychiatric Association，118：552-554.

Fang L，Clausen G，Fanger P O. 1999. Impact of temperature and humidity on chemical and sensory emissions from building materials[J]. Indoor Air，9：193-201.

Gardner D J，Wang W. 1999. Investigation of volatile organic compound press emissions during particleboard production. Part 1. UF-bonded southern pine[J]. Forest Products Journal，49：65-72.

Karl T，Guenther A，Jordan A，et al. 2001. Eddy covariance measurement of biogenic oxygenated VOC emissions from hay harvesting[J]. Atmospheric Environment，35（3）：491-495.

Katsoyiannis A，Leva P，Kotzias D. 2008. VOC and carbonyl emissions from carpets：a comparative study using four types of environmental chambers[J]. Journal of Hazardous Materials，（152）：669-676.

Kim C W，Song J S，Ahn Y S，et al. 2001. Occupational asthma due to formaldehyde [J]. Yonsei Medical Journal，42（2）：439-445.

Kim K W，Kim S，Kima H J，et al. 2010. Formaldehyde and TVOC emission behaviors according to finishing treatment with surface materials using 20 L chamber and FLEC[J]. Journal of Hazardous Materials，177：90-94.

Li F，Niu J L，Zhang L Z. 2006. A physically-based model for prediction of VOCs emission from paint applied to an absorptive substrate[J]. Building and Environment，41：1317-1325.

Lin C C，Yu K P，Zhao P，et al. 2009. Evaluation of impact factors on VOC emissions and concentrations from wooden flooring based on chamber tests[J]. Building and Environment，44（3）：525-533.

Makowshi M，Ohlmeyer M，Meier D. 2005. Long-term development of VOC emissions from OSB after hot-pressing[J]. Holzforschung-International Journal of the Biology，Chemistry，Physics and Technology of Wood，59（5）：519-523.

Makowshi M，Ohlmeyer M. 2006. Comparison of a small and a large environment test chamber for measure VOC emissions from OSB made of Scots pine（*Pinus sylvestris* L.）[J]. Holz Roh Werkst，64：469-472.

Makowski M，Ohlmeyer M，Meier D. 2005. Long-term development of VOC emissions from OSB sfter hot-pressing[J]. Holzforschung，59：519-523.

Maria Risholm-Sundman. 2003. 用实地和实验室小空间释放法（FLEC）测甲醛释放浓度-复得率及与大气候箱法的相关性[J]. 人造板通讯，（10）：21-23.

Massold E，Bahr C，Salthammer T，et al. 2005. Determination of VOC and TVOC in air using thermal desorption GC-MS-practical implications for test chamber experiments [J]. Chromatographia，62（1/2）：75-85.

Milota M R. 2003. HAP and VOC emissions from white fir lumber dried at high and conventional temperature[J]. Forest Products Journal，53（3）：60-64.

Pellizzari E D，Wallace L A，Gordon S M. 2009. Elimination kinetics of volatile organics in　humans using breath measurements[J]. Journal of Esposure Analysis and Environmental Epidemiology，2：341-355.

Risholm-Sundman M，Wallin N. 2003. 几种方法测定三层实木复合地板甲醛释放浓度的比较[J]. 人造板通讯，（4）：11-14.

Tohmure S，Miyamoto K，Inoue A. 2005. Measurement of aldehyde and VOC emissions from plywood of various formaldehyde emission grades [J]. Mokuzai Gakkaishi，51（5）：340-344.

Wiglusz R，Sitko E，Nikel G. 2002. The effect of temperature on the emission of formaldehyde and volatile organic compounds（VOCs）from laminate flooring-case study[J]. Building and Environment，37：41-44.

第3章　快速检测法与传统方法检测碎料板 VOCs 释放分析

3.1　对 比 分 析

3.1.1　试验设计

1. 试验材料

本设计选用板材有高密度纤维板、中密度纤维板和刨花板。快速检测法与气候箱法所使用的板材为同一板材，三种试验人造板基本参数参见 2.1 节。

（1）气候箱法试验检测样品准备

1）三种检测板材均裁成 800mm×625mm 的试验样品。试验样品尺寸设计依据：气候箱法检测人造板 VOCs 释放时要求负荷因子（即装载量）为 $1m^2 \cdot m^{-3}$，而气候箱的测试舱容积为 $1m^3$，试验板材的暴露面积按上下两面计，因此得到每个面的尺寸，即试验样品尺寸应为 800mm×625mm。

2）用铝箔胶带将裁板后的样品四边封上。目的是提高试验的准确性，防止板材的四周 VOCs 释放。

3）将封边后的试验样品用锡箔纸包好，封存于聚四氟乙烯袋中，贴上标签纸，然后将处理好的试验样品置于冷柜中备用。

（2）快速检测法试验检测样品准备

快速检测法试验检测样品准备参见 2.1 节。

2. 试验设备

（1）VOCs 采集设备

1）气候箱。

气候箱由升微机电设备科技有限公司生产，检测舱容积 $1m^3$，舱体密封，设备可以精准地控制检测舱的温度、相对湿度、空气交换率等环境条件，同时设备拥有新鲜空气供给与循环系统，外界空气进入设备后可经过净化过程变为洁净空气在舱体内循环。

气候箱法采集人造板挥发性有机化合物的具体方法如下：①将预处理好的试

验样品进行解冻。②对气候箱的检测参数设置为标准检测条件，即温度设置为 23℃、相对湿度设置为 50%、空气流量设置为 16.7L·min^{-1}、压强为 10MPa。③将解冻好的试验样品放入气候箱的检测舱中，关好舱门，使舱体保持密封。④按照 28 天自然衰减进行气体采集，即在第 1、3、7、14、21、28 天从检测舱侧端气体采集处，利用吸附管和采样泵采集检测舱内气体，通过设置采样泵的采样流量和采样时间确定所采集的气体体积，每次采集 4L。

2）微池热萃取仪（μ-CTE）和 Tenax-TA 吸附管具体参见 2.1.2 小节。

快速检测法采集人造板挥发性有机化合物的具体方法参见 2.1.3 小节。

（2）VOCs 分析设备

气相色谱质谱（GC/MS）联用仪和热解吸进样器具体参见 2.1.2 小节。

（3）试验参数设置

1）检测设备参数设置。

气候箱法和快速检测法的各参数设置见表 3-1。

表 3-1　气候箱法和快速检测法试验参数

试验参数	气候箱法	快速检测法
体积/m^3	1	$1.16×10^{-4}$
空气交换率与负荷因子之比 /(次·m^3·h^{-1}·m^{-2})	1	1
温度/℃	23	80
相对湿度/%	50	60

2）GC/MS 和热解吸脱附仪参数设置参见 2.1.3 小节。

3.1.2　性能分析

1. 高密度纤维板 VOCs 释放快速检测法与气候箱法的对比

（1）VOCs 释放水平的对比

表 3-2、图 3-1 和表 3-3、图 3-2 分别是使用气候箱法和快速检测法检测高密度纤维板 TVOC 释放速率情况。快速检测法的检测效率明显大于气候箱法的检测效率，气候箱法检测高密度纤维板 TVOC 释放 28 天达到平衡状态，快速检测法则在 9 天达到平衡状态，检测效率提高了 67.86%。虽然两种方法检测高密度纤维板 TVOC 释放达到平衡状态的时间不同，而且 TVOC 的释放量也不同，但是总体可以看出，两种检测方法得到的趋势曲线整体均呈现下降趋势，而且都是在检测前期下降较快，随着时间的推移释放速率逐渐减缓，直至达到平衡。气候箱法检测 TVOC 释放，从初始状态到平衡状态，TVOC 释放量从 181.06μg·m^{-3} 下降到 48.74μg·m^{-3}，下降幅度为

73.08%；快速检测法检测 TVOC 释放，从初始状态到平衡状态，TVOC 释放量从 512.37μg·m^{-3} 下降到 68.14μg·m^{-3}，下降幅度为 86.70%，可以看出，快速检测法检测高密度纤维板 TVOC 释放的总体下降幅度要大于气候箱法。

表 3-2 气候箱法检测高密度纤维板 TVOC 释放水平

时间/d	1	3	7	14	21	28
TVOC 释放量/(μg·m^{-3})	181.06	121.45	77.85	59.58	52.83	48.74

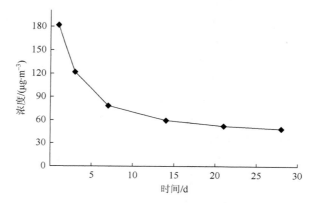

图 3-1 气候箱法检测高密度纤维板 TVOC 释放水平

表 3-3 快速检测法检测高密度纤维板 TVOC 释放水平

时间/d	1	2	3	4	5	6	7	8	9
TVOC 释放量/(μg·m^{-3})	512.37	314.24	206.53	132.71	93.83	76.76	72.92	69.27	68.14

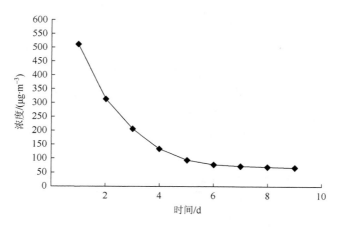

图 3-2 快速检测法检测高密度纤维板 TVOC 释放水平

（2）VOCs 释放成分的对比

表 3-4 为第 1 天气候箱法和快速检测法检测高密度纤维板释放的 VOCs 种类数；表 3-5 和图 3-3 为气候箱法和快速检测法检测高密度纤维板释放 TVOC 及主要物质初始释放量。由此可知，两种方法所测得的高密度纤维板释放的 VOCs 物质均为 8 类，即烯烃、芳香烃、烷烃、醛、酮、酯、醇、其他，且释放量较高的均为 4 类，即烯烃、芳香烃、烷烃和酯。和气候箱法相比，使用快速检测法检测高密度纤维板的 VOCs 释放，VOCs 释放种类和浓度明显增加。快速检测法测得的高密度纤维板释放的 VOCs 种类比气候箱法测得的多 17 种，快速检测法测得高密度纤维板 TVOC 初始释放量为 512.37μg·m^{-3}，气候箱法测得的释放量为 181.06μg·m^{-3}，快速检测法所得值是气候箱法的 2.83 倍。具体到各类 VOCs 的释放，与气候箱法检测结果相比，快速检测法检测到的各类 VOCs 释放种类中，除了烷烃的种类没有增加外，另外 7 类 VOCs 物质的种类均增加，其中烯烃增加的种类数最多，由气候箱法检测的 6 种增加到 13 种，增幅为 116.67%，另外几类主要释放物芳香烃、烷烃和酯类释放种类的增幅分别为 11.11%、0、40%。与气候箱法检测结果相比，快速检测法检测到的主要 4 类 VOCs 初始释放量均增加，但各类化合物的增加量各不相同，快速检测法测得的烯烃、芳香烃、烷烃、酯类化合物的释放量分别是气候箱法测得值的 5.30 倍、2.45 倍、2.34 倍、1.88 倍，可见快速检测条件下各类化合物的释放量均增加较大。此外，使用气候箱法检测高密度纤维板 VOCs 释放时，主要的 4 类 VOCs 物质释放量从大到小依次为烷烃、芳香烃、烯烃、酯类，使用快速检测法检测高密度纤维板 VOCs 释放时，主要的 4 类 VOCs 物质释放量从大到小依次为烯烃、烷烃、芳香烃、酯类。可见两种检测法得到的主要类别 VOCs 释放量整体顺序烷烃、芳香烃、酯类没有变，而烯烃的释放量由于在快速检测条件下增加较大而从气候箱法检测条件下释放量第 3 位的类别物质成为快速检测法条件下释放量第 1 位的类别物质，因此可知烯烃的释放很容易受到外界条件（温度、相对湿度）的改变的影响，在高温、高湿条件下，烯烃类物质作为来自木材本身的物质，很容易被加快释放，因而快速检测条件下烯烃类的释放量最高，而其他类主要物质形成过程较为复杂，再加上不同外界因素同时改变，其释放量的提高要小于烯烃类物质。同时，不同种类的 VOCs 物质物理、化学性质不同，受到各类外界条件影响程度均不同，因此在不同检测条件下表现出的释放行为不同。另外，快速检测条件下烯烃类化合物的释放量最大，主要是 α-荜澄茄油烯的释放量非常大，占所有烯烃释放量的 60%。

表 3-4　第 1 天气候箱法与快速检测法检测高密度纤维板释放 VOCs 种类

方法	TVOC	烯烃	芳香烃	烷烃	醛	酮	酯	醇	其他
气候箱法	43	6	9	14	4	2	5	3	0
快速检测法	60	13	10	14	5	4	7	4	3

表 3-5　气候箱法与快速检测法检测高密度纤维板释放 TVOC 及主要物质初始释放量

方法	释放浓度/(μg·m⁻³)				
	TVOC	烯烃	芳香烃	烷烃	酯
气候箱法	181.06	34.66	43.98	53.76	24.73
快速检测法	512.37	183.79	107.62	125.74	46.48

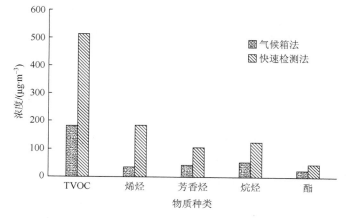

图 3-3　气候箱法与快速检测法检测高密度纤维板释放 TVOC 及主要物质初始释放量

表 3-6 和图 3-4 为采用气候箱法与快速检测法检测高密度纤维板释放 TVOC 及主要物质平衡释放量的对比。由此可知，达到平衡状态时，两种检测方法检测到的 TVOC 释放量及主要的 4 类化合物释放量相差较小，总体上快速检测法得到的平衡值高于气候箱法检测值。平衡时，快速检测法测得高密度纤维板 TVOC 释放量为 68.14μg·m⁻³，气候箱法测得的释放量为 48.74μg·m⁻³，快速检测法所得值是气候箱法的 1.40 倍，倍数关系与初始时相比下降了 50.53%。烯烃、芳香烃、烷烃、酯类化合物的快速检测法所得平衡值分别是气候箱法测得值的 2.40 倍、1.11 倍、1.10 倍、1.14 倍，倍数关系与初始时相比分别下降了 54.72%、54.69%、52.99%、39.36%。两种检测方法得到的平衡值相差较小的原因是，外界条件温度及相对湿度的改变对板材 VOCs 释放的前期影响更为显著。

表 3-6　气候箱法与快速检测法检测高密度纤维板释放 TVOC 及主要物质平衡释放量

方法	释放浓度/(μg·m⁻³)				
	TVOC	烯烃	芳香烃	烷烃	酯
气候箱法	48.74	8.41	9.74	13.93	8.08
快速检测法	68.14	20.15	10.81	15.38	9.22

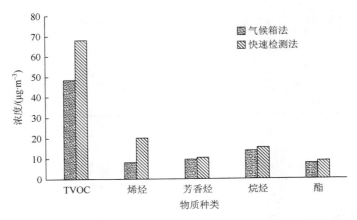

图 3-4　气候箱法与快速检测法检测高密度纤维板释放 TVOC 及主要物质平衡释放量

2. 中密度纤维板 VOCs 释放快速检测法与气候箱法的对比

（1）VOCs 释放水平的对比

表 3-7、表 3-8 和图 3-5、图 3-6 分别是使用气候箱法和快速检测法检测中密度纤维板 TVOC 释放速率情况。快速检测法的检测效率明显大于气候箱法的检测效率，气候箱法检测中密度纤维板 TVOC 释放 28 天达到平衡状态，快速检测法则在 9 天达到平衡状态，检测效率提高了 67.86%。虽然两种方法检测中密度纤维板 TVOC 释放达到平衡状态的时间不同，而且 TVOC 的释放量也不同，但是总体可以看出，两种检测方法得到的趋势曲线整体均呈现下降趋势，而且都是在检测前期下降较快，随着时间的推移释放速率逐渐减缓，直至达到平衡。气候箱法检测 TVOC 释放，从初始状态到平衡状态，TVOC 释放量从 139.28μg·m^{-3} 下降到 40.16μg·m^{-3}，下降幅度为 71.17%；快速检测法检测 TVOC 释放，从初始状态到平衡状态，TVOC 释放量从 388.73μg·m^{-3} 下降到 56.47μg·m^{-3}，下降幅度为 85.47%，可以看出，快速检测法检测中密度纤维板 TVOC 释放的总体下降幅度要大于气候箱法。

表 3-7　气候箱法检测中密度纤维板 TVOC 释放水平

时间/d	1	3	7	14	21	28
TVOC 释放量/(μg·m^{-3})	139.28	97.73	69.86	51.34	43.62	40.16

表 3-8　快速检测法检测中密度纤维板 TVOC 释放水平

时间/d	1	2	3	4	5	6	7	8	9
TVOC 释放量/(μg·m^{-3})	388.73	258.92	168.81	117.62	83.24	63.88	60.68	57.64	56.47

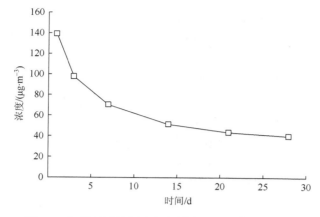

图 3-5　气候箱法检测中密度纤维板 TVOC 释放水平

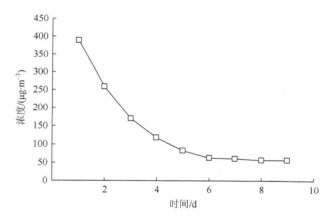

图 3-6　快速检测法检测中密度纤维板 TVOC 释放水平

（2）VOCs 释放成分的对比

表 3-9 为第 1 天气候箱法和快速检测法检测中密度纤维板释放的 VOCs 种类数；表 3-10 和图 3-7 为气候箱法和快速检测法检测中密度纤维板释放 TVOC 及主要物质初始释放量。由此可知，两种方法所测得的中密度纤维板释放的 VOCs 物质均为 8 类，即烯烃、芳香烃、烷烃、醛、酮、酯、醇、其他，且释放量较高的均为 4 类，即烯烃、芳香烃、烷烃和酯。和气候箱法相比，使用快速检测法测到的 VOCs 释放种类和浓度明显增加。快速检测法测得的中密度纤维板释放的 VOCs 种类比气候箱法测得的多 15 种，快速检测法测得中密度纤维板 TVOC 初始释放量为 388.73μg·m^{-3}，气候箱法测得的释放量为 139.28μg·m^{-3}，快速检测法所得值是气候箱法的 2.79 倍。具体到各类 VOCs 的释放，与气候箱法检测结果相比，快速检测法检测到的各类 VOCs 释放种类中，芳香烃、烷烃、酯类的种

类没有增加，另外 5 类 VOCs 物质的种类均增加，其中烯烃增加的种类数最多，由气候箱法检测的 5 种增加到 12 种，增幅为 140%，另外几类主要释放物芳香烃、烷烃和酯类释放种类的增幅均为 0。与气候箱法检测结果相比，快速检测法检测到的主要 4 类 VOCs 初始释放量均增加，但各类化合物的增加量各不相同，快速检测法测得的烯烃、芳香烃、烷烃、酯类化合物的释放量分别是气候箱法测得值的 5.41 倍、2.55 倍、2.34 倍、1.59 倍，可见快速检测条件下各类化合物的释放量均增加较大。此外，使用气候箱法检测中密度纤维板 VOCs 释放时，主要的 4 类 VOCs 物质释放量从大到小依次为烷烃、芳香烃、烯烃、酯类，使用快速检测法检测中密度纤维板 VOCs 释放时，主要的 4 类 VOCs 物质释放量从大到小依次为烯烃、芳香烃、烷烃、酯类。烯烃的释放量由于在快速检测条件下增加较大而从气候箱法检测条件下释放量第 3 位的类别物质成为快速检测法条件下释放量第 1 位的类别物质，因此可知烯烃的释放很容易受到外界条件（温度、相对湿度）的改变的影响，在高温、高湿条件下，烯烃类物质作为来自木材本身的物质，很容易被加快释放，因而快速检测条件下烯烃类的释放量最高，而其他类主要物质形成过程较为复杂，再加上不同外界因素同时改变，其释放量的提高要小于烯烃类物质。同时，不同种类的 VOCs 物质物理、化学性质不同，受到各类外界条件影响程度均不同，因此在不同检测条件下表现出的释放行为不同。另外，快速检测条件下烯烃类化合物的释放量最大，其中主要是古巴烯的释放量非常大，占所有烯烃释放量的 64%。

表 3-9　第 1 天气候箱法与快速检测法检测中密度纤维板释放 VOCs 种类

方法	TVOC	烯烃	芳香烃	烷烃	醛	酮	酯	醇	其他
气候箱法	41	5	10	14	3	1	6	2	0
快速检测法	56	12	10	14	5	2	6	5	2

表 3-10　气候箱法与快速检测法检测中密度纤维板释放 TVOC 及主要物质初始释放量

方法	释放浓度/($\mu g \cdot m^{-3}$)				
	TVOC	烯烃	芳香烃	烷烃	酯
气候箱法	139.28	25.57	37.99	40.49	19.01
快速检测法	388.73	138.28	96.81	94.57	30.24

表 3-11 和图 3-8 为采用气候箱法与快速检测法检测中密度纤维板释放 TVOC 及主要物质的平衡释放量的对比。由此可知，达到平衡状态时，两种检测方法检测到的 TVOC 释放量及主要 4 类化合物的释放量相差较小，总体上快速检测法得到的平衡值高于气候箱法检测值。平衡时，快速检测法测得高密度纤维板 TVOC 释

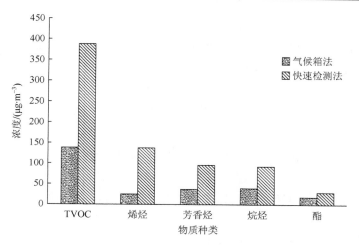

图 3-7　气候箱法与快速检测法检测中密度纤维板释放 TVOC 及主要物质初始释放量

表 3-11　气候箱法与快速检测法检测中密度纤维板释放 TVOC 及主要物质平衡释放量

方法	释放浓度/($\mu g \cdot m^{-3}$)				
	TVOC	烯烃	芳香烃	烷烃	酯
气候箱法	40.16	6.59	9.71	11.68	7.09
快速检测法	56.47	15.45	10.68	12.44	8.23

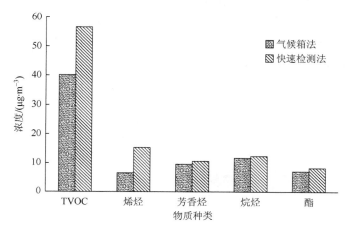

图 3-8　气候箱法与快速检测法检测中密度纤维板释放 TVOC 及主要物质平衡释放量

放量为 56.47μg·m⁻³，气候箱法测得的释放量为 40.16μg·m⁻³，快速检测法所得值是气候箱法的 1.41 倍，倍数关系与初始时相比下降了 49.46%。烯烃、芳香烃、烷烃、酯类化合物的快速检测法所得平衡值分别是气候箱法测得值的 2.34 倍、1.10 倍、

1.07 倍、1.16 倍，倍数关系与初始时相比分别下降了 56.75%、56.86%、54.27%、27.04%。两种检测方法得到的平衡值相差较小的原因是，外界条件温度及相对湿度的改变对板材 VOCs 释放的前期影响更为显著。

3. 刨花板 VOCs 释放快速检测法与气候箱法的对比

（1）VOCs 释放水平的对比

表 3-12、图 3-9 和表 3-13、图 3-10 分别是使用气候箱法和快速检测法检测刨花板 TVOC 释放速率情况。快速检测法的检测效率明显大于气候箱法的检测效率，气候箱法检测刨花板 TVOC 释放 28 天达到平衡状态，快速检测法则在 9 天达到平衡状态，检测效率提高了 67.86%。虽然两种方法检测刨花板 TVOC 释放达到平衡状态的时间不同，而且 TVOC 的释放量也不同，但是总体可以看出，两种检测方法得到的趋势曲线整体均呈现下降趋势，而且都是在检测前期下降较快，随着时间的推移，释放速率逐渐减缓，直至达到平衡。气候箱法检测 TVOC 释放，从初始状态到平衡状态，TVOC 释放量从 128.59μg·m^{-3} 下降到 35.58μg·m^{-3}，下降幅度为 72.33%；快速检测法检测 TVOC 释放，从初始状态到平衡状态，TVOC 释放量从 347.82μg·m^{-3} 下降到 50.27μg·m^{-3}，下降幅度为 85.55%，可以看出，快速检测法检测刨花板 TVOC 释放的总体下降幅度要大于气候箱法。

表 3-12　气候箱法检测刨花板 TVOC 释放水平

时间/d	1	3	7	14	21	28
TVOC 释放量/(μg·m^{-3})	128.59	95.48	68.69	48.73	38.84	35.58

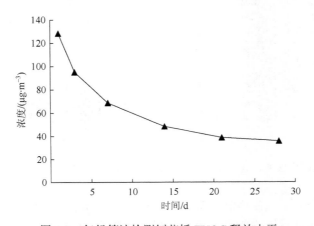

图 3-9　气候箱法检测刨花板 TVOC 释放水平

表 3-13　快速检测法检测刨花板 TVOC 释放水平

时间/d	1	2	3	4	5	6	7	8	9
TVOC 释放量/($\mu g \cdot m^{-3}$)	347.82	243.77	175.74	118.85	80.15	62.15	54.29	51.57	50.27

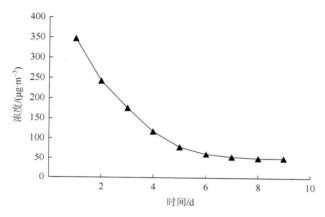

图 3-10　快速检测法检测刨花板 TVOC 释放水平

（2）VOCs 释放成分的对比

表 3-14 为第 1 天气候箱法和快速检测法检测刨花板释放的 VOCs 种类数；表 3-15 和图 3-11 为气候箱法和快速检测法检测刨花板释放 TVOC 及主要物质初始释放量。由此可知，两种方法所测得的刨花板释放的 VOCs 物质均为 8 类，即烯烃、芳香烃、烷烃、醛、酮、酯、醇、其他，与高密度纤维板和中密度纤维板不同的是，刨花板释放量较高的为 5 类，即烯烃、芳香烃、烷烃、醛和酯。和气候箱法相比，使用快速检测法检测刨花板的 VOCs 释放，VOCs 释放种类和浓度明显增加。快速检测法测得的刨花板释放的 VOCs 种类比气候箱法测得的多 14 种，快速检测法测得刨花板 TVOC 初始释放量为 347.82$\mu g \cdot m^{-3}$，气候箱法测得的释放量为 128.59$\mu g \cdot m^{-3}$，快速检测法所得值是气候箱法的 2.70 倍。具体到各类 VOCs 的释放，与气候箱法检测结果相比，快速检测法检测到的各类 VOCs 释放种类中，除了芳香烃种类少了 2 种和酮种类没有变以外，另外 6 类 VOCs 物质的种类均增加，其中烯烃增加的种类数最多，由气候箱法检测的 6 种增加到 13 种，增幅为 116.67%，另外几类主要释放物芳香烃、烷烃、醛类和酯类释放种类的增幅分别为−18.18%、12.50%、40%、50%。对于芳香烃类释放种类，快速检测法测得值小于气候箱法测得值，可能是在快速检测条件下一些芳香烃类物质因自身性质而受到限制，此外还可能与试验操作与分析时产生的偶然误差和系统误差有关。与气候箱法检测结果相比，快速检测法检测到的主要的 5 类 VOCs 初始释放量均增加，但各类化合物的增加量各不相同，快速检测法测得的烯烃、芳香烃、烷烃、醛类、酯类化

合物的释放量分别是气候箱法测得值的 5.67 倍、2.34 倍、2.53 倍、1.52 倍、1.88
倍，可见快速检测条件下各类化合物的释放量均增加较大。此外，使用气候箱法
检测刨花板 VOCs 释放时，主要的 5 类 VOCs 物质释放量从大到小依次为芳香烃、
醛类、烷烃、烯烃、酯类，使用快速检测法检测刨花板 VOCs 释放时，主要的 5
类 VOCs 物质释放量从大到小依次为烯烃、芳香烃、烷烃、醛类、酯类。烯烃的
释放量由于在快速检测条件下增加较大而从气候箱法检测条件下释放量第 4 位的
类别物质成为快速检测法条件下释放量第 1 位的类别物质，因此可知烯烃的释放
很容易受到外界条件（温度、相对湿度）的改变的影响，在高温、高湿条件下，
烯烃类物质作为来自木材本身的物质，很容易被加快释放，因而快速检测条件下
烯烃类的释放量最高，而其他类主要物质形成过程较为复杂，再加上不同外界因
素同时改变，其释放量的提高要小于烯烃类物质。同时，不同种类的 VOCs 物质
物理、化学性质不同，受到各类外界条件影响程度均不同，因此在不同检测条件
下表现出的释放行为不同。另外，快速检测条件下醛类物质释放量增加幅度最小，
从气候箱法检测条件下释放量第 2 位的类别物质成为快速检测法条件下释放量第
4 位的类别物质。此外，快速检测条件下烯烃类化合物的释放量最大，其中主要
是古巴烯的释放量非常大，占所有烯烃释放量的 60%。

表 3-14　第 1 天气候箱法与快速检测法检测刨花板释放 VOCs 种类

方法	TVOC	烯烃	芳香烃	烷烃	醛	酮	酯	醇	其他
气候箱法	39	6	11	8	5	3	4	1	1
快速检测法	53	13	9	9	7	3	6	3	3

表 3-15　气候箱法与快速检测法检测刨花板释放 TVOC 及主要物质初始释放量

方法	释放浓度/($\mu g \cdot m^{-3}$)					
	TVOC	烯烃	芳香烃	烷烃	醛	酯
气候箱法	128.59	20.96	36.21	21.92	25.91	13.35
快速检测法	347.82	118.82	84.81	55.54	39.34	25.06

　　表 3-16 和图 3-12 为采用气候箱法与快速检测法检测刨花板释放 TVOC 及主
要物质的平衡释放量的对比。由此可知，达到平衡状态时，两种检测方法检测到
的 TVOC 释放量及主要的 5 类化合物的释放量相差较小，总体上快速检测法得到
的平衡值高于气候箱法检测值。平衡时，快速检测法测得高密度纤维板 TVOC 释放
量为 50.27$\mu g \cdot m^{-3}$，气候箱法测得的释放量为 35.58$\mu g \cdot m^{-3}$，快速检测法所得值是气
候箱法的 1.41 倍，倍数关系与初始时相比下降了 47.78%。烯烃、芳香烃、烷烃、
醛类、酯类化合物的快速检测法所得平衡值分别是气候箱法测得值的 2.60 倍、

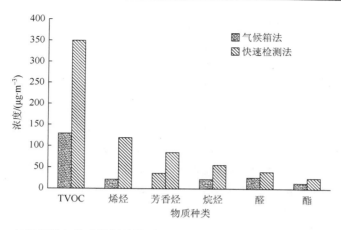

图 3-11　气候箱法与快速检测法检测刨花板释放 TVOC 及主要物质初始释放量

1.22 倍、1.19 倍、1.13 倍、1.12 倍，倍数关系与初始时相比分别下降了 54.14%、47.86%、52.96%、25.66%、40.43%。两种检测方法得到的平衡值相差较小的原因是，外界条件温度及相对湿度的改变对板材 VOCs 释放的前期影响更为显著。

表 3-16　气候箱法与快速检测法检测刨花板释放 TVOC 及主要物质平衡释放量

方法	释放浓度/(μg·m⁻³)					
	TVOC	烯烃	芳香烃	烷烃	醛	酯
气候箱法	35.58	5.68	6.42	8.01	2.37	5.91
快速检测法	50.27	14.76	7.84	9.56	2.67	6.64

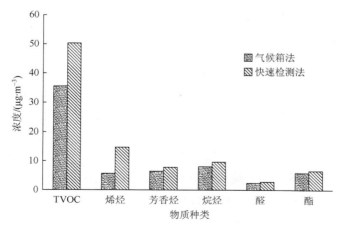

图 3-12　气候箱法与快速检测法检测刨花板释放 TVOC 及主要物质平衡释放量

　　对比分析使用气候箱法和快速检测法检测高密度纤维板、中密度纤维板和刨花板三种板材的 VOCs 释放情况，从 TVOC 释放趋势上来说，虽然两种检测方法的试验条件设置不同，达到平衡所用的时间也不同，但是两种检测方法检测的三种板材的 TVOC 释放均整体呈现下降趋势，并且都是在前期浓度下降较快，即释放速率较大，随着时间的推移，释放速率逐渐减小，直至达到平衡状态，两种检测方法检测三种人造板材均呈现这种释放趋势，可以用传质原理来解释，虽然条件不同，但是释放速率下降的本质原理是相同的；此外，与使用气候箱法相比，使用快速检测法检测三种板材 VOCs 释放的效率均明显提高，由气候箱法的 28 天提高到了 9 天，提高了 67.86%，这一点对于实际生产中的板材 VOCs 检测有很好的实际意义，因为可以大大提高实际生产中检测人造板VOCs 释放情况的效率。

　　从 VOCs 释放成分上来说，使用两种方法测得的高密度纤维板、中密度纤维板以及刨花板所释放的 VOCs 物质均为 8 类，即烯烃、芳香烃、烷烃、醛、酮、酯、醇、其他；高密度纤维板和中密度纤维板释放量较高的均为 4 类，即烯烃、芳香烃、烷烃和酯，刨花板释放量较高的为 5 类，即烯烃、芳香烃、烷烃、醛和酯。板材释放初期，和气候箱法相比，使用快速检测法检测的三种人造板的 VOCs释放，VOCs 释放种类和浓度都有明显增加。

　　具体到各类 VOCs 的释放，与气候箱法检测结果相比，快速检测法检测到的三种板材绝大部分类别的 VOCs 释放种类均增加。释放种类没有增加的是高密度纤维板的烷烃，使用两种方法检测到的烷烃种类相同；中密度纤维板的芳香烃、烷烃和酯类，使用两种方法检测到的种类均相同；对于刨花板的芳香烃，使用快速检测法比使用气候箱法检测到的种类少 2 种，检测到的酮类种类数相同。使用快速检测法测得的各类 VOCs 物质多数大于使用气候箱法的原因是，快速检测法是在高温、高湿条件下进行的，温度的升高可以提高板材内部化合物的蒸气压，因此增大了板材内部与外界的蒸气压压力差，一些在常温常压下不会释放出来的化合物在此影响下释放出来，此外，温度的升高同样可以提高化合物在板材内部的扩散系数，同样也可以促进一些常温常压下不会释放出来的化合物在此影响下释放出来。而较高的相对湿度可以抑制板材内部水分的蒸发，因为水分蒸发而发生的吸热现象减少，进而促进了VOCs 的蒸发，因此在较低湿度下无法释放出来的化合物会在较高相对湿度条件下释放出来，同时较高的相对湿度会促进疏水性化合物的释放，因此较低相对湿度下一些无法释放出的疏水性化合物在较高的相对湿度下释放了出来，化合物的种类就增加了。但是三种板材释放的化合物中有些类别化合物在两种检测方法下释放的种类相同，或者是在快速检测方法下测得的种类反而小于气候箱法测得的种类，原因可能是，快速检测条件下，有些化合物因自身性质和外界条件的影响，释放反而受到抑制，此外还可能与试验操作及分析时产生的偶然误差和系统误差有关。

与气候箱法检测结果相比，快速检测法检测到的三种板材的主要类别的 VOCs 初始释放量和平衡释放量均增加，且各类化合物的增加量各不相同，但是初始时期两种检测法测得的主要类别 VOCs 释放量差别明显较大，平衡时期，各类主要 VOCs 释放的差别与初始时期相比很小，这主要是因为快速检测法的检测温度为 80℃，比气候箱法的检测温度 23℃大很多，整个板材 VOCs 释放过程中，温度的提高对板材初期的 VOCs 释放量的提高的影响比较显著，因为随着时间的推移，板材内部挥发性化合物浓度逐渐减小，蒸气压的影响作用随着时间的延长逐渐下降，同时板材的 VOCs 随时间逐渐减少，外界条件对 VOCs 的释放作用的影响也减弱，因此使用两种方法检测的三种板材的平衡值相差较小。

此外，对比两种检测法检测的三种人造板的 VOCs 初期释放值大小，发现快速检测条件下释放量最高的均是烯烃类化合物，而烯烃类化合物均不是三种板材使用气候箱法检测时释放量最大的化合物，因此可知烯烃的释放很容易受到外界条件（温度、相对湿度）的改变的影响，在高温、高湿条件下，烯烃类物质作为来自木材本身的物质，很容易被加快释放，因而快速检测条件下烯烃类的释放量最高，而其他类主要物质形成过程较为复杂，再加上不同外界因素同时改变，其释放量的提高要小于烯烃类物质。同时，不同种类的 VOCs 物质物理、化学性质不同，受到各类外界条件影响程度均不同，因此在不同检测条件下表现出的释放行为不同。另外，快速检测条件下，三种板材释放的烯烃类化合物中均有一种成分的释放量占其释放的所有烯烃量的60%以上，高密度纤维板的是α-荜澄茄油烯、中密度纤维板和刨花板的是古巴烯。

3.2　相关性分析

3.2.1　试验设计

1. 试验材料

本设计选用板材有高密度纤维板、中密度纤维板和刨花板。为了研究两种检测方法的相关性，每种人造板分别购入 8 块不同板材，即每种板材测定 8 块不同试样，共 24 块板材，为了方便直观，将 8 块高密度纤维板编号为 H1～H8，将 8 块中密度纤维板编号为 Z1～Z8，将 8 块刨花板编号为 B1～B8。板材基本参数见表 3-17。

表 3-17　试验板材基本参数

编号	板材种类	厚度/mm	密度/(g·cm⁻³)	热压温度/℃	热压时间 /(min·mm⁻¹)	热压压强/MPa
H1	高密度纤维板	12	0.85	180	0.5	3.5
H2	高密度纤维板	12	0.85	180	0.6	5.0
H3	高密度纤维板	12	0.85	200	0.6	3.5
H4	高密度纤维板	12	0.88	190	0.4	5.0
H5	高密度纤维板	12	0.88	190	0.5	3.5
H6	高密度纤维板	16	0.90	180	0.4	3.5
H7	高密度纤维板	16	0.90	200	0.5	3.5
H8	高密度纤维板	18	0.85	180	0.4	3.5
Z1	中密度纤维板	9	0.55	160	0.5	3.5
Z2	中密度纤维板	9	0.67	160	0.5	3.5
Z3	中密度纤维板	9	0.74	190	0.4	3.2
Z4	中密度纤维板	9	0.75	180	0.5	2.6
Z5	中密度纤维板	12	0.60	180	0.5	3.2
Z6	中密度纤维板	12	0.70	180	0.4	3.2
Z7	中密度纤维板	12	0.75	160	0.4	2.6
Z8	中密度纤维板	16	0.74	190	0.4	3.2
B1	刨花板	16	0.70	170～180	0.5	2.8
B2	刨花板	16	0.70	185	0.5	3.0
B3	刨花板	16	0.70	200	0.5	3.0
B4	刨花板	16	0.70	200	0.6	3.0
B5	刨花板	16	0.70	200	0.8	3.5
B6	刨花板	16	0.76	192～195	0.9	3.5
B7	刨花板	16	0.77	192～195	0.9	3.5
B8	刨花板	18	0.76	192～195	0.9	3.5

　　快速检测法和气候箱法试验检测样品准备同 3.1.1 小节，试验设备同 3.1.1 小节。

　　2. 性能测试

　　（1）气候箱法采集人造板挥发性有机化合物的具体方法

　　1）将预处理好的试验样品进行解冻。

　　2）对气候箱的检测参数设置为标准检测条件，即温度设置为 23℃、相对湿度设置为 50%、空气流量设置为 16.7L·min⁻¹、压强为 10MPa。

3）将解冻好的试验样品放入气候箱的检测舱中，关好舱门，使舱体保持密封。

4）按照 28 天自然衰减进行气体采集，在第 28 天从检测舱侧端气体采集处，利用吸附管和采样泵采集检测舱内气体，通过设置采样泵的采样流量和采样时间确定所采集的气体体积，每次采集 4L。

（2）快速检测法采集人造板挥发性有机化合物的具体方法

1）将预处理好的试验样品进行解冻。

2）设置试验检测条件，温度 80℃、相对湿度 60%、空气交换率与负荷因子之比为 1 次·m³·h⁻¹·m⁻²（此参数通过设置空气流量可达到），通入氮气。

3）将解冻好的试验样品放入微池热萃取仪的圆柱形微舱中，关好舱门，使舱体保持密封。

4）每天进行 8h 试验，在第 9 天采集气体，采集方法是，将 Tenax-TA 吸附管插到微舱上（每个微舱上有一个专门插吸附管的插口），每次采集 3L 气体。

（3）VOCs 分析方法和工艺参数设置

VOCs 分析方法和工艺参数设置同 3.1 节对比分析内容。

3.2.2　性能分析

1. 1m³ 气候箱法和快速检测法检测高密度纤维板结果的相关性

图 3-13 为分别使用气候箱法和快速检测法测得的高密度纤维板的 TVOC 平衡值的相关性，分别用两种方法测定 8 块不同高密度纤维板板材的 TVOC 释放平衡值，得到了 8 组平衡浓度。由 8 组数据拟合得到直线 $y = 0.8082x - 6.2813$，拟合度 $R^2 = 0.9564$。由此可知，使用快速检测法得到的高密度纤维板 TVOC 释放平

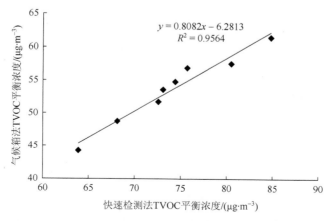

图 3-13　气候箱法与快速检测法测定高密度纤维板 TVOC 释放检测结果之间的相关性

衡浓度与气候箱法测得的 TVOC 平衡浓度有很好的相关性。同时，在使用快速检测法检测高密度纤维板 TVOC 释放值时，可以通过该拟合公式得到气候箱法检测值，即可以通过该公式估算常温常压下高密度纤维板的 TVOC 平衡值。为了验证估算值的准确性，计算实际的气候箱法检测平衡值与拟合值的偏差值（表 3-18）。

表 3-18　高密度纤维板 TVOC 释放浓度的气候箱法检测值与拟合值偏差

板材编号	H1	H2	H3	H4	H5	H6	H7	H8
检测值/(μg·m^{-3})	53.62	56.85	54.77	44.25	48.74	51.77	61.52	57.58
拟合值/(μg·m^{-3})	52.81	54.87	53.87	45.38	48.79	52.38	62.25	58.76
相对偏差/%	1.51	3.48	1.64	−2.55	−0.10	−1.17	−1.18	−2.05
平均相对偏差/%					−0.053			

根据平均偏差值−0.053%，通过公式得到的拟合值乘以修正系数 0.9995，可以进一步提高估测值的准确性。但是由于平均偏差过小，修正系数极其接近 1，因此，对于使用快速检测法检测高密度纤维板 TVOC 释放所得 TVOC 平衡值进行拟合得到的常温常压下高密度纤维板 TVOC 平衡估测值，可以不必再进一步进行修正。

2. 1m³ 气候箱法和快速检测法检测中密度纤维板结果的相关性

图 3-14 为分别使用气候箱法和快速检测法测得的中密度纤维板 TVOC 平衡值的相关性，分别用两种方法测定 8 块不同中密度纤维板板材的 TVOC 释放平衡值，得到了 8 组平衡浓度。由 8 组数据拟合得到直线 $y = 0.73x - 2.5012$，拟合度 $R^2 = 0.9532$。由此可知，使用快速检测法得到的中密度纤维板 TVOC 释放平衡浓

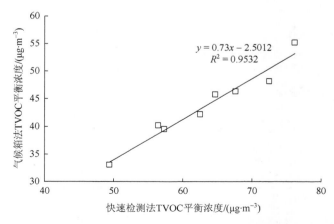

图 3-14　气候箱法与快速检测法测定中密度纤维板 TVOC 释放检测结果之间的相关性

度与气候箱法测得的 TVOC 平衡浓度有很好的相关性。同时，在使用快速检测法检测中密度纤维板 TVOC 释放值时，可以通过该拟合公式得到气候箱法检测值，即可以通过该公式估算常温常压下中密度纤维板的 TVOC 平衡值，为了验证估算值的准确性，计算实际的气候箱法检测平衡值与拟合值的偏差值（表 3-19）。

表 3-19　中密度纤维板 TVOC 释放浓度的气候箱法检测值与拟合值偏差

板材编号	Z1	Z2	Z3	Z4	Z5	Z6	Z7	Z8
检测值/($\mu g \cdot m^{-3}$)	33.06	39.46	40.16	46.96	45.76	42.71	48.56	55.06
拟合值/($\mu g \cdot m^{-3}$)	33.59	39.36	38.72	46.89	44.72	43.14	50.42	53.10
相对偏差/%	−1.60	0.25	3.58	0.15	2.27	−1.00	−3.83	3.56
平均相对偏差/%	0.42							

根据平均相对偏差值 0.42%，通过公式得到的拟合值乘以修正系数 1.0042 可以进一步提高估测值的准确性。但是由于平均偏差过小，修正系数极其接近 1，因此，对于使用快速检测法检测中密度纤维板 TVOC 释放所得 TVOC 平衡值进行拟合得到的常温常压下中密度纤维板 TVOC 平衡估测值，可以不必再进一步进行修正。

值得注意的是，两种检测法得到的 TVOC 平衡值虽数值不相等，但是分别使用两种方法得到的每个板材的数值大小顺序是相等的，然而在此 8 组数据中有一组板材的测试数据不符合这个规律，即 Z2 和 Z3 的检测数据，其快速检测法和气候箱法检测结果分别为（57.35，39.46）、（56.47，40.16），Z2 的快速检测法所得 TVOC 平衡值大于 Z3 的，但是 Z2 的气候箱法检测数值却小于 Z3 的，出现此现象的原因可能是，虽然两种方法检测的中密度纤维板均为同一板材，但是人造板存在不均一性，即同板材不同部位的一些物理性质不均一，如密度、含水率、施胶量等，这对人造板的挥发性有机化合物的释放会产生影响；另外，试验的采集与检测产生的随机误差和系统误差也是造成这种现象的可能之一。

3. 1m³ 气候箱法和快速检测法检测刨花板结果的相关性

图 3-15 为分别使用气候箱法和快速检测法测得的刨花板的 TVOC 平衡值的相关性，分别用两种方法测定 8 块不同板材的 TVOC 释放平衡值，得到了 8 组平衡浓度。由 8 组数据拟合得到直线 $y = 0.6248x + 4.2965$，拟合度 $R^2 = 0.9777$。由此可知，使用快速检测法得到的 TVOC 释放平衡浓度与气候箱法测得的 TVOC 平衡浓度有很好的相关性。同时，在使用快速检测法检测刨花板 TVOC 释放值时，可以通过该拟合公式得到气候箱法检测值，即可以通过该公式估算常温常压下刨花

板材的 TVOC 平衡值，为了验证估算值的准确性，计算实际的气候箱法检测平衡值与拟合值的偏差值（表 3-20）。

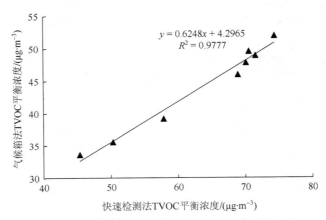

图 3-15　气候箱法与快速检测法测定刨花板 TVOC 释放检测结果之间的相关性

表 3-20　刨花板 TVOC 释放浓度的气候箱法检测值与拟合值偏差

板材编号	B1	B2	B3	B4	B5	B6	B7	B8
检测值/(μg·m⁻³)	33.63	35.58	39.14	45.91	47.75	48.92	49.58	51.91
拟合值/(μg·m⁻³)	32.62	35.71	40.42	47.36	48.12	48.99	48.39	50.82
相对偏差/%	3.00	−0.36	−3.27	−3.16	−0.77	−0.14	2.40	2.10
平均相对偏差/%					−0.025			

　　根据平均偏差值−0.025%，通过公式得到的拟合值乘以修正系数 0.9998 可以进一步提高估测值的准确性。但是由于平均偏差过小，修正系数极其接近 1，因此，对于使用快速检测法检测刨花板 TVOC 释放所得 TVOC 平衡值进行拟合得到的常温常压下刨花板 TVOC 平衡估测值，可以不必再进一步进行修正。

　　值得注意的是，两种检测法得到的 TVOC 平衡值虽数值不相等，但是分别使用两种方法得到的每个板材的数值大小顺序是相等的，但是在此 8 组数据中有一组板材的测试数据不符合这个规律，即 B6 和 B7 的检测数据，其快速检测法和气候箱法检测结果分别为（71.53，48.92）、（70.58，49.58），B6 的快速检测法所得 TVOC 平衡值大于 B7 的，但是 B6 的气候箱法检测数值却小于 B7 的，出现此现象的原因可能是，虽然两种方法检测的刨花板均为同一板材，但是人造板存在不均一性，即同板材不同部位的一些物理性质不均一，如密度、含水率、施胶量等，这对人造板的挥发性有机化合物的释放会产生影响；另外，试验的采集与检测产生的随机误差和系统误差也是造成这种现象的可能之一。

由图 3-13～图 3-15，表 3-18～表 3-20 可知，使用快速检测法与气候箱法检测的高密度纤维板、中密度纤维板和刨花板的 TVOC 平衡值间有很好的相关性，拟合度 R^2 均大于 0.95。因此在实际生产中，可以用快速检测法代替传统气候箱法检测这三种板材的 TVOC 值，通过拟合方程得到板材在常温常压下的 TVOC 平衡值。这样可以高效快速地得到板材的 TVOC 数值，实现企业对刨花板、纤维板挥发性有机化合物的快速检测，有针对性地解决生产中出现的问题，提高产品的质量，使产品达到环保要求。

通过数据分析发现，三种板材使用快速检测法得到的 TVOC 平衡值均大于使用气候箱法检测得到的 TVOC 平衡值，原因有以下几点：

1）快速检测法与气候箱法的试验检测条件不同，快速检测法的温度、相对湿度均大于气候箱法的条件值，本书在 2.2.1 小节中已经得出结论：温度以及相对湿度的提高均会提高人造板挥发性有机化合物的释放量，同时也在此部分对该结论做出了解释。

2）快速检测法使用的循环气体为氮气，气候箱法使用的循环气体为清洁空气。由于人造板 VOCs 的释放速率与板材内部和外界环境的 VOCs 浓度梯度有关，清洁空气依然含有少量的挥发性有机化合物，而氮气完全不含，因此通入氮气作为循环气体比通入清洁空气产生的浓度梯度更大，也会在一定程度上促进 VOCs 的释放。

3）人造板的不均一性造成两种检测结果测得的 TVOC 平衡值不同。虽然快速检测法和气候箱法检测的人造板来自同一块板材，但是同一板材的物理性能等方面不可能完全相同，其密度、含水量、施胶量等的不均一性会造成检测结果存在差异。

4）试验过程产生随机误差和系统误差。如使用吸附管采集板材产生的气体时难免会产生操作误差，再如采样管老化不彻底等原因均会对检测结果造成影响。

此外，每种板材的 8 个试验板材的 TVOC 释放平衡值均不相同，原因是板材的树种、厚度、密度、热压温度、时间等均会对板材的 VOCs 释放造成影响。

3.3　本　章　小　结

1）气候箱法和快速检测法检测高密度纤维板、中密度纤维板和刨花板的 VOCs 释放情况，两种检测法检测的三种板材的 TVOC 释放均整体呈现下降趋势，并且都是在前期浓度下降较快，即释放速率较大，随着时间的推移释放速率逐渐减小，直至达到平衡状态。

2）与使用气候箱法相比，使用快速检测法检测三种板材 VOCs 释放的效率均明显提高，由气候箱法的 28 天提高到了 9 天，提高了 67.86%。这一点对于实际生产中的板材 VOCs 检测有很好的实际意义，因为可以大大提高实际生产中检测人造板 VOCs 释放情况的效率。

3）两种方法所测得的高密度纤维板、中密度纤维板以及刨花板所释放的 VOCs 物质均为 8 类，即烯烃、芳香烃、烷烃、醛、酮、酯、醇、其他；高密度纤维板和中密度纤维板释放量较高的均为 4 类，即烯烃、芳香烃、烷烃和酯，刨花板释放量较高的为 5 类，即烯烃、芳香烃、烷烃、醛和酯。板材释放初期，和气候箱法相比，使用快速检测法检测的三种人造板的挥发性有机化合物释放，VOCs 释放种类和浓度都有明显增加。

4）与气候箱法检测结果相比，快速检测法检测到的三种板材的主要类别的 VOCs 初始释放量和平衡释放量均增加，且各类化合物的增加量各不相同，但是初始时期两种检测法测得的主要类别 VOCs 释放量差别明显较大，平衡时期，各类主要 VOCs 释放的差别与初始时期相比很小。

5）快速检测条件下释放量最高的均是烯烃类化合物，而烯烃类化合物均不是三种板材使用气候箱法时释放量最大的化合物，因此可知烯烃的释放很容易受到外界条件（温度、相对湿度）的改变的影响；快速检测条件下三种板材释放的烯烃类化合物中均有一种成分的释放量占其释放的所有烯烃量的 60% 以上，高密度纤维板的是 α-荜澄茄油烯，中密度纤维板和刨花板的是古巴烯。

6）将气候箱法和快速检测法测得的高密度纤维板的 TVOC 平衡值进行拟合，得到直线 $y = 0.8082x - 6.2813$，拟合度 $R^2 = 0.9564$，因此使用快速检测法得到的高密度纤维板 TVOC 释放平衡浓度与气候箱法测得的 TVOC 平衡浓度有很好的相关性。同时，在使用快速检测法检测高密度纤维板 TVOC 释放值时，可以通过该公式估算常温常压下高密度纤维板的 TVOC 平衡值。

7）将气候箱法和快速检测法测得的中密度纤维板的 TVOC 平衡值进行拟合，得到直线 $y = 0.73x - 2.5012$，拟合度 $R^2 = 0.9532$，因此使用快速检测法得到的中密度纤维板 TVOC 释放平衡浓度与气候箱法测得的 TVOC 平衡浓度有很好的相关性。同时，在使用快速检测法检测中密度纤维板 TVOC 释放值时，可以通过该公式估算常温常压下中密度纤维板的 TVOC 平衡值。

8）将气候箱法和快速检测法测得的刨花板 TVOC 平衡值进行拟合，得到直线 $y = 0.6248x + 4.2965$，拟合度 $R^2 = 0.9777$，因此使用快速检测法得到的刨花板 TVOC 释放平衡浓度与气候箱法测得的 TVOC 平衡浓度有很好的相关性。同时，在使用快速检测法检测刨花板 TVOC 释放值时，可以通过该公式估算常温常压下刨花板的 TVOC 平衡值。

9）三种板材使用快速检测法得到的 TVOC 平衡值均大于使用气候箱法检测

得到的 TVOC 平衡值。检测条件不同、使用循环气体不同、板材不均一性、试验过程中的随机误差和系统误差是造成此结果的原因。

　　10）每种板材的 8 个试验板材的 TVOC 释放平衡值均不相同，原因是板材的树种、厚度、密度、热压温度、时间等均会对板材的 VOCs 释放造成影响。

参 考 文 献

程静, 占建波, 唐岱琨, 等. 2011. 室内空气中总挥发性有机物污染防治研究进展[J]. 公共卫生与预防医学, 22（2）：66-68.

韩旸, 白志鹏, 袭著革. 2013. 室内空气污染与防治[M]. 2 版. 北京: 化学工业出版社: 24, 83-84.

李春艳, 陈宇红, 曹伟. 2007. 高密度人造木地板的 VOCs 散发实验研究[J]. 建筑热能通风空调, 26（4）：94-96.

李爽. 2013. 小型环境舱设计制作与人造板 VOC 释放特性研究[D]. 哈尔滨: 东北林业大学.

刘玉, 沈隽, 朱晓冬. 2008. 热压工艺参数对刨花板 VOCs 释放的影响[J]. 北京林业大学学报, 30（5）：139-142.

龙玲. 2011. 木材及其制品挥发性有机化合物释放及评价[M]. 北京: 科学出版社.

祁忆青, 孙明明, 黄琼涛. 2013. 木制品挥发性有机化合物标准的比较研究[J]. 家具, 34（2）：89-93.

沈隽, 李爽, 类成帅. 2012. 小型环境舱法检测中纤板挥发性有机化合物的研究[J]. 木材工业, 26（3）：15-18.

沈隽, 刘玉, 张文超, 等. 2013. 刨花板 VOCs 释放研究[M]. 北京: 科学出版社.

王敬贤. 2011. 环境因素对人造板 VOC 释放影响的研究[D]. 哈尔滨: 东北林业大学.

王雨. 2012. 室内装饰装修材料挥发性有机化合物释放标签发展的研究[D]. 哈尔滨: 东北林业大学.

徐东群. 2005. 居住环境污染与健康[M]. 北京: 化学工业出版社.

杨帅, 张吉光, 任万辉. 2007. 自然通风对装修材料污染物散发的影响分析[A]. 山东省暖通空调制冷 2007 年学术年会论文集, （3）：50-53.

于海霞, 洪连, 方崇荣, 等. 2012. 人造板 VOCs 检测方法与限量规定[J]. 浙江林业科技, 32（2）：65-70.

余跃滨, 张国强, 余代红. 2006. 多孔材料污染物散发外部影响因素作用分析[J]. 暖通空调, 36（11）：13-19.

张文超. 2011. 室内装饰用饰面刨花板 VOC 释放特性的研究[D]. 哈尔滨: 东北林业大学.

中国净化设备交易网. 2014. 如何正确使用空气净化器[EB/OL]. (2014-2-21)[2017-10-23]. http://www.31jhsb.com/news/detail-20140221-11656.html. 2.

周中平, 赵寿堂, 朱立, 等. 2002. 室内污染检测与控制[M]. 北京: 化学工业出版社: 5.

朱海欧, 阙泽利, 卢志刚, 等. 2013. 测试条件对竹地板挥发性有机化合物释放的影响[J]. 木材工业, 27（3）：13-17.

AgBB. 2004. LCI's in Part 3, A Contribution to the Construction Products Directive: Health-related Evaluation Procedure for Volatile Organic Compounds Emissions（VOCs and SVOC）from Building Products[S].

ASTM D 5116-2010. 2010. Standard Guide for Small-Scale Environmental Chamber Determinations of Organic Emissions from Indoor Materials/Products[S].

ASTM D 6330-1998. 1998. Standard Practice for Determination of Volatile Organic Compounds（Excluding Formaldehyde）Emissions from Wood-Based Panels Using Small Environmental Chambers under Defined Test Conditions[S].

ASTM D 6670-2001. 2001. Practice for Full-scale Chamber Determination of Volatile Organic Emissions from Indoor Materials/Products[S].

ASTM D 7143-2011. 2011. Practice for Emission Cells for the Determination of Volatile Organic Emissions from Indoor Materials/Products[S].

EN13419-1-2002. 2002. Building Products-Determination of the Emission of Volatile Organic Compounds-Part 1: Emission Test Chamber Method[S].

EN13419-2-2002. 2002. Building Products-Determination of the Emission of Volatile Organic Compounds-Part 2：Emission Test Cell Method[S].

EN13419-3-2002. 2002. Building Products-Sampling，Storage of Samples and Preparation of Test Specimens Part 3：Selection and Preparation of Samples for Testing[S].

Fang L，Clausen G，Fanger P O. 1999. Impact of Temperature and Humidity on Chemical and Sensory Emissions from Building Materials[J]. Indoor Air，9（3）：193-201.

ISO 16000-9-2009. 2009. Indoor Air-Part 9：Determination of the Emission of Volatile Organic Compounds from Building Products and Furnishing-Emission Test Chamber Method[S].

ISO16000-10-2006. 2006. Indoor Air-Part 10：Determination of the Emission of Volatile Organic Compounds from Building Products and Furnishing-Emission Test Cell Method[S].

ISO16000-11-2006. 2006. Indoor Air-Part 11：Determination of the Emission of Volatile Organic Compounds-Sampling，Storage of Samples and Preparation of Test Specimens[S].

JIS A 1901-2009. 2009. Small Chamber Method-Determination of the Emission of Volatile Organic Compounds and Aldehydes for Building Products[S].

Maria R. 2003. 木质人造板的 VOC 释放[J]. 人造板通讯，（6）：15-18.

Sollinger S，Levsen K，Wünsch G. 1993. Indoor air pollution by organic emissions from textile floor coverings：climate chamber studies under dynamic conditions[J]. Atmospheric Environment，27（2）：183-192.

Wolkoff P. 1998. Impact of air velocity，temperature，humidity and air on long-term VOC emissions from building products[J]. Atmospheric Environment，32（14/15）：2659-2668.

第4章 快速检测法与传统方法检测胶合板VOCs释放分析

胶合板和地板是人居建筑装修常用的板材，本章将对其VOCs的释放组分、释放特性及与传统方法的相关特性进行研究。通过快速检测装置测得胶合板VOCs释放水平，一方面可以验证快速检测装置的性能，另一方面可以了解胶合板VOCs释放情况，防止胶合板释放的挥发性有害气体对人体健康产生危害。

4.1 VOCs快速释放分析

4.1.1 试验设计

1. 试验设备和方案

（1）采样装置

本研究采用英国Markes公司M-CTE250(T)(i)™微池萃取仪，如图2-1所示。设计搭建快速检测装置，步骤如下：

1）通过分析资料，确定人造板VOCs快速采样仪热萃取仪的控制参数，主要为温度、相对湿度、空气交换率与负荷因子之比。

2）参照干燥器盖法仪器连接装置，设计本研究所用控制湿度的水量瓶及温湿度测试仪。确定本研究用承载水量瓶的材质为不锈钢，圆柱形，直径为100mm，高为650mm；本研究所用测量湿度仪器为手持温湿度计，为使测量结果准确，特别制作小容积不锈钢盒，使气体在盒子内充分混合，两侧面开孔，分别连接微池萃取仪和温湿度计。由于微型萃取仪舱体大小固定，通过控制气流量可以调节空气交换率与负荷因子之比，且微型热萃取仪本身具有调温功能，所以仪器搭建过程中不做考虑。

3）设计仪器搭建图纸，绘制控制元件气路连接图。为了达到试验所需气压，载气输出端采用规格为$\phi 6mm$的塑料软管连接至不锈钢瓶，仪器进气端与不锈钢瓶之间采用规格为$\phi 1/8mm$的塑料软管连接。为了确保试验装置的气密性，所有连接处均用不锈钢卡套接头连接。

4）完成快速采集仪器搭建，检验仪器气密性，达到试验要求，试验方案见表4-1。

表 4-1　试验方案

空气交换率与负荷因子之比	相对湿度					
	40%			60%		
	23℃	60℃	80℃	23℃	60℃	80℃
0.2 次·m³·h⁻¹·m⁻²	P_1	P_2	P_3	B_1	B_2	B_3
0.5 次·m³·h⁻¹·m⁻²	P_4	P_5	P_6	B_4	B_5	B_6
1.0 次·m³·h⁻¹·m⁻²	P_7	P_8	P_9	B_7	B_8	B_9

注：P_n 表示试验条件，如 P_1 为相对湿度 40%，温度 23℃，空气交换率与负荷因子之比 0.2 次·m³·h⁻¹·m⁻²。

（2）检测装置

1）德国 Thermo 公司生产 DSQ II 气质（GC/MS）联用仪。仪器色谱柱规格为 3000mm×0.26mm×0.25μm，型号 DB-5，石英毛细管柱；初始温度 40℃，保持 2min，以 2℃·min⁻¹ 速度升至 50℃，保持 4min，再以 5℃·min⁻¹ 速度升至 150℃，保持 4min，最后以 10℃·min⁻¹ 升至 250℃，保持 8min；GC 进样口温度为 250℃，分流流量为 30mL·min⁻¹，分流比率为 30。采用电子电离源（EI）电离，离子源温度 230℃；质量扫描范围 50～650u；传输线温度 270℃。

2）北京北分天普仪器技术有限公司生产 TP-5000 热解吸脱附仪。载气为氦气，解吸温度为 280℃，管路温度为 100.0℃，热解吸时间为 5min，进样时间为 1min。

2. 试验材料

三层结构胶合板和三层实木复合地板，浙江某公司生产：①胶合板，树种为杨木，5mm 厚，含水率为 6.94%，所用 UF 胶 pH 值为 7.0～8.5，固体含量为 53%～57%，单板涂胶量为 320g·m⁻²（双面）。②三层实木复合地板，树种为杨木，产品规格为 910.0mm×132.0mm×12.1mm（长×宽×厚），含水率为 8%，胶黏剂为三聚氰胺改性脲醛胶，涂胶量为 180～220g·m⁻²（单面），面漆为坚弗漆，底漆为 PPG。试验用胶合板和三层实木复合地板试样裁剪成直径为 60mm 的小圆，沿厚度方向用铝质胶带封边处理。

4.1.2　性能分析

1. 胶合板 VOCs 快速释放特性分析

（1）板材 VOCs 释放成分

通过快速采样装置收集得到胶合板 VOCs 物质，运用 GC/MS 内标法对胶合板 VOCs 释放物进行定性定量分析。表 4-2 为胶合板释放的 VOCs 主要成分。胶合板释放的 VOCs 中烷烃和芳香烃种类居多，醛酮类、酯类及烯烃次之，另有少量的正丁基醚。

表 4-2 胶合板 VOCs 快速释放检测的主要成分

类别	主要成分
芳香烃	乙苯、1,3-二甲基苯、1-亚甲基-1H-茚、二丁基羟基甲苯、1-甲基萘、2-甲基萘
烷烃	十一烷、十二烷、十四烷、十五烷、十六烷、2,6,10-三甲基十二烷、4-(丙-2-烯酰氧基)辛烷、2,6-二甲基癸烷
烯烃	2-亚丙烯基环丁烯、雪松稀、塞舌尔烯
醛酮类	己醛、苯甲醛、壬醛、苯乙酮、十一醛
酯类	丁酸丁酯、3-甲基庚醇乙酸酯、2-丙烯酸-2-乙基己基酯、乙二酸二丙烯酸酯
其他	正丁基醚

（2）不同条件下 VOCs 释放水平

表 4-3 为在不同外部环境条件下，胶合板 TVOC 释放量随时间变化情况。据表 4-3 和图 4-1，由 P_1、P_2、P_3、P_4、P_5、P_6 以及 P_7、P_8、P_9 可得，随着温度的升高，胶合板 TVOC 的稳定时释放量显著增加，高温条件下胶合板 TVOC 的释放初值及稳定值均高于低温条件。另外，由 P_1、P_4、P_7，P_2、P_5、P_8 及 P_3、P_6、P_9 可知，随着空气交换率与负荷因子之比的增加，胶合板 TVOC 的稳定时释放量反而降低。P 组值和 B 组值分别为相对湿度 40%和相对湿度 60%条件下所得，表 4-3 中 B 组值明显高于 P 组值，说明相对湿度越高，越有利于胶合板释放挥发性有机化合物。由图 4-1 可明显看出，B_3、B_2、B_3 条件有利于胶合板释放挥发性有机化合物，这三种情况可用于探究快速检测装置收集 VOCs 的最佳试验条件。

表 4-3 不同条件下胶合板 TVOC 值

时间/h	TVOC 释放量/($\mu g \cdot m^{-3}$)								
	P_1	P_2	P_3	P_4	P_5	P_6	P_7	P_8	P_9
8	324.759	448.866	504.617	307.285	404.036	396.122	287.388	396.649	399.495
32	119.660	173.200	365.044	103.287	207.762	219.063	96.928	285.119	298.849
56	74.276	100.490	169.798	69.048	90.360	116.754	64.877	195.028	198.652
80	60.681	84.294	79.163	57.747	70.389	64.102	55.828	115.433	122.999
104	50.384	53.757	67.057	49.106	55.880	49.016	43.743	56.894	57.734
128	43.418	50.256	54.231	41.210	48.184	38.207	39.048	43.765	47.206
168	36.886	38.694	40.788	34.940	35.813	37.749	32.279	32.533	34.076

时间/h	TVOC 释放量/($\mu g \cdot m^{-3}$)								
	B_1	B_2	B_3	B_4	B_5	B_6	B_7	B_8	B_9
8	369.648	571.276	640.771	323.637	414.660	436.024	324.379	424.384	379.395
32	174.726	318.559	482.880	166.923	318.559	204.691	117.378	270.191	208.110
56	118.797	168.754	272.326	97.385	209.963	113.827	75.843	142.021	189.197
80	75.431	86.956	113.230	57.915	90.955	73.748	59.378	120.423	107.253
104	60.097	61.310	78.0046	43.619	62.544	52.656	49.552	67.687	56.117
128	51.563	51.162	58.409	39.234	42.644	43.778	38.901	48.849	44.231
168	39.094	40.053	44.699	37.504	38.474	39.042	35.263	36.083	37.708

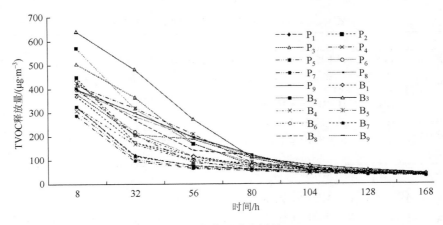

图 4-1　不同条件下胶合板的 TVOC

　　由图 4-1 可知，在 18 组测试条件下，胶合板 TVOC 快速释放曲线排在前三位的分别为 B_3、B_2 和 P_3。这三种测试条件明显优于其他测试条件，下面以这三种测试条件为例，分析快速检测三层结构胶合板 VOCs 组分及释放量。

　　图 4-2 是胶合板释放的典型化合物质量浓度变化图。本章以 B_2 条件为例进行分析。图 4-2 显示，该板材释放的挥发性有机化合物依次为芳香烃、酯类、烷烃类、烯烃类和醛酮类。释放初期，芳香烃和酯类化合物量明显高于其他。随着时间的延长，VOCs 的释放量逐渐降低，直到 80h 左右各个物质含量降低到相近值，而后缓慢释放至平衡值。

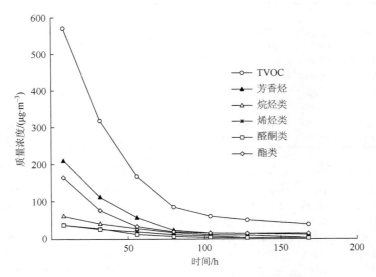

图 4-2　快速检测法测得胶合板 VOCs 质量浓度变化

胶合板释放的挥发性有机化合物以芳香烃、烷烃和酯类为主，以 P_3、B_3 条件为例分析。从图 4-3 中可以看出，B_3 条件下三种物质的含量明显高于 P_3 条件，说明相对湿度有利于挥发物释放。同时，在胶合板释放的 168h 内，芳香烃类物质释放量明显高于其他物质，但是其单体数量低于烷烃类化合物，其次是酯类和烷烃类化合物。芳香烃类化合物和酯类化合物有明显的下降趋势，烷烃类化合物质量浓度相对较低，无明显的下降趋势，随着时间延长至稳定释放期，三种物质一直存在。

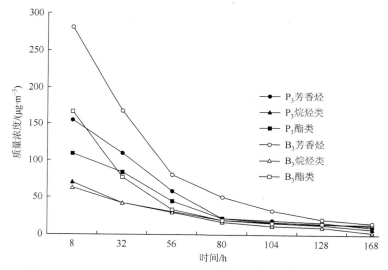

图 4-3　P_3、B_3 条件下胶合板芳香烃、烷烃类和酯类的释放速率

图 4-4 是胶合板释放平衡后 TVOC 浓度与空气交换率与负荷因子之比的关系。本试验重点探索 23℃-40% 和 60℃-60% 对不同空气交换率与负荷因子之比的影响。研究数据来源于胶合板稳定散发期。条件一的温度为 23℃，相对湿度为 40%；条件二的温度为 60℃，相对湿度为 60%。从总体上说，随着空气交换率与负荷因子之比的增大，稳定时释放的 TVOC 浓度值减小，且在不同的空气交换率与负荷因子之比条件下，条件二的 TVOC 释放浓度值均高于条件一。所以，相对高温高湿条件对空气交换率与负荷因子之比影响较大。

2. 三层实木复合地板 VOCs 快速释放特性分析

（1）板材 VOCs 释放成分

与三层结构胶合板相似，三层实木复合地板释放的 VOCs 经热解吸后运用 GC/MS 内标法测定 VOCs 成分，并进行定性定量分析。表 4-4 中测得芳香烃和烷烃种类相对较多，除去芳香烃、烷烃、烯烃、醛酮类和酯类外，仍有少许醚、醇和酸类化合物。

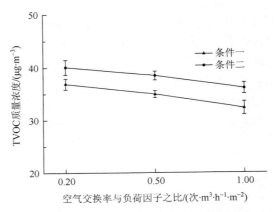

图 4-4　平衡后 TVOC 浓度与各环境参数的关系

表 4-4　三层实木复合地板释放 VOCs 的主要成分

类别	主要成分
芳香烃	甲苯、乙苯、邻二甲苯、对二甲苯、乙酰苯、1,3-二甲基苯、1-亚甲基茚、丁羟甲苯
烷烃	辛烷、癸烷、十一烷、十二烷、十三烷、十四烷、十五烷、十六烷
烯烃	2-亚丙烯基环丁烯、1,3,5-环庚三烯、3,7-二甲基辛烯、十四烯、古巴烯、雪松烯
醛酮类	己醛、苯甲醛、壬醛、2-甲基环戊酮、苯甲酮
酯类	乙酸丁酯、3-甲基庚醇乙酸酯、2-丙烯酸-2-乙基己基酯
其他	正丁基醚、2-乙基正己醇、α-羟基-α-甲基苯乙酸

（2）不同条件下 VOCs 释放水平

由表 4-5 可知，其释放水平与三层结构胶合板相似，在不同外部环境条件下，三层实木复合地板 TVOC 稳定时释放量随时间变化情况都表现为随着温度的升高 TVOC 的释放量显著增加，高温条件下（温度为 80℃）TVOC 的释放初值及稳定值均高于低温条件（温度为 23℃），空气交换率与负荷因子之比的增加反而会降低板材 TVOC 释放量。另外，相对湿度与板材 TVOC 释放量呈正相关性。这说明快速检测装置对不同板材的作用水平一样，性能可靠，可用于测试板材 VOCs 释放量。

表 4-5　不同条件下三层实木复合地板 TVOC 值

时间/h	TVOC 释放量/(μg·m⁻³)								
	P_1	P_2	P_3	P_4	P_5	P_6	P_7	P_8	P_9
8	699.476	711.568	857.579	683.012	699.254	832.363	677.989	686.384	759.363
32	465.578	481.657	523.789	447.813	466.377	492.028	452.439	461.639	483.549
56	354.655	388.866	417.468	371.479	384.638	399.385	387.457	397.383	398.119
80	228.579	261.579	309.468	274.590	281.837	298.638	321.580	329.331	333.219
104	189.512	198.654	256.678	219.489	220.038	226.774	254.390	277.373	281.211
128	140.468	149.365	167.799	177.487	182.330	189.088	208.489	219.238	221.542

续表

时间/h	TVOC 释放量/($\mu g \cdot m^{-3}$)								
	P_1	P_2	P_3	P_4	P_5	P_6	P_7	P_8	P_9
152	97.783	114.679	119.456	137.380	139.223	146.839	157.358	164.027	167.016
176	83.348	93.891	110.468	118.891	119.364	123.539	123.469	131.228	131.627
200	64.265	89.901	101.579	83.591	85.364	91.385	76.370	83.553	88.665
240	61.804	88.881	99.959	54.793	70.388	87.839	53.113	68.552	81.553

时间/h	TVOC 释放量/($\mu g \cdot m^{-3}$)								
	B_1	B_2	B_3	B_4	B_5	B_6	B_7	B_8	B_9
8	744.579	774.082	910.469	728.041	768.018	867.924	711.955	755.345	815.446
32	477.658	501.229	599.012	448.293	477.189	527.183	431.372	447.212	496.371
56	398.456	423.763	447.712	352.276	381.281	441.294	329.123	333.819	389.381
80	357.567	371.091	398.016	291.274	329.282	351.293	256.902	264.381	277.750
104	283.547	287.012	307.230	217.194	245.290	268.018	199.917	201.371	229.381
128	157.321	178.277	213.028	124.291	138.912	144.128	118.274	129.271	134.346
152	103.477	119.022	123.992	85.738	101.281	119.284	80.832	112.436	93.437
176	89.861	103.333	113.283	79.273	88.202	98.384	74.8901	88.348	84.489
200	74.679	96.991	106.220	71.183	79.914	94.204	64.8291	75.819	82.970
240	71.163	95.730	103.327	67.901	72.382	88.299	53.9176	68.910	79.562

由图 4-5 可知，三层实木复合地板在不同试验条件下 TVOC 值随时间变化趋势平缓，与胶合板不同的是，在 18 组测试条件下，很明显，三层实木复合地板 TVOC 快速释放曲线排在前三位的分别为 B_3、B_6 和 P_3。这三种测试条件明显优于其他测试条件，下面以这三种测试条件为例，分析快速检测三层实木复合地板 VOCs 组分及释放量。

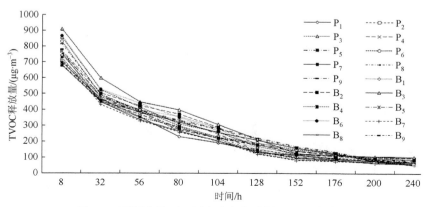

图 4-5 不同条件下三层实木复合地板 TVOC 变化值

图 4-6 是三层实木复合地板释放的典型化合物质量浓度变化趋势图。本章以快速检测法 B₆ 条件为例分析。图 4-6 显示，该板材释放的挥发性有机化合物以酯类、芳香烃为主，还有少量的醛酮类、烷烃类和烯烃类化合物。在释放初期，酯类化合物和芳香烃类化合物释放量较大，质量浓度分别为 548.325μg·m⁻³ 和 170.654μg·m⁻³，占总释放量的 63.18% 和 19.66%，其余各种类化合物占有量均小于 10%。在检测的前 80h 内，TVOC 和酯类化合物释放量明显下降，其中 TVOC 下降了 59.52%，酯类化合物下降了 72.70%。芳香烃类化合物则缓慢下降，而烷烃、烯烃和醛酮类化合物本身释放量较小且基本趋于平衡，质量浓度的下降趋势不明显。

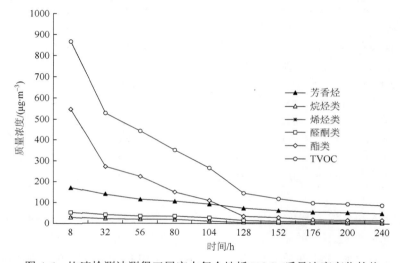

图 4-6　快速检测法测得三层实木复合地板 VOCs 质量浓度变化趋势

三层实木复合地板释放的挥发性有机化合物以芳香烃类和烷烃类种类最多，但烷烃类质量浓度值低，而芳香烃类和酯类变化量明显，以 P₃、B₃ 条件为例分析其芳香烃类和酯类变化情况。从图 4-7 中可以清晰地看到，释放初期，B₃ 条件释放的化合物含量高于 P₃ 条件，且在释放初期，酯类物质释放量高于芳香烃类物质。在释放周期内，酯类物质有明显的下降趋势，而芳香烃类物质下降平缓，在下降的过程中，两种物质有交汇点，而后缓慢下降，趋于平衡。最终，酯类物质含量低于芳香烃类物质。

图 4-8 是两种载气条件下平衡后 TVOC 质量浓度和空气交换率与负荷因子之比的关系。本研究分别在 23℃-40% 和 60℃-60% 条件下分析。条件一的温度为 23℃，相对湿度为 40%；条件二的温度为 60℃，相对湿度为 60%。从图中可以看出来，处于稳定散发阶段的实木复合地板，空气交换率与负荷因子之比越小，稳定时释放 TVOC 浓度值越大。在条件一的情况下，空气交换率与负荷因子之比

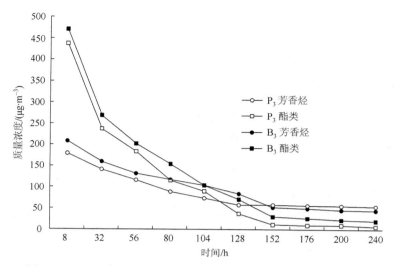

图 4-7　P₃、B₃ 条件下三层实木复合地板芳香烃和酯类的释放速率

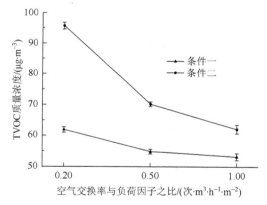

图 4-8　平衡后 TVOC 浓度与各环境参数的关系

从 0.2 次·m³·h⁻¹·m⁻² 增加到 1.0 次·m³·h⁻¹·m⁻² 时，TVOC 的浓度值从 61.804μg·m⁻³ 降低到 53.113μg·m⁻³。在条件二中，空气交换率与负荷因子之比从 0.2 次·m³·h⁻¹·m⁻² 增加到 1.0 次·m³·h⁻¹·m⁻² 时，TVOC 的浓度值从 95.760μg·m⁻³ 降低到 62.049μg·m⁻³，相比条件一时的 TVOC 浓度值降低的幅度更大。本结论与胶合板材一致，说明空气交换率与负荷因子之比对相对高温高湿环境影响较大。

4.2　检测条件与 TVOC 快速释放的关系

4.2.1　试验设计

采样装置采用 4.1.1 小节以热萃取仪为中心设计搭建的快速采样装置，另配有

TY9700 数字温湿度计（北京天跃环保科技有限公司）和 Tenax-TA 采样管（北京北分天普仪器技术有限公司），采样管内装 200mg 吸附剂 Tenax-TA。

根据 4.1 节所得结论，分别对三层结构胶合板和三层实木复合地板进行周期分别为 7 天和 10 天的检测，每天进行采样并分析数据，试验参数设置见表 4-6。

表 4-6　快速检测法试验参数设置

试验方案	温度/℃	相对湿度/%	空气交换率与负荷因子之比/(次·m³·h⁻¹·m⁻²)
A	23/60/80	40	0.2
B	23	40/50/60	0.2
C	23	40	0.2/0.5/1.0

检测装置如 4.1.1 小节试验参数设置。运用 GC/MS 内标法对气相色谱图和质谱图进行分析，自动检索符合挥发性有机化合物定义的组分，进行定性定量分析。将所得挥发性有机化合物分为芳香烃、烷烃、烯烃、醛酮类、酯类及其他。

4.2.2　性能分析

1. 平衡情况下各环境 VOCs 释放水平

（1）三层结构胶合板

表 4-7 为快速检测法 7 种环境条件下和 $1m^3$ 气候箱法标准条件下，胶合板在平衡条件下释放的各类 VOCs 占 TVOC 的质量分数，说明不同的试验条件胶合板平衡情况下释放的 VOCs 各组质量分数不同，$1m^3$ 气候箱法标准条件下胶合板释放物以烷烃为主，快速检测法不同试验条件各有不同，但烷烃物质所占比例明显低于 $1m^3$ 气候箱法。由图 4-9 可见，不同环境条件下，胶合板平衡时释放的 VOCs 种类略有差异。当相对湿度（RH）和空气交换率与负荷因子之比一定的情况下 [图 4-9（a）]，酯类物质以及芳香烃类物质所占的百分比随着温度的上升稳步增加。烷烃类物质在 80℃ 条件下最高，烯烃类物质在 60℃ 条件下含量最高，而醛酮类物质在 23℃ 条件下含量最高，且明显高于其他条件。同时，温度的升高加剧了各类物质之间的差值。当温度和空气交换率与负荷因子之比一定的情况下 [图 4-9（b）]，相对湿度的变化对各组分含量的影响不大，当相对湿度为 40% 时，得到的醛酮类物质明显高于其他条件。另外，烷烃类物质和烯烃类物质受相对湿度影响较小。由图 4-9（a）和图 4-9（b）可知，两组图中芳香烃、烷烃类、烯烃类、醛酮类和酯类化合物受温度和相对湿度的影响，有相似的变化趋势。当相对湿度和温度两者一定的情况下 [图 4-9（c）]，空气交换率与负荷因子之比改变，各组分含量有明显的递变（递增或递减）趋势，其中芳香烃类、烯烃类及酯类随着空气交换率与负荷因子之比的增加而增加，而烷烃类和醛酮类组分含量随着空气交换率与负荷因子之比的增加而减少。

表 4-7　胶合板平衡条件下不同测试条件 VOCs 释放占 TVOC 的质量分数（%）

VOCs 种类	快速检测法（7 天）							1m³气候箱法（14 天）
	0.2 次·m³·h⁻¹·m⁻², 40%RH, 23℃	0.2 次·m³·h⁻¹·m⁻², 40%RH, 60℃	0.2 次·m³·h⁻¹·m⁻², 40%RH, 80℃	0.2 次·m³·h⁻¹·m⁻², 50%RH, 23℃	0.2 次·m³·h⁻¹·m⁻², 60%RH, 23℃	0.5 次·m³·h⁻¹·m⁻², 40%RH, 23℃	1.0 次·m³·h⁻¹·m⁻², 40%RH, 23℃	1.0 次·m³·h⁻¹·m⁻², 45%RH, 23℃
芳香烃	15.88	23.05	25.74	24.34	23.84	19.52	22.41	8.23
烷烃类	13.68	10.06	20.02	17.62	16.69	11.41	37.96	50.64
烯烃类	11.94	22.90	7.92	7.53	7.65	13.78	20.07	15.68
醛酮类	20.18	4.14	6.10	7.41	5.83	17.89	7.42	11.83
酯类	20.54	23.92	31.57	32.71	33.46	21.91	5.33	5.14
其他	17.79	15.93	8.65	10.39	12.53	15.49	6.81	8.48

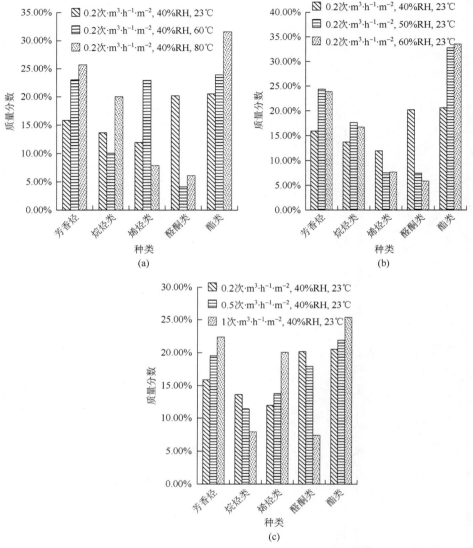

图 4-9　胶合板单一变量对平衡条件下 VOCs 释放质量分数的影响

（a）温度的影响；（b）湿度的影响；（c）空气交换率与负荷因子之比的影响

综上所述，温度对板材 VOCs 释放影响较大，且温度和相对湿度的增加促进了 UF 胶中的各物质所占比例变化，如醛酮减少，酯类化合物增加。

（2）三层实木复合地板

表 4-8 为快速检测法 7 种测试条件下和 1m³ 气候箱法标准条件下，三层实木复合地板在平衡条件下释放的各类 VOCs 占 TVOC 的质量分数，其结果与胶合板相似。

表 4-8 复合地板平衡条件下不同测试条件 VOCs 释放占 TVOC 的质量分数（%）

VOCs 种类	快速检测法（10 天）							1m³ 气候箱法（28 天）
	0.2 次·m³·h⁻¹·m⁻²，40%RH，23℃	0.2 次·m³·h⁻¹·m⁻²，40%RH，60℃	0.2 次·m³·h⁻¹·m⁻²，40%RH，80℃	0.2 次·m³·h⁻¹·m⁻²，50%RH，23℃	0.2 次·m³·h⁻¹·m⁻²，60%RH，23℃	0.5 次·m³·h⁻¹·m⁻²，40%RH，23℃	1.0 次·m³·h⁻¹·m⁻²，40%RH，23℃	1.0 次·m³·h⁻¹·m⁻²，45%RH，23℃
芳香烃	32.32	62.16	54.15	33.47	34.57	35.93	37.83	6.32
烷烃类	9.41	3.11	1.58	8.27	7.96	11.00	16.57	61.87
烯烃类	8.83	2.67	3.49	8.05	7.02	10.54	7.63	9.27
醛酮类	9.22	15.98	24.51	8.79	7.90	9.82	8.17	13.81
酯类	24.31	8.44	6.50	31.38	38.87	22.31	17.43	5.67
其他	15.91	7.64	9.78	10.04	3.68	10.41	12.37	3.06

　　快速检测法 7 种测试条件下三层实木复合地板释放的 VOCs 各组分质量分数略有不同，传统气候箱法标准条件下释放物主要为烷烃，所占比例大于胶合板。由图 4-10 可见，当相对湿度和空气交换率与负荷因子之比一定的情况下 [图 4-10（a）]，醛酮类物质随温度的升高而升高，烷烃类物质以及酯类物质所占的百分比随着温度的上升逐渐降低。在 60℃条件下，芳香烃释放量最多。同时，温度的升高加剧了各类物质之间的差值。当温度和空气交换率与负荷因子之比一定的情况下 [图 4-10（b）]，相对湿度的变化对各组分含量的影响不大，

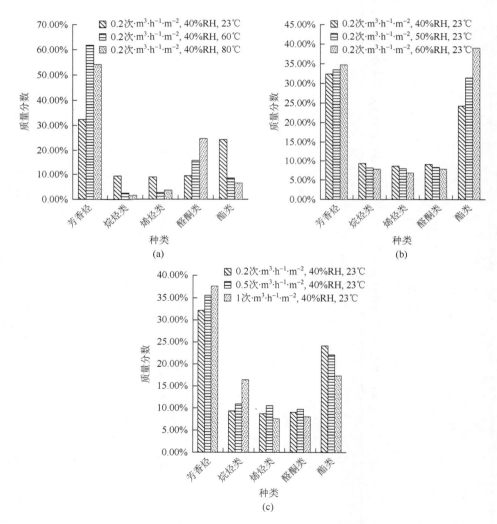

图 4-10　复合地板单一变量对平衡条件下 VOCs 释放质量分数的影响

（a）温度的影响；（b）湿度的影响；（c）空气交换率与负荷因子之比的影响

芳香烃和酯类物质随着相对湿度的增加而增加，而烷烃类、烯烃类及醛酮类物质的质量分数随着相对湿度的增加而减少。当相对湿度和温度一定的情况下［图 4-10（c）］，空气交换率与负荷因子之比改变，芳香烃和烷烃有明显的递增趋势，烯烃类和醛酮类物质变化不明显，酯类物质下降。同样，温度对三层实木复合地板 VOCs 释放影响较大，相对湿度和空气交换率与负荷因子之比次之。

2. 环境影响因素对 TVOC 快速释放的影响

（1）温度对 TVOC 释放的影响

由图 4-11 可以看出，在 VOCs 释放的第一天里，温度越高，胶合板释放的 TVOC 浓度值越高。在 80℃条件下，TVOC 质量浓度由第一天的 504.62μg·m⁻³ 降到第二天的 365.04μg·m⁻³，下降了 27.66%，第二天到第三天下降了 53.48%。在第一天和第三天，三种温度条件下 TVOC 都有明显的下降趋势，且温度越高，胶合板释放的 TVOC 曲线图越接近线性模式。此外，在前三天里，胶合板 TVOC 质量浓度差相差都比较大，其中第三天时，在 80℃条件下 TVOC 质量浓度是 23℃下的 2.29 倍。在 60℃条件下，TVOC 质量浓度由第一天到第二天下降了 61.41%，是这三种温度条件下 TVOC 质量浓度下降速率最快的。在第四天时，80℃条件下的 TVOC 质量浓度略低于 60℃条件下的质量浓度值，说明随着时间的延长，各个温度条件下的 TVOC 质量浓度差异逐渐减小，TVOC 释放量逐渐趋于平衡水平。在 23℃、60℃、80℃三种条件下，从第一天到第四天，TVOC 的质量浓度的下降的平均速率分别为 88.03μg·m⁻³·d⁻¹，121.53μg·m⁻³·d⁻¹，141.82μg·m⁻³·d⁻¹。由此可见，在释放前期，温度对 TVOC 质量浓度影响显著，温度越高，TVOC 质量浓度下降越快。且温度越高，平衡条件下 TVOC 的浓度值略高于低温条件。在释放后期，温度对 TVOC 质量浓度的影响减弱，不同温度下 TVOC 质量浓度逐渐达到一种平衡的状态。

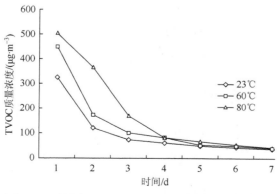

图 4-11　胶合板 TVOC 质量浓度与温度变化的关系

由图 4-12 可知，从总体来看，三层实木复合地板受温度影响的变化趋势图与胶合板略有差异。第一，三层实木复合地板达到平衡稳定期所需时间明显长于胶合板材；第二，三层实木复合地板释放的 TVOC 曲线图较胶合板平缓。在释放初期，温度越高，三层实木复合地板 TVOC 质量浓度值越高。在前六天里，三层实木复合地板下降速率明显，从 23℃至 80℃，下降率分别为 79.92%，79.01% 和 80.43%，下降率相差不多。随着时间的延长，三种温度条件下的 TVOC 质量浓度差异逐渐变小，TVOC 浓度值逐渐趋于平衡。另外，由图可知，温度对释放初期的三层实木复合地板 TVOC 浓度值影响显著。

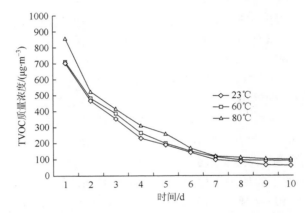

图 4-12　三层实木复合地板 TVOC 质量浓度与温度变化的关系

李爽等也通过试验证明温度对板材 VOCs 释放影响显著，这是因为温度升高，VOCs 分子的热运动加强，板材对其吸附容量和吸附能力降低，导致了板材里的 VOCs 快速、大量地释放。

（2）相对湿度对 TVOC 释放的影响

由图 4-13 和图 4-14 可以看出，与温度对板材影响不同，在相对湿度不同的条件下，胶合板和三层实木复合地板 TVOC 浓度值趋势图极其相似。释放初期的 TVOC 浓度值最高。第一天到第二天是 TVOC 质量浓度下降速率最快的时期，胶合板材在三种不同相对湿度条件下的 TVOC 质量浓度均下降了 200μg·m^{-3}左右。而三层实木复合地板在前两天的 TVOC 浓度值分别下降 233.90μg·m^{-3}、259.76μg·m^{-3}、266.92μg·m^{-3}。从第二天至第五天为胶合板 TVOC 释放中期，从第二天至第六天为三层实木复合地板 TVOC 释放中期，在这段时间里，相对湿度越高，板材内 TVOC 质量浓度下降速率越大，说明相对湿度主要对板材释放中期影响显著。随着时间的延长，三个条件 TVOC 浓度值缓慢降低，且在趋于平衡状态时，三种不同湿度条件下 TVOC 浓度值近似。由此可见，在释放前期，TVOC 质量浓度下降最快，在释放中期，相对湿度对 TVOC 质量浓度影响显著，相对湿度越高，TVOC 质量浓度下降越快。

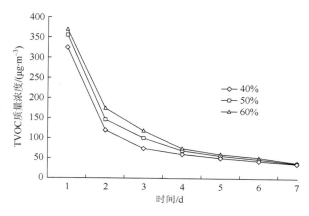

图 4-13　胶合板 TVOC 质量浓度与相对湿度变化的关系

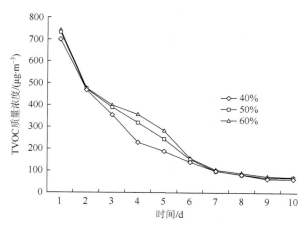

图 4-14　三层实木复合地板 TVOC 质量浓度与相对湿度变化的关系

相对湿度影响板材 VOCs 挥发的主要原因是，水解加速，板材干燥层孔隙结构吸湿膨胀，导致孔径结构改变，有利于 VOCs 的释放。这与朱海鸥等利用竹地板探索相对湿度对 VOCs 释放的影响和单波等利用胶合板材测试甲醛释放影响因素的结论一致。在后期，相对湿度对 TVOC 质量浓度的影响减弱，三个不同相对湿度条件下的 TVOC 浓度值基本相同。

（3）空气交换率与负荷因子之比对 TVOC 释放的影响

由图 4-15 和图 4-16 可以看出，释放前中期，即在前三天的时间里，胶合板和三层实木复合地板有相似的 TVOC 释放曲线图。随着时间的延长，两种板材

TVOC 释放曲线图略有差异，其中三层实木复合地板 TVOC 释放值受空气交换率与负荷因子之比的影响高于胶合板，说明在释放后期空气交换率与负荷因子之比对胶合板 TVOC 释放水平影响不明显。

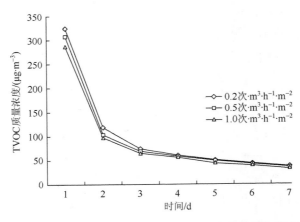

图 4-15　胶合板 TVOC 质量浓度和空气交换率与负荷因子之比变化的关系

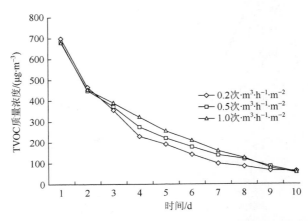

图 4-16　三层实木复合地板 TVOC 质量浓度和空气交换率与负荷因子之比变化的关系

从总体上讲，空气交换率与负荷因子之比越低，TVOC 质量浓度越高。释放初期，TVOC 质量浓度下降速率显著。在第一天内，三种不同空气交换率与负荷因子之比下的胶合板 TVOC 质量浓度均下降了 $200\mu g\cdot m^{-3}$ 左右，而三层实木复合地板 TVOC 质量浓度均下降了 $230\mu g\cdot m^{-3}$ 左右。第二天到第三天，胶合板 TVOC 质量浓度下降速率明显较之前减弱，但仍缓慢下降，在释放后期，三种不同比值下胶合板 TVOC 浓度值稳定下降。但是三层实木复合地板空气交换率与负荷因子之比在 0.2 次$\cdot m^{3}\cdot h^{-1}\cdot m^{-2}$ 时下降速率明显优于其他条件，且三层实木复合地板受空气交换率与负荷因子之比的影响大于胶合板。在释放前中期，空气交换率与负荷因子之比对 TVOC 质量浓度影响显著。空气交换率与负荷因子之比越低，TVOC质量浓度越高。在后期影响减弱，逐渐达到一种平衡的状态。

余跃滨等和杨帅等也研究了自然通风对装饰材料 VOCs 释放过程的影响，研究表明，加大换气量有利于加速建筑材料内 VOCs 的散发，这与本研究结论相似。这主要是因为大量新鲜载气会稀释微池萃取仪内 VOCs 质量浓度，使得热萃取仪和板材内的 VOCs 浓度梯度变大，促进胶合板内 VOCs 大量释放出来，最终使采集到的 VOCs 释放量降低。

4.3　相关性分析

4.3.1　试验设计

1. 试验材料

本试验板材如下，三层实木复合地板和胶合板，浙江某公司生产，三层实木复合地板产品规格为 910.0mm×132.0mm×12.1mm（长×宽×厚）；胶合板产品规格为 1.22m×2.44m，裁剪为 1.22m×1.22m，严密包裹运回。

（1）M-CTE 型微池萃取仪所需板材尺寸

分别裁剪成直径为 60mm 的圆形，边部沿厚度方向用铝质胶带封边处理，按双面计算散发表面积 F。

对微池萃取仪而言，假设其空气交换率与负荷因子之比 q 为变量，其他条件如下。

装载率（L）：测试用试件的暴露表面积与释放舱（室内空间）容积的比值，即 $L = F/V$。

空气交换率（N）：室内空间的通风率，是单位时间内进入释放舱（室内空间）的空气体积与释放舱（室内空间）有效容积的比值，即 $N = Q/V$。那么，$q = N/L = Q/F$。

根据板材散发表面积（F），可通过改变单位时间内进入释放舱的空气体积来控制空气交换率与负荷因子之比。

（2）1m^3 气候箱所需板材尺寸

将板材按照 1m×0.5m 的规格裁剪，然后边部沿厚度方向用铝质胶带封边处理，散发表面积按双面积计算，将板材包裹严实后备用。

2. 试验设备

1）快速采样装置：快速采样装置同 4.1 节及 4.2 节。

2）1m³ 气候箱：V 系列 1m³ VOCs/甲醛气候箱（东莞市升微机电设备科技有限公司）。另配有智恒 IAQ-Pro 型恒流空气采样泵（美国 Sensidyne 公司）。

3）气相色谱质谱（GC/MS）联用仪、热解吸脱附仪参数设置参见 2.1.3 小节。

3. 试验方法

1）热萃取仪快速检测法同 4.1.1 小节。采用氮气作为载气，并将空气交换率与负荷因子之比设为 0.2 次·m^3·h^{-1}·m^{-2}，相对湿度分别调节为 40%/60%，测试温度设为 60℃/80℃，测试周期分别为 7 天（168h）和 10 天（240h），采用单因素的方法，分别在不同的条件下对板材的 VOCs 进行检测，相同环境条件下每组检测 3 个样。

2）气候箱法（按 ASTM D 5116-2010 的规定）：1m³ 气候箱工作室尺寸为 1578mm×800mm×800mm（深×宽×高），试验前用清水清洗 1m³ 气候箱舱体内表面，再用去离子水清洗 2 遍后擦干。根据 ASTM D 5116-2010 设定气候箱参数值。同时，将待测试的板材样品在 23℃、湿度 45% 的气候条件下放置一个星期进行预处理。一个星期后，取出样品平放在气候箱中心位置，确保舱体内空气可以流过样品两侧后密闭箱门。分别在第 1，3，7，14，21，28 天取样，第 28 天结束。

4.3.2 性能分析

由不同条件下板材 TVOC 释放量水平可知，三层结构胶合板在 P_3、B_2、B_3 条件下，快速检测装置测得板材释放趋势尤为突出，三层实木复合地板在 P_3、B_3、B_6 条件下快速检测装置测得板材释放趋势明显。本试验主要以 P_3、B_2、B_3 三种条件分析，试验方案设置如表 4-9 所示。不同条件下 VOCs 的释放水平见表 4-10～表 4-15 和图 4-17～图 4-21。

表 4-9 试验方案

试验方案	温度/℃	相对湿度/%	空气交换率与负荷因子之比	试验条件
A	23	45	1	气候箱法标准条件试验
B	80	40	0.2	P_3
C	60	60	0.2	B_2
D	80	60	0.2	B_3

1. P_3 条件下快速检测法与 1m³ 气候箱法测得 TVOC 释放速率

图 4-17 为快速检测法（温度为 80℃，相对湿度为 40%，空气交换率与负荷

因子之比为 0.2 次·m³·h⁻¹·m⁻²）和 1m³ 气候箱法的 TVOC 检测值。图 4-17（a）为胶合板 TVOC 质量浓度变化趋势图，图 4-17（b）为三层实木复合地板 TVOC 质量浓度变化趋势图。

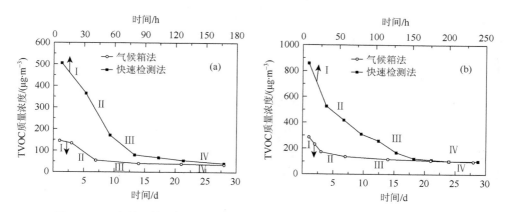

图 4-17　P₃ 条件下快速检测法与气候箱法测得板材 TVOC 质量浓度变化趋势

（a）胶合板；（b）三层实木复合地板

　　根据两种方法测得的板材 TVOC 释放趋势，本研究将其划分为 4 个阶段，分别为阶段Ⅰ、阶段Ⅱ、阶段Ⅲ、阶段Ⅳ。根据 TVOC 的释放速率，将阶段Ⅰ、阶段Ⅱ和阶段Ⅲ归纳为 TVOC 的快速释放期，阶段Ⅳ为 TVOC 的稳定释放期。总体来说，快速检测法和气候箱法关于板材释放的 TVOC 测量趋势基本一致。

　　由图 4-17（a）可知，阶段Ⅰ中，快速检测法需要时长 24h，下降速率为 5.82μg·m⁻³·h⁻¹。1m³ 气候箱法需要时长为 3 天，下降速率为 5.65μg·m⁻³·d⁻¹。阶段Ⅱ中，快速检测法需要时长 24h，下降速率为 8.13μg·m⁻³·h⁻¹。1m³ 气候箱法需要时长为 4 天，下降速率为 19.90μg·m⁻³·d⁻¹。阶段Ⅲ中，快速检测法需要时长 24h，下降速率为 3.78μg·m⁻³·h⁻¹。传统气候箱法需要时长为 7 天，下降速率为 2.19μg·m⁻³·d⁻¹。

　　由图 4-17（b）可知，阶段Ⅰ中，快速检测法需要时长 24h，下降速率为 13.91μg·m⁻³·h⁻¹。传统气候箱法需要时长为 3 天，下降速率为 57.06μg·m⁻³·d⁻¹。阶段Ⅱ中，快速检测法需要时长为 48h，下降速率为 4.47μg·m⁻³·h⁻¹。传统气候箱法需要时长为 4 天，下降速率为 9.25μg·m⁻³·d⁻¹。阶段Ⅲ中，快速检测法需要时长为 104h，下降速率为 1.91μg·m⁻³·h⁻¹。1m³ 气候箱法需要时长为 14 天，下降速率为 2.05μg·m⁻³·d⁻¹。

　　由快速释放期下降速率值可知，快速检测法在阶段Ⅰ的下降速率明显高于同一阶段气候箱法。随着释放时间的延长，释放速率逐渐降低，且快速检测法释放速率变化的初始值和梯度值均大于 1m³ 气候箱法。由两种方法经历的时间可知，三层实木复合地板两种方法都是在阶段Ⅲ停留的时间最长。但是，快速检测法在阶段Ⅲ的释放速率高于气候箱法。胶合板快速检测法在前三个阶段保留时间相同，且胶合板 1m³ 气候箱法在阶段Ⅲ停留时间少于三层实木复合地板 1m³ 气候箱法。综上所述，快速检测法的释放时间明显少于 1m³ 气候箱法，在稳定释放期，TVOC 释放值趋于稳定，无明显下降速率。最终两种方法板材释放 TVOC 的下降速率（稳定释放期）均小于 5%，且快速检测法稳定值与 1m³ 气候箱法相差不多。

2. B_2 条件下快速检测法与 1m³ 气候箱法测得 TVOC 释放速率

图 4-18 为快速检测法（温度为 60℃，相对湿度为 60%，空气交换率与负荷因子之比为 0.2 次·m³·h⁻¹·m⁻²）和 1m³ 气候箱法的 TVOC 检测值。图 4-18（a）为胶合板 TVOC 质量浓度变化趋势图，图 4-18（b）为三层实木复合地板 TVOC 质量浓度变化趋势图。

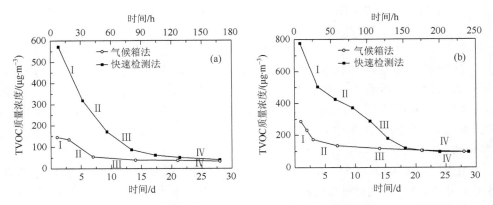

图 4-18　B_2 条件下快速检测法与气候箱法测得板材 TVOC 质量浓度变化趋势
（a）胶合板；（b）三层实木复合地板

如图所示，B_2 条件下板材两种方法测的 TVOC 质量浓度值与 P_3 条件相似，1m³ 气候箱法下降速率计算方法与 P_3 条件相同，快速检测法下降速率详见表 4-10。

表 4-10　B_2 条件下两种板材快速检测法下降速率（μg·m⁻³·h⁻¹）

板材	阶段 Ⅰ	阶段 Ⅱ	阶段Ⅲ
胶合板	10.53	6.24	3.41
三层实木复合地板	11.88	2.07	1.43

3. B_3 条件下快速检测法与 $1m^3$ 气候箱法测得 TVOC 释放速率

图 4-19 为快速检测法（温度为 80℃，相对湿度为 60%，空气交换率与负荷因子之比为 0.2 次·m^3·h^{-1}·m^{-2}）和 $1m^3$ 气候箱法的 TVOC 检测值。图 4-19（a）为胶合板 TVOC 质量浓度变化趋势图，图 4-19（b）为三层实木复合地板 TVOC 质量浓度变化趋势图。表 4-11 为 B_3 条件下两种板材快速检测法获得的下降速率值。

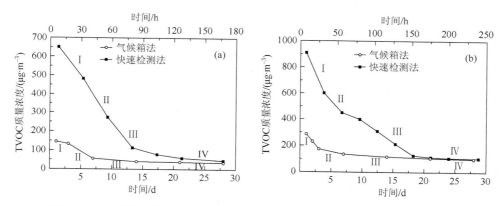

图 4-19　B_3 条件下快速检测法与气候箱法测得板材 TVOC 质量浓度变化趋势

（a）胶合板；（b）三层实木复合地板

表 4-11　B_3 条件下两种板材快速检测法下降速率（$\mu g \cdot m^{-3} \cdot h^{-1}$）

板材	阶段 I	阶段 II	阶段III
胶合板	6.58	8.77	6.60
三层实木复合地板	12.98	4.19	2.74

综合三种条件分析，两种板材 VOCs 释放过程有明显的阶段性，可分为四个阶段。但三层实木复合地板在每个阶段的停留时间与胶合板不同。以三层实木复合地板为例分析三种条件下快速检测 VOCs 最佳释放条件，B_2 条件前三个阶段的下降速率均小于 P_3 条件，可舍去。P_3 条件与 B_3 条件对比，P_3 条件下第一阶段和第二阶段 VOCs 下降速率略高于 B_3，第三阶段略小于 B_3 条件。但是，三层实木复合地板 VOCs 释放在第三阶段的停留时间明显比前两个阶段长，综合考虑，三层实木复合地板在 B_3 条件下 VOCs 释放速率最快。以胶合板为例分析，B_2 条件下胶合板在第一阶段下降速率最大，而在 B_3 条件下胶合板在第二和第三阶段释放速率均最大，且三个阶段的停留时间一致。综上所述，本研究建议快速检测法的最佳试验条件为 B_3。

4. 三种条件下胶合板和三层实木复合地板 TVOC 快速检测释放速率

图 4-20 为胶合板和三层实木复合地板三种条件下 TVOC 快速检测释放速率，图 4-20（a）为 P_3 条件下两种板材 TVOC 质量浓度变化趋势图，图 4-20（b）为 B_2 条件下两种板材 TVOC 质量浓度变化趋势图，图 4-20（c）为 B_3 条件下两种板材 TVOC 质量浓度变化趋势图。

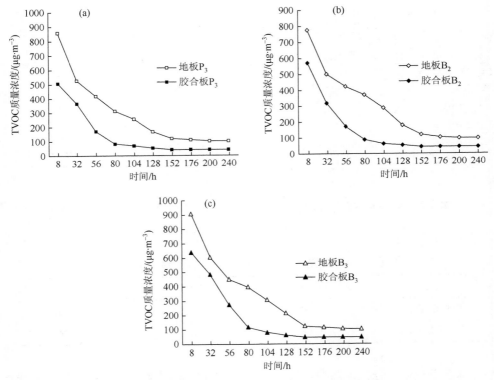

图 4-20　胶合板和三层实木复合地板 TVOC 快速检测释放速率
（a）P_3 条件；（b）B_2 条件；（c）B_3 条件

由图 4-20 可以看出，图 4-20（a）、（b）、（c）中胶合板和三层实木复合地板有相同的变化趋势。在 TVOC 释放过程中，三层实木复合地板 TVOC 质量浓度值均高于胶合板。三种条件下，三层实木复合地板和胶合板在第一天的质量浓度差值分别为 $353.0\mu g \cdot m^{-3}$、$202.8\mu g \cdot m^{-3}$ 和 $269.7\mu g \cdot m^{-3}$。在第 168h 时，胶合板释放平衡，由 P_3、B_2 到 B_3，快速检测法释放平均速率分别为 $2.9\mu g \cdot m^{-3} \cdot h^{-1}$、$3.3\mu g \cdot m^{-3} \cdot h^{-1}$ 和 $3.7\mu g \cdot m^{-3} \cdot h^{-1}$。在第 240h 时，三层实木复合地板释放平衡，由 P_3、B_2 到 B_3，快速检测法释放平均速率分别为 $3.2\mu g \cdot m^{-3} \cdot h^{-1}$、$2.9\mu g \cdot m^{-3} \cdot h^{-1}$ 和 $2.7\mu g \cdot m^{-3} \cdot h^{-1}$。在

P_3 条件下，胶合板的平均释放速率低于三层实木复合地板，但在 B_2 和 B_3 条件下，胶合板的平均释放速率高于三层实木复合地板。两种板材在释放过程中 TVOC 质量浓度不同和释放过程中平均速率不同，主要是因为胶合板和三层实木复合地板生产工艺不同。三层实木复合地板表面加工的过程中会大量使用涂料，因此，其释放的 VOCs 种类及含量均多于胶合板。随着三层实木复合地板饰面加工，部分VOCs 被封存在木制品内部并缓慢地释放出来，因此，三层实木复合地板的平均释放速率略小于胶合板。

5. 快速检测法与 $1m^3$ 气候箱法测得 VOCs 释放组分及含量

（1）$1m^3$ 气候箱法胶合板 VOCs 释放组分及含量

由表 4-12 可以看出，胶合板气候箱法释放的 VOCs 以烷烃为主，其中烷烃类化合物浓度最高且包含 VOCs 单体的种类最多。其次是芳香烃类化合物，单体数最多时为 7 种，随着时间的延长，化合物种类不断减少，质量浓度降低。其他类化合物总和排在第三位，其次是醛酮类化合物，另有少量的酯类和烯烃类化合物。在第 28 天释放平衡的时候，烷烃类化合物质量浓度和种类仍为最多，而酯类和烯烃类化合物已不存在。

表 4-12　胶合板气候箱法释放 VOCs 组分及含量

时间/d	测试项目	芳香烃	醛酮类	烷烃类	酯类	烯烃类	其他	TVOC
1	浓度/$(\mu g \cdot m^{-3})$	31.8	1.3	67.7	2.6	1.8	39.9	145.1
	单体数量/种	7	3	8	2	3	4	30
3	浓度/$(\mu g \cdot m^{-3})$	16.9	33.1	44.4	2.0	14.1	23.3	133.8
	单体数量/种	7	5	9	2	5	3	33
7	浓度/$(\mu g \cdot m^{-3})$	8.8	11.3	21.5	1.9	4.0	7.7	55.2
	单体数量/种	6	5	7	2	4	2	26
14	浓度/$(\mu g \cdot m^{-3})$	3.2	4.6	19.7	2.0	6.1	3.3	38.9
	单体数量/种	5	3	7	1	3	1	20
21	浓度/$(\mu g \cdot m^{-3})$	3.1	4.3	14.6	1.3	5.7	8.5	37.5
	单体数量/种	5	3	6	1	2	2	19
28	浓度/$(\mu g \cdot m^{-3})$	3.1	4.2	22.7	—	—	3.1	33.1
	单体数量/种	5	2	6	—	—	1	14

（2）B_3 条件下胶合板 VOCs 释放组分及含量

表 4-13 为胶合板快速检测法释放 VOCs 的组分及含量，芳香烃类化合物为胶合板主要的释放物，释放初期质量浓度最高为 $280.8\mu g \cdot m^{-3}$，占总挥发物的 43.8%。其次是酯类化合物和烷烃类化合物，烷烃类化合物质量浓度值低于芳香烃化合物和酯类化合物，但 VOCs 单体种类最多。另外，还有少量的醛酮类和烯烃类化合物。

表 4-13　　胶合板快速检测法释放 VOCs 组分及含量

时间/d	测试项目	芳香烃	醛酮类	烷烃类	酯类	烯烃类	其他	TVOC
1	浓度/(μg·m⁻³)	280.8	37.5	63.2	166.2	34.5	58.7	640.8
	单体数量/种	7	5	9	4	4	4	36
2	浓度/(μg·m⁻³)	167.7	34.7	42.0	77.5	22.7	138.2	482.9
	单体数量/种	7	5	9	3	5	5	36
3	浓度/(μg·m⁻³)	80.9	28.4	29.5	33.7	17.7	82.2	272.3
	单体数量/种	7	4	8	3	4	4	32
4	浓度/(μg·m⁻³)	51.0	13.6	17.5	19.6	8.4	3.1	113.2
	单体数量/种	7	3	7	3	3	3	26
5	浓度/(μg·m⁻³)	32.2	9.4	12.0	16.5	6.4	1.6	78.0
	单体数量/种	6	3	7	3	3	2	24
6	浓度/(μg·m⁻³)	20.7	4.6	9.9	15.3	4.2	3.5	58.4
	单体数量/种	5	2	6	3	2	3	21
7	浓度/(μg·m⁻³)	15.9	3.6	4.0	14.1	3.9	3.1	44.7
	单体数量/种	5	2	2	2	1	2	18

与表 4-12 相比，胶合板快速检测法与气候箱法的主要区别表现在三方面：第一，快速检测法胶合板会释放出大量的酯类化合物，气候箱法仅有少量的酯类化合物释放出来。第二，在释放平衡时，快速检测法测得胶合板仍有酯类和烯烃类化合物释放出来，而气候箱法检测不到。第三，从总体来看，快速检测法可检测到胶合板释放的单体种类比气候箱法多，TVOC 质量浓度也明显大于气候箱法。

（3）1m³ 气候箱法三层实木复合地板 VOCs 释放组分及含量

由表 4-14 可以看出，三层实木复合地板气候箱法释放的 VOCs 以烷烃类为主，释放初始质量浓度为 134.1μg·m⁻³，单体种类为 10 种。其次是芳香烃类化合物，释放初始的质量浓度为 61.5μg·m⁻³，少于烷烃类化合物总量的一半。其余是其他类化合物总和以及少量的酯类、醛酮类和烯烃类化合物。当释放平衡时，最终剩余的挥发物仍以烷烃为主，质量浓度高达 60.0μg·m⁻³，占 TVOC 质量浓度的 61.9%。

表 4-14　　三层实木复合地板气候箱法释放 VOCs 组分及含量

时间/d	测试项目	芳香烃	醛酮类	烷烃类	酯类	烯烃类	其他	TVOC
1	浓度/(μg·m⁻³)	61.5	2.4	134.1	5.5	3.7	78.1	285.3
	单体数量/种	8	3	10	4	4	4	33
3	浓度/(μg·m⁻³)	23.6	43.4	56.4	3.6	18.3	25.9	171.2
	单体数量/种	6	5	9	3	6	3	32
7	浓度/(μg·m⁻³)	20.8	28.0	53.2	4.7	10.9	16.6	134.2
	单体数量/种	6	4	10	4	4	3	31

续表

时间/d	测试项目	芳香烃	醛酮类	烷烃类	酯类	烯烃类	其他	TVOC
14	浓度/(μg·m⁻³)	9.4	14.7	58.8	6.0	17.2	9.8	116.0
	单体数量/种	5	3	10	4	5	2	29
21	浓度/(μg·m⁻³)	8.4	13.1	40.1	4.7	16.5	22.7	105.5
	单体数量/种	5	3	8	4	5	3	28
28	浓度/(μg·m⁻³)	6.1	13.4	60.0	5.5	9.0	3.0	97.0
	单体数量/种	4	3	9	4	3	2	25

（4）B₃ 条件下三层实木复合地板 VOCs 释放组分及含量

由表 4-15 可以看出，三层实木复合地板的释放物不再以烷烃为主。释放初期，酯类化合物和芳香烃类化合物含量分别为 472.1μg·m⁻³ 和 207.8μg·m⁻³，总和为 679.9μg·m⁻³，占 TVOC 质量浓度的 74.7%。烷烃类化合物单体种类最多，主要有辛烷、癸烷、十四烷、十五烷等。

表 4-15　三层实木复合地板快速检测法释放 VOCs 组分及含量

时间/d	测试项目	芳香烃	醛酮类	烷烃类	酯类	烯烃类	其他	TVOC
1	浓度/(μg·m⁻³)	207.8	84.6	37.6	472.1	43.6	64.7	910.5
	单体数量/种	8	5	10	4	5	5	37
2	浓度/(μg·m⁻³)	160.1	73.6	30.6	269.8	32.4	32.4	599.0
	单体数量/种	8	5	8	4	5	4	34
3	浓度/(μg·m⁻³)	132.1	50.7	18.5	203.0	20.5	22.9	447.7
	单体数量/种	7	4	7	4	4	4	30
4	浓度/(μg·m⁻³)	117.1	48.6	15.5	156.1	15.6	45.1	398.0
	单体数量/种	7	4	8	4	5	5	33
5	浓度/(μg·m⁻³)	103.1	43.7	10.6	104.6	10.3	35.0	307.2
	单体数量/种	6	4	7	4	4	4	29
6	浓度/(μg·m⁻³)	84.3	30.5	7.5	70.7	7.3	12.7	213.0
	单体数量/种	6	3	6	4	4	3	26
7	浓度/(μg·m⁻³)	51.4	23.7	4.9	30.2	6.0	7.7	124.0
	单体数量/种	5	3	6	4	3	2	23
8	浓度/(μg·m⁻³)	48.9	22.8	4.3	27.4	5.2	4.6	113.3
	单体数量/种	4	3	6	4	4	2	22
9	浓度/(μg·m⁻³)	45.9	22.6	3.1	23.5	4.3	6.8	106.2
	单体数量/种	4	3	6	4	3	2	22
10	浓度/(μg·m⁻³)	44.8	21.2	2.5	21.1	4.1	9.7	103.3
	单体数量/种	4	3	5	4	3	2	21

与表 4-14 相比，三层实木复合地板快速检测法获得的 VOCs 组分质量浓度以酯类和芳香烃类为主，气候箱法获得的 VOCs 组分以烷烃为主，但两种方法均以烷烃类单体种类最多。同时，两种方法均可以检测到各类化合物。

（5）B₃ 条件下胶合板和三层实木复合地板 VOCs 组分快速检测分析

表 4-13 和表 4-15 分别记录了 B₃ 条件下胶合板和三层实木复合地板快速检测法释放的 VOCs 组分及种类。由表 4-13 和表 4-15 可知，胶合板和三层实木复合地板快速检测法释放的 VOCs 组分以芳香烃和酯类为主。根据以上内容作图 4-21，分析两种板材快速检测法释放过程中芳香烃和酯类物质释放特性。

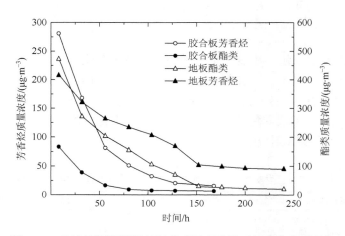

图 4-21　　快速检测法测得板材芳香烃和酯类质量浓度变化趋势

由图 4-21 可知，胶合板快速检测法释放芳香烃类化合物初始值高于三层实木复合地板快速检测法释放芳香烃类化合物，且释放初期胶合板芳香烃类物质下降速率明显比三层实木复合地板快，至 40h 左右，两种板材释放的芳香烃物质浓度有交汇点，随着时间的延长，芳香烃类物质继续从板材内释放出来，但释放后期三层实木复合地板芳香烃物质的质量浓度一直高于胶合板芳香烃物质的质量浓度，各自趋于平衡。另外，三层实木复合地板酯类物质的释放量明显高于胶合板酯类物质释放量，且一直高于胶合板酯类物质释放量。相似的是，在 150h 左右，胶合板芳香烃物质、胶合板酯类物质、地板酯类物质和地板芳香烃物质均处于阶段Ⅳ，即 VOCs 的稳定释放期。

4.4　本章小结

1）总体来说，三层结构胶合板的释放速率比三层实木复合地板释放速率高。三层结构胶合板释放周期为 168h（7d），三层实木复合地板的释放周期为 240h（10d）。三层结构胶合板释放的 VOCs 种类与三层实木复合地板相似，都是烷烃类释放种类最多。但三层实木复合地板释放的各类 VOCs 量及 TVOC 量明显高于三层结构胶合板，且三层实木复合地板释放的酯类物质含量最多。

2）芳香烃、烷烃和酯类是胶合板的主要释放物，芳香烃类物质释放量高于烷烃和酯类，单体数量却少于烷烃类化合物。在释放过程中，芳香烃类化合物和酯类化合物明显下降而烷烃类化合物质量浓度下降趋势不明显，但在达到稳定释放期过程中，三种物质一直存在。

3）18 种环境条件对板材 TVOC 释放有显著的影响，温度和相对湿度可促进TVOC 释放，空气交换率与负荷因子之比的增加反而会降低板材 TVOC 释放量。三层结构胶合板在 B_3、B_2 和 P_3 条件下最有利于板材释放 TVOC，三层实木复合地板在 B_3、B_6 和 P_3 条件下最有利于板材释放 TVOC，两者的主要区别在于 B_6 为空气交换率与负荷因子之比 0.5 次·m³·h⁻¹·m⁻²，而其他三种条件均为空气交换率与负荷因子之比 0.2 次·m³·h⁻¹·m⁻²。这说明除空气交换率与负荷因子之比对板材TVOC 释放有影响之外，B_6 条件，即高温高湿（温度 80℃，相对湿度 60%）的协调作用同样有利于板材释放出 TVOC。据试验可得，快速检测装置性能可靠，可用于测试板材 TVOC 释放量。

4）通过分析不同空气交换率与负荷因子之比在相对高温高湿和相对低温低湿两种条件下的数据，进一步说明处于稳定散发阶段的板材，空气交换率与负荷因子之比对相对高温高湿环境影响较大，高温高湿协调作用有利于板材TVOC 释放。

5）快速检测法测得两种板材 VOCs 各种类含量与 1m³ 气候箱法不同，1m³气候箱法测得的两种板材的释放物以烷烃为主，而快速检测法测得的两种板材释放物均以烷烃和芳香烃为主。不同环境条件下，板材平衡时释放的 VOCs 种类略有差异：温度对板材 VOCs 各组分含量影响显著，温度越高，各类物质之间的质量分数相差越大；相对湿度的变化对各组分含量的影响不大。胶合板受温度和相对湿度影响的两组图中芳香烃、烷烃类、烯烃类、醛酮类和酯类化合物有相似的变化趋势；另外，空气交换率与负荷因子之比改变，胶合板材释放的 VOCs 各组分含量有明显的递变（递增或递减）趋势，而三层实木复合地板释放的芳香烃和烷烃有明显的递增趋势，烯烃类和醛酮类物质变化不明显，酯类物质下降。

6）环境因素对两种板材 VOCs 的释放有一定的影响。温度和相对湿度增加，都会使平衡条件下 VOCs 的释放增加。在释放前期，温度对两种板材释放的TVOC 质量浓度影响显著，温度越高，TVOC 质量浓度下降越快。另外，三层实木复合地板 TVOC 释放趋势较胶合板平缓。但是，随着空气交换率与负荷因子之比的增加，平衡情况下 VOCs 释放浓度降低。

7）快速检测法和气候箱法检测的板材 TVOC 释放趋势基本一致。板材 TVOC释放水平可分为四个阶段，即阶段Ⅰ、阶段Ⅱ、阶段Ⅲ、阶段Ⅳ。且阶段Ⅰ、阶段Ⅱ、阶段Ⅲ为快速释放期，阶段Ⅳ为稳定释放期。

8）胶合板和三层实木复合地板通过快速检测法获得的 TVOC 释放水平略有差异。三层实木复合地板使用两种方法检测，都是在阶段Ⅲ停留的时间最长。但是，快速检测法在阶段Ⅲ的释放速率高于气候箱法。胶合板快速检测法在阶段Ⅰ、阶段Ⅱ、阶段Ⅲ保留时间均为 24h，且胶合板气候箱法在阶段Ⅲ停留时间比三层实木复合地板传统气候箱法短，总体来说，胶合板比三层实木复合地板提前达到稳定值；胶合板快速检测法 TVOC 质量浓度在第 7 天（168h）达到稳定，气候箱法测得 TVOC 浓度值在第 14 天达到稳定，快速检测法比气候箱法快约 1 倍。三层实木复合地板快速检测法检测，TVOC 质量浓度在第 10 天（240h）达到稳定，气候箱法测得 TVOC 浓度值在第 21 天达到稳定，而气候箱法的标准检测周期为 28 天，因此快速检测法比气候箱法节约 18 天。

9）在 TVOC 快速释放的过程中，胶合板和三层实木复合地板有相同的变化趋势，且三层实木复合地板 TVOC 质量浓度一直比胶合板 TVOC 质量浓度高。在 P_3 条件下，胶合板的平均释放速率低于三层实木复合地板，但在 B_2 和 B_3 条件下，胶合板的平均释放速率高于三层实木复合地板。总体来说，胶合板 TVOC 释放速率比三层实木复合地板快。

10）胶合板快速检测法释放 VOCs 组分与气候箱法不同，种类也比气候箱法多。快速检测法中胶合板释放的酯类物质比气候箱法多，在释放趋于平衡时，快速检测法测得胶合板中仍有酯类和烯烃类化合物，而气候箱法已检测不到这两种物质；三层实木复合地板快速检测法获得的 VOCs 组分质量浓度以酯类和芳香烃类为主，气候箱法获得的 VOCs 组分以烷烃为主，但两种方法均以烷烃类单体种类最多。同时，两种方法均可以检测到各类化合物。

参 考 文 献

白志鹏，韩旸，袭著革. 2006. 室内空气污染与防治[M]. 北京：化学工业出版社：70-72.

付斌，宋瑞金. 2006. 环境因素对木质板材甲醛释放量的影响[J]. 环境与健康杂志，23（5）：436-437.

宫庆超，牛志广，陈彦熹，等. 2012. 环境空气中挥发性有机物的健康风险评价研究进展[J]. 安全与环境学报，12（3）：84-88.

李爽，沈隽，江淑敏. 2013. 不同外部环境因素下胶合板 VOC 的释放特性[J]. 林业科学，49（1）：179-184.

刘刚. 1999. 室内空气中挥发性有机物污染研究进展[J]. 广州环境科学，14（1）：9-12.

刘玉，朱晓冬. 2012. 综合指数法在人造板产品挥发性有机化合物污染评价中的应用[J]. 环境与健康杂志，28（4）：369-370.

单波，陈杰，肖岩. 2013. 胶合竹材 GluBam 甲醛释放影响因素的气候箱实验与分析[J]. 环境工程学报，7（2）：649-656.

宋伟，孔庆媛，李洪枚. 2013. 木家具中挥发性有机物的散发传质特性[J]. 过程工程学报，13（1）：1-9.

叶桂梅. 2009. 不同条件对室内实木复合地板甲醛释放量影响的研究[J]. 山东林业科技，5：82-84.

张国强，尚守平，徐峰. 2012. 室内空气品质[J]. 北京：中国建筑工业出版社：83-84.

Afshari A，Lundgren B，Ekberg L E. 2003. Comparison of three small chamber test methods for the measurement of VOC emission rates from paint[J]. Indoor Air, 13 (2): 156-165.

GB/T 18883—2002. 2002. 室内空气质量标准[S].

Meijer A, Huijbregts M, Reijnders L. 2005. Human health damages due to indoor sources of organic compounds and radioactivity in life cycle impact assessment of dwellings-part 1: characterisation factors (8pp) [J]. The International Journal of Life Cycle Assessment, 10 (5): 309-316.

Sidheswaran M A, Destaillats H, Sullivan D P, et al. 2012. Energy efficient indoor VOC air cleaning with activated carbon fiber (ACF) filters[J]. Building and Environment, 47: 357-367.

Tanaka-Kagawa T, Uchiyama S, Matsushima E, et al. 2005. Survey of volatile organic compounds found in indoor and outdoor air samples from Japan[J]. Kokuritsu Iyakuhin Shokuhin Eisei Kenkyusho Hokoku, 123: 27-31.

Wiglusz R, Sitko E, Nikel G, et al. 2002. The effect of temperature on the emission of formaldehyde and volatile organic compounds (VOCs) from laminate flooring—case study[J]. Building and Environment, 37 (1): 41-44.

第 5 章　DL-SW 微舱的设计研发与性能测试

5.1　DL-SW 微舱的设计研发

5.1.1　DL-SW 微舱的设计原理

设计 DL-SW 微舱的目的是，对材料释放的 VOCs 进行快速检测，需具备能够模拟各种试验环境并且快速检测的特点，所以需配备温度、相对湿度、气流量控制系统。为了争取高效率检测材料 VOCs，需设计数量较多的测试舱，以同时满足多个材料的 VOCs 释放检测。由于设计的 DL-SW 微舱是作为 $1m^3$ 气候箱的比对产品，参考国家标准 GB/T 29899—2013 和国家环境保护标准 HJ 571—2010 中对 $1m^3$ 气候箱的设计要求，设计时对 DL-SW 微舱要求如下：

1. DL-SW 微舱材料

DL-SW 微舱内壁、管道及调湿系统应采用具有低散发、低吸收性的材料制造，对 VOCs 的惰性尽可能大，尽量不吸收 VOCs。微舱内壁表面光滑，试验前可以用水进行有效清洁。

2. DL-SW 微舱的气密性

为避免周围空气侵入 DL-SW 微舱内，导致空气交换失控，所有结合部位，除了放进及取出试件的门的接缝，其他的接缝都密封（门具有自密性）。

3. DL-SW 微舱温度的控制

为模拟各种试验环境，DL-SW 微舱的温度调节应满足较广的范围，并能够连续或频繁地监测测试舱的温度。

4. DL-SW 微舱相对湿度的控制

为模拟各种试验环境，DL-SW 微舱需配备调湿系统，通过传感器对进入测试舱的气体的相对湿度进行实时智能显示与调节，能够连续或频繁地监测系统的相对湿度。

5. 空气交换装置

DL-SW 微舱应安装能够连续调节和控制气体交换率的装置（如电子流量控制器），保证 DL-SW 微舱满足各种试验条件。

6. 高纯氮气供给装置

进入 DL-SW 微舱的气体中 VOCs 含量应小于背景浓度要求，背景浓度应足够低，确保不干预释放量的检出限度，TVOC 的背景浓度应低于 $20\mu g\cdot m^{-3}$，任何单一目标挥发性有机化合物的背景浓度应低于 $2\mu g\cdot m^{-3}$。用于加湿的水不得含有干扰的挥发性有机化合物。

5.1.2　DL-SW 微舱的结构

本书设计的 DL-SW 微舱由高纯氮气供给装置、调湿箱、温度和气流量调节箱、6 个测试微舱、Tenax-TA 吸附管采样装置组成。DL-SW 微舱系统结构图见图 5-1，实物图见图 5-2。

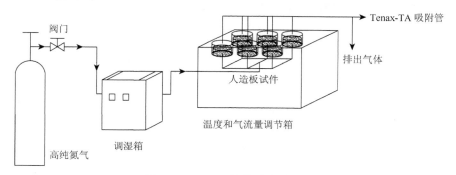

图 5-1　DL-SW 微舱系统结构图

图 5-2　DL-SW 微舱

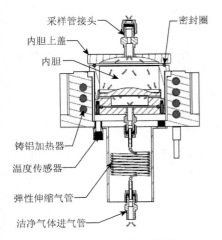

采样管接头
内胆上盖
内胆
密封圈

铸铝加热器
温度传感器
弹性伸缩气管
洁净气体进气管

图 5-3　测试微舱结构图

1. 测试微舱

DL-SW 微舱拥有 6 个测试微舱，每个测试微舱由洁净气体进气管、弹性伸缩气管、温度传感器、铸铝加热器、内胆、内胆上盖、密封圈和采样管接头构成,其结构如图 5-3 所示。高纯氮气经过气流量调节系统中的 6 个流量计分流进入舱体，通过洁净气体进气管和弹性伸缩气管，经过铸铝加热器加热后达到试验所需条件，最终进入内胆。

2. 调湿箱

高纯氮气进入调湿箱进行湿度调节，进入加热装置确保管内无凝结水珠，通过露点仪控制管道内的高纯氮气的相对湿度，再进入分流器形成 6 个支路，通过流量计控制气流量，最后进入试验舱内胆，以满足试验所需的相对湿度条件。调湿箱结构如图 5-4 所示。

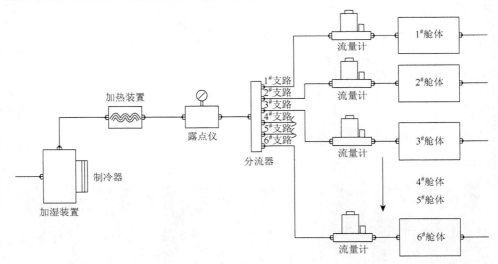

图 5-4　调湿箱结构图

5.2　DL-SW 微舱的成本

DL-SW 微舱的制造成本约为 3 万元人民币，远低于 $1m^3$ 气候箱以及进口热萃取仪，大大降低了检测成本。

5.3　DL-SW 微舱参数性能

DL-SW 微舱需要满足多种试验条件，因此，必须具备一定范围的温度、相对湿度、气流量调节与控制功能。同时，为确保试验结果的精确度，DL-SW 微舱还需有达标的低背景浓度。

5.3.1　DL-SW 微舱温度调节范围及稳定性

通过温度传感器和加热器，DL-SW 微舱的温度可调范围设计在 10～120℃。测试时 6 个测试舱温度通过触摸显示屏设定为试验需要的定值。根据试验中常使用的温度范围 23～80℃，对测试舱设定温度的稳定性做了如下测试：开机后通入高纯氮气，盖紧测试舱内胆上盖，设定初始温度 23℃，每 2h 升温一次，分别升至 40℃、60℃、80℃，每隔 30min 观察显示屏上显示的实际温度，并记录实际温度与设定温度的偏差，共持续 8h，结果见表 5-1。

表 5-1　8h 测试舱温度记录表

时间/min	设定温度/℃	实际温度/℃	偏差/℃
30	23	23	0
60	23	23.1	0.1
90	23	23	0
120	40	40.1	0.1
150	40	40	0
180	40	40.1	0.1
210	40	40	0
240	60	59.8	−0.2
270	60	60.2	0.2
300	60	60.1	0.1
330	60	60	0
360	80	79.7	−0.3
390	80	80	0
420	80	80.1	0.1
450	80	80.2	0.2
480	80	80.3	0.3

结果表明，测试舱的温度稳定性良好，波动范围在 ±0.3℃，能够达到调节试验所需温度的要求。

5.3.2　DL-SW 微舱相对湿度调节

DL-SW 微舱的调湿箱是通过设定露点温度调节气体相对湿度。使用计算机中的相对湿度计算器，输入试验所需相对湿度值，计算出露点温度，再将露点温度输入调湿箱，一段时间后即可得到试验所需的相对湿度。相对湿度最高可达 90%，波动范围在 ±2.5%。

5.3.3　DL-SW 微舱气流量控制

通过 DL-SW 微舱的总流量限制在 200mL·min^{-1}，设置 6 个流量计对进入每个测试舱的气流量进行调节和控制。

5.3.4　DL-SW 微舱背景浓度分析

背景浓度指未放置试样时测试舱内的挥发性有机化合物的初始浓度，根据国家标准 GB/T 29899—2013 和国家人造板及其制品的相关标准 HJ 571—2010，TVOC 的背景浓度应小于 20μg·m^{-3}，任何一目标单体的浓度应低于 2μg·m^{-3}。

DL-SW 微舱内壁为不锈钢材质，基本不存在释放和吸收 VOCs 的情况，这是保证测试舱的背景浓度达到国家标准的前提。广东省东莞市质量监督检测中心对 DL-SW 微舱背景浓度进行检验，过程和结果如下：使用前，用清水擦拭测试舱内壁，不放入试样，盖上测试舱盖，通入高纯氮气，调节流量计，使通过 6 个测试舱的气流量均为 30mL·min^{-1}，循环 8h，随机选取 1 个测试舱，使用 Tenax-TA 吸附管采集测试舱内气体，采集气流量为 30mL·min^{-1}，采集时间为 100min，共采集 3L 气体。使用气相色谱质谱（GC/MS）联用仪分析采样管内气体成分及各组分浓度。得到测试舱背景成分谱图如图 5-5 所示。其中保留时间为 4.47 的物质为内标物氘代甲

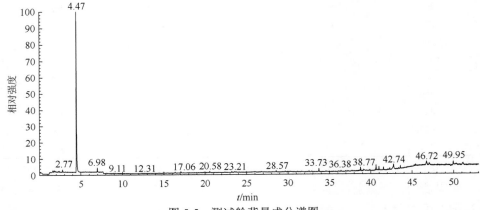

图 5-5　测试舱背景成分谱图

苯，浓度为 100ng·μL^{-1}，加入量为 2μL。测试舱背景 VOCs 成分及浓度见表 5-2。

表 5-2　测试舱背景 VOCs 成分及浓度表

序号	分子式	化合物名称	浓度/(μg·m^{-3})
1	$C_4H_{10}O$	2-丁醇	0.726871
2	C_6H_6	苯	1.51455
3	$C_{10}H_{22}$	癸烷	0.634937
4	$C_{13}H_{28}$	5, 7-二甲基十一烷	0.862582
5	$C_{15}H_{30}O$	十五醛	0.575239
6	$C_{13}H_{28}$	2-甲基-5-丙基壬烷	0.479808
7	$C_{16}H_{34}$	十六烷	0.867016
8	$C_{15}H_{30}O$	环十五醇	0.55695
9	$C_{16}H_{22}O_4$	邻苯二甲酸二丁酯	1.026451

表 5-2 表明，测试舱背景 VOCs 共 9 种，包括芳香烃、烷烃、醇类、酯类、醛类，浓度最低的 2-甲基-5-丙基壬烷为 0.48μg·m^{-3}，最高的苯为 1.51μg·m^{-3}，均小于 2μg·m^{-3}。9 种 VOCs 的浓度和为 7.24μg·m^{-3}，小于 20μg·m^{-3}，证明 DL-SW 微舱的背景浓度达到测试要求。

5.4　DL-SW 微舱快速检测原理

DL-SW 微舱配备了温度、相对湿度、气流量控制系统，能够模拟各种试验环境，且具有低的背景浓度，确保了试验结果的精确度。DL-SW 微舱拥有 6 个测试舱，能同时满足多个材料的 VOCs 释放检测，提高了检测效率。研究表明，温度、相对湿度和气体交换率等外部因素可以影响 VOCs 的释放。升高温度和相对湿度能够加速材料 VOCs 释放。DL-SW 微舱检测条件为高温、高相对湿度，缩短了材料 VOCs 释放达到平衡状态的时间，缩短了检测周期，进一步提高了检测效率。

5.5　本 章 小 结

DL-SW 微舱设计科学，操作简便，能模拟各种试验环境，为对人造板 VOCs 释放快速检测打下了基础，总的来说，DL-SW 微舱具备以下几个特点：

1）能够调节和控制温度、相对湿度和气流量，可以满足各种试验条件。其温度调节范围为 10～120℃，相对湿度最高可达 90%，总气流量最高为 200mL·min^{-1}，测试舱温度、相对湿度、气流量控制稳定。

2）DL-SW 微舱的成本远低于 1m^3 气候箱以及进口热萃取仪，有利于企业对人造板 VOCs 进行快速检测，降低检测成本。

3）DL-SW 微舱的测试舱采用不锈钢内胆，以高纯氮气作为载气，拥有低背景浓度。试验得出测试舱内各单体浓度最高的为 $1.51\mu g \cdot m^{-3}$，小于 $2\mu g \cdot m^{-3}$。9 种 VOCs 的浓度和为 $7.24\mu g \cdot m^{-3}$，小于 $20\mu g \cdot m^{-3}$，对人造板 VOCs 释放的检测结果不会造成干扰。

4）DL-SW 微舱共有 6 个测试舱，能够同时对 6 个试件进行测试，且高温、高相对湿度的试验条件能够缩短人造板 VOCs 的检测周期，提高检测效率。

参 考 文 献

李春艳，沈晓滨，时阳. 2007. 应用气候箱法测定胶合板的 VOC 释放[J]. 木材工业，21（4）：40-42.

李爽. 2013. 小型环境舱设计制作与人造板 VOC 释放特性研究[D]. 哈尔滨：东北林业大学.

李信，周定国. 2004. 人造板挥发性有机物 VOCs 的研究[J]. 南京林业大学学报（自然科学版），28（3）：19-22.

刘巍巍，杜世元，张寅平. 2013. 室内物品和家具 VOC 散发环境舱设计思考和实践[J]. 暖通空调，43（12）：14-18.

王敬贤. 2011. 环境因素对人造板 VOC 释放影响研究[D]. 哈尔滨：东北林业大学.

朱海鸥，阙泽利，卢志刚，等. 2013. 测试条件对竹地板挥发性有机化合物释放的影响[J]. 木材工业，27（3）：13-17.

ASTM D 5116-2010. 2010. Standard Guide for Small-Scale Environmental Chamber Determinations of Organic Emissions from Indoor Materials/Products[S].

ASTM D 6330-2014. 2014. Standard Practice for Determination of Volatile Organic Compounds（Excluding Formaldehyde）Emissions from Wood-based Panels using Small Environmental Chambers under Defined Test Conditions[S].

Costa N A，Ohlmeyer M，Ferra J，et al. 2014. The influence of scavengers on VOC emissions in particleboards made from pine and poplar[J]. European Journal of Wood and Wood Products，72（1）：117-121.

HJ 571—2010. 2010. 环境标志产品技术要求　人造板及其制品[S].

Huang Y D，Zhao S P，Hu F. 2007. Study on VOCs emitted from indoor man-made wood products[J]. The Administration and Technique of Environmental Monitoring，19（1）：38-40.

Lin C C，Yu K P，Zhao P. 2009. Evaluation of impact factors on VOC emissions and concentrations from wooden flooring based on chamber tests[J]. Building and Environment，44（3）：525-533.

Liu Y，Shen J，Zhu X D. 2010. Effect of temperature，relative humidity and ACH on the emission of volatile organic compounds from particleboard[J]. Advanced Materials Research，113-114：1874-1877.

Makowshi M，Ohlmeyer M，Meier D. 2005. Long-term development of VOC emissions from OSB after hot-pressing[J]. Holzforschung，48（5）：519-523.

Makowski M，Ohlmeyer M. 2006. Comparison of a small and a large environmental test chamber for measuring VOC emissions from OSB made of Scots pine（Pinus sylvestris L.）[J]. Holz Als Roh-und Werkstoff，64：469-472.

Sollinger S，Levsen K，Wunsch G. 1994. Indoor pollution by organic emissions from textile floor coverings：climate test chamber studies under static conditions[J]. Atmospheric Environment，28：2369-2378.

Wiglusz R，Sitko E，Nikel G. 2002. The effect of temperature on the emission of formaldehyde and volatile organic compounds（VOCs）from laminate flooring-case study[J]. Building and Environment，37（1）：41-44.

Zhang W C，Shen J，Chen F. 2010. Study on the volatile organic compounds（VOC）emission of wood composites[J]. Advanced Materials Research，113-114：474-478.

第6章 DL-SW 微舱法 VOCs 释放分析

6.1 试 验 设 计

6.1.1 试验材料

将工厂当天生产出的规格为 1220mm×2440mm 的中密度纤维板（MDF）、胶合板及刨花板密封空运至试验室并冷藏，三种板材的基本参数见表 6-1。中密度纤维板的树种为落叶松；胶合板的树种为桉木；刨花板树种为冷杉 70%、落叶松 30%。将板材裁成直径 60mm 的圆形，板材边缘用铝箔胶带封边，防止边部产生高 VOCs 释放。

表 6-1 试验板材的基本参数

种类	产地	厚度/mm	含水率/%	胶黏剂种类	热压温度/℃	热压时间/s
中密度纤维板	广东	9	8	MDI 胶	210	220
胶合板	浙江	9	8	酚醛树脂胶	150	600
刨花板	黑龙江	16	7	脲醛树脂胶	180	240～270

6.1.2 试验设备

1）DL-SW 微舱。利用设计的 DL-SW 微舱对裁好的三种板材试件在不同的试验条件下进行 VOCs 快速采集。

2）IAQ-Pro 型采样泵。美国 Sensidyne 生产的 Gilian IAQ-Pro 型"智恒"恒流空气采样泵，流量范围为 $100\sim600\text{mL}\cdot\text{min}^{-1}$，能够设定采样时间，采样结束后自动停止。

3）Tenax-TA 吸附管（采样管）。英国 Markes 公司生产的 Tenax-TA 吸附管，长度为 89mm，外径为 6.4mm，内含 Tenax-TA（2,6-二苯呋喃多孔聚合物树脂）填料，能够吸附人造板挥发的 VOCs。两端配有铜帽。

4）Unity 1 型热解吸进样器。英国 Markes 公司生产，可热脱附 Tenax-TA 吸附管所吸附的 VOCs，并与 GC-MS 相连，对 VOCs 进行吹扫进样。冷阱吸附温度 –15℃，载气流量 $30\text{mL}\cdot\text{min}^{-1}$，预吹扫 1min，热脱附解吸样品 10min，解吸温度为 300℃，进样时间 5min。

5）DSQ Ⅱ气相色谱质谱（GC/MS）联用仪。美国 Thermo 公司生产的 DSQ 单四极杆气相色谱质谱联用仪。气相色谱载气为 99.999%氦气，气体流速 1mL·min^{-1}，分流流量 30mL·min^{-1}，分流比 30∶1。质谱采用 EI 电离方式，离子源温度 230℃，质量扫描范围 40～450u，溶剂延迟时间 4.7min。辅助区温度 270℃，进样口温度 250℃。升温程序：40℃保留 2min 后，以 2℃·min^{-1} 的速度升到 50℃保留 4min，再以 5℃·min^{-1} 的速度升到 150℃保留 4min，最后以 10℃·min^{-1} 的速度升到 250℃保留 8min。

6.1.3 性能测试

DL-SW 微舱的试验参数设置见表 6-2。

表 6-2 试验参数设置

试验参数	数值
暴露面积/m^2	$5.65×10^{-3}$
舱体体积/m^3	$1.16×10^{-4}$
装载率/(m^2·m^{-3})	48.7
气体交换率与负荷因子之比/(次·m^3·h^{-1}·m^{-2})	0.2/0.5/1.0
温度/℃	40/60/80
相对湿度/%	40/60

表 6-3 为该试验的试验条件。

表 6-3 DL-SW 微舱试验条件

条件编号	温度(T)/℃	相对湿度(RH)/%	气体交换率与负荷因子之比(q)/(次·m^3·h^{-1}·m^{-2})
T_1	40	40	0.2
T_2	40	40	0.5
T_3	40	40	1.0
T_4	40	60	0.2
T_5	40	60	0.5
T_6	40	60	1.0
T_7	60	40	0.2
T_8	60	40	0.5
T_9	60	40	1.0
T_{10}	60	60	0.2
T_{11}	60	60	0.5

续表

条件编号	温度(T)/℃	相对湿度(RH)/%	气体交换率与负荷因子之比(q)/(次·m³·h⁻¹·m⁻²)
T_{12}	60	60	1.0
T_{13}	80	40	0.2
T_{14}	80	40	0.5
T_{15}	80	40	1.0
T_{16}	80	60	0.2
T_{17}	80	60	0.5
T_{18}	80	60	1.0

使用 DL-SW 微舱进行人造板 VOCs 采集的方法如下：

1）在测试前，首先用去离子水擦拭测试舱内壁 3 次，清洁完成后打开电源，设置测试舱温度 80℃，通入高纯氮气，烘干测试舱内壁。设定试验所需的温度、相对湿度、气流量，待测试舱参数到达设定值并稳定后，将裁好的 3 种板材试件置于 DL-SW 微舱中，盖紧测试舱盖。

2）试件每天在测试舱内循环 8h，将 Tenax-TA 采样管插进测试舱采样管接头并拧紧，采样管另一端接入流量计，流量计与智能真空泵连接，根据试验设定采样流量和采样时间，每天采样 2L，直至 VOCs 释放达到稳定状态。

3）采样结束后用铜帽密封 Tenax-TA 采样管两端。停止对测试舱的加热，关闭 DL-SW 微舱和调湿箱电源，关紧高纯氮气阀门，取出测试舱内的试件。

4）利用热解吸进样器对采样管内的 VOCs 进行热脱附，气相色谱质谱（GC/MS）联用仪检测 VOCs 的成分和含量，根据国家标准 GB/T 18883—2002，试验保留匹配度大于 750 且在 $C_6 \sim C_{16}$ 的含有 C、H、O 元素的化合物。

5）采用内标定量法计算 VOCs 的浓度，氘代甲苯为内标物，浓度为 200ng·μL⁻¹，加入量为 2μL。

6.2　性　能　分　析

6.2.1　DL-SW 微舱对中密度纤维板 VOCs 释放检测分析

1. 中密度纤维板 VOCs 释放水平

使用 DL-SW 微舱在 $T_1 \sim T_{18}$ 试验条件下对中密度纤维板释放 VOCs 进行快速检测，得到的 TVOC 释放水平见表 6-4。

表 6-4 各试验条件下中密度纤维板 TVOC 释放量

时间/d	TVOC 释放量/(μg·m⁻³)								
	T_1	T_2	T_3	T_4	T_5	T_6	T_7	T_8	T_9
1	1193.41	889.29	495.46	1203.39	914.79	830.57	1204.86	935.24	844.79
2	621.79	330.35	280.23	727.24	717.15	646.20	935.43	631.37	475.59
3	526.04	248.55	214.30	524.31	436.78	409.36	688.47	396.42	362.48
4	466.95	204.85	140.36	449.25	243.53	312.88	517.78	265.16	238.69
5	389.48	175.72	116.87	364.46	168.45	223.76	362.66	167.17	149.74
6	301.26	136.34	92.69	289.11	114.78	150.44	171.97	114.41	105.66
7	241.13	111.55	82.36	226.36	85.66	114.17	123.46	96.79	86.33
8	214.39	106.19	74.47	151.12	71.79	82.75	100.32	80.44	73.46
9	190.12	88.35	63.65	114.74	63.47	66.64	88.78	69.47	60.79
10	167.04	78.99	55.43	82.45	58.65	54.28	75.12	60.12	52.12
11	89.67	72.23	49.63	72.36	54.14	48.63	65.45	55.65	47.69
12	69.83	51.42	45.75	64.11	50.44	45.79	60.79	49.78	44.05
13	67.02	49.01	43.12	56.65	46.79	43.22	54.64	47.13	42.87
14	58.64	47.53	42.36	50.44	44.53	42.51	50.14	45.43	—
15	50.63	43.27	40.72	46.03	43.61	—	48.15	—	—
16	45.27	40.40	—	44.03	—	—	—	—	—
17	43.56	—	—	—	—	—	—	—	—

时间/d	TVOC 释放量/(μg·m⁻³)								
	T_{10}	T_{11}	T_{12}	T_{13}	T_{14}	T_{15}	T_{16}	T_{17}	T_{18}
1	1246.49	970.56	878.16	1980.69	1509.83	1297.88	2275.09	1809.63	1379.11
2	917.92	748.42	472.49	1533.33	842.48	766.35	1428.95	871.29	786.33
3	581.49	504.79	213.46	900.01	522.78	516.41	1068.80	711.53	476.04
4	456.52	403.84	163.64	716.88	378.36	335.44	723.40	344.07	276.98
5	392.72	313.49	124.96	488.09	255.54	213.72	538.15	257.07	145.22
6	355.12	203.85	96.36	275.66	186.36	132.65	346.79	162.82	102.44
7	301.59	115.74	79.65	184.14	125.41	88.42	225.36	97.66	84.71
8	259.81	100.9	64.52	127.74	91.33	65.36	140.43	78.54	65.85
9	251.68	81.61	53.46	89.45	77.67	56.24	89.79	64.33	51.46
10	197.57	77.86	47.33	66.64	62.14	49.88	71.22	53.12	44.79
11	135.66	56.82	44.42	53.73	53.45	46.44	58.19	47.69	42.96
12	62.86	47.02	43.73	48.12	48.16	43.02	48.55	44.21	41.55
13	49.85	45.95	—	45.78	45.12	41.31	44.74	42.85	—
14	47.82	—	—	44.45	43.84	—	43.05	—	—
15	—	—	—	43.93	—	—	—	—	—

由表 6-4 可得出，中密度纤维板在相同的相对湿度、气体交换率与负荷因子

之比的条件下，温度从 40℃升至 60℃，对 TVOC 初始释放量的影响程度分别为
0.96%、5.17%、70.51%、3.58%、6.10%、5.73%；温度从 60℃升至 80℃，对 TVOC
初始释放量的影响程度分别为 64.39%、61.44%、53.63%、82.52%、86.45%、57.05%。
温度从 60℃升至 80℃，TVOC 初始释放量明显增加。中密度纤维板在相同的温度、
气体交换率与负荷因子之比的条件下，相对湿度从 40%升至 60%，对 TVOC 初始
释放量的影响程度分别为 0.84%、2.87%、67.64%、3.46%、3.78%、3.95%、14.86%、
19.86%、6.26%。中密度纤维板在相同的温度、相对湿度的条件下，气体交换率
与负荷因子之比从 0.2 次·m³·h⁻¹·m⁻² 升至 0.5 次·m³·h⁻¹·m⁻²，对 TVOC 初始释放量
的影响程度分别为 25.48%、23.98%、22.38%、22.14%、23.77%、20.46%；气体
交换率与负荷因子之比从 0.5 次·m³·h⁻¹·m⁻² 升至 1.0 次·m³·h⁻¹·m⁻²，对 TVOC 初始
释放量的影响程度分别为 44.29%、9.21%、9.67%、9.52%、14.04%、23.79%。温
度、相对湿度、气体交换率与负荷因子之比对中密度纤维板 TVOC 初始释放量的
平均影响程度分别为 41.46%、13.72%、18.38%，可知温度对中密度纤维板 TVOC
释放量的影响大于相对湿度、气体交换率与负荷因子之比。

　　图 6-1 为中密度纤维板在 $T_1 \sim T_6$ 试验条件下 TVOC 释放趋势特性。$T_1 \sim T_6$
试验条件下，中密度纤维板 TVOC 释放量在第 1～3 天下降最快，并随时间逐渐
减慢，最终在第 14～17 天达到稳定状态。$T_1 \sim T_6$ 试验条件下，TVOC 释放量在
第 1～3 天分别下降了 667.37μg·m⁻³、640.74μg·m⁻³、281.16μg·m⁻³、679.08μg·m⁻³、
478.01μg·m⁻³、421.21μg·m⁻³，分别占 TVOC 初始释放量的 55.92%、72.05%、
56.75%、56.43%、52.25%、50.71%，均超过初始释放量的 1/2。

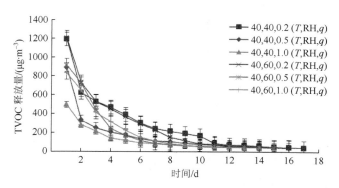

图 6-1　$T_1 \sim T_6$ 条件下中密度纤维板 TVOC 释放趋势

　　T_1 条件下，中密度纤维板 TVOC 释放在第 17 天达到稳定状态，稳态释放量
为 43.56μg·m⁻³，比初始释放量下降了 96.35%。T_2 条件下，中密度纤维板 TVOC
释放在第 16 天达到稳定状态，稳态释放量为 40.40μg·m⁻³，比初始释放量下降了
95.46%。T_3 条件下，中密度纤维板 TVOC 释放在第 15 天达到稳定状态，稳态释

放量为 40.72μg·m⁻³，比初始释放量下降了 91.78%。T_4 条件下，中密度纤维板 TVOC 释放在第 16 天达到稳定状态，稳态释放量为 44.03μg·m⁻³，比初始释放量下降了 96.34%。T_5 条件下，中密度纤维板 TVOC 释放在第 15 天达到稳定状态，稳态释放量为 43.61μg·m⁻³，比初始释放量下降了 95.23%。T_6 条件下，中密度纤维板 TVOC 释放在第 14 天达到稳定状态，稳态释放量为 42.51μg·m⁻³，比初始释放量下降了 94.88%。

$T_1 \sim T_6$ 试验结果表明，相同的温度条件下，提高环境的相对湿度或增大空气交换率与负荷因子之比都可以缩短中密度纤维板 TVOC 释放达到稳定状态所需的时间，T_6 试验条件下检测周期最短，为 14 天。

图 6-2 为 $T_7 \sim T_{12}$ 试验条件下中密度纤维板 TVOC 释放趋势特性。$T_7 \sim T_{12}$ 试验条件下，中密度纤维板 TVOC 释放量在第 1～3 天下降最快，并随时间逐渐减慢，最终在第 12～15 天达到稳定状态。$T_7 \sim T_{12}$ 试验条件下，TVOC 释放量在第 1～3 天分别下降了 516.39μg·m⁻³、538.82μg·m⁻³、482.31μg·m⁻³、665.00μg·m⁻³、465.77μg·m⁻³、664.70μg·m⁻³，分别占 TVOC 初始释放量的 42.86%、57.61%、57.09%、53.35%、47.99%、75.69%。

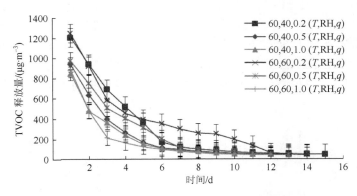

图 6-2　$T_7 \sim T_{12}$ 条件下中密度纤维板 TVOC 释放趋势

T_7 条件下，中密度纤维板 TVOC 释放在第 15 天达到稳定状态，稳态释放量为 48.15μg·m⁻³，比初始释放量下降了 96.00%。T_8 条件下，中密度纤维板 TVOC 释放在第 14 天达到稳定状态，稳态释放量为 45.43μg·m⁻³，比初始释放量下降了 95.14%。T_9 条件下，中密度纤维板 TVOC 释放在第 13 天达到稳定状态，稳态释放量为 42.87μg·m⁻³，比初始释放量下降了 94.93%。T_{10} 条件下，中密度纤维板 TVOC 释放在第 14 天达到稳定状态，稳态释放量为 47.82μg·m⁻³，比初始释放量下降了 96.16%。T_{11} 条件下，中密度纤维板 TVOC 释放在第 13 天达到稳定状态，稳态释放量为 45.95μg·m⁻³，比初始释放量下降了 95.27%。T_{12} 条件下，中密度纤维板 TVOC 释放在第 12 天达到稳定状态，稳态释放量为 43.73μg·m⁻³，比初始释放量下降了 95.02%。

T_7～T_{12} 试验结果表明，相同的温度条件下，提高环境的相对湿度或增大空气交换率与负荷因子之比都可以缩短中密度纤维板 TVOC 释放达到稳定状态所需的时间，T_{12} 试验条件下检测周期最短，为 12 天。与 T_1～T_6 试验结果对比，当其他条件相同，温度从 40℃升高到 60℃时，中密度纤维板 TVOC 的检测周期缩短了 2 天。

图 6-3 为 T_{13}～T_{18} 试验条件下中密度纤维板 TVOC 释放趋势特性。T_{13}～T_{18} 试验条件下，中密度纤维板 TVOC 释放量在第 1～3 天下降最快，并随时间逐渐减慢，最终在第 12～15 天达到稳定状态。T_{13}～T_{18} 试验条件下，TVOC 释放量在第 1～3 天分别下降了 1080.68μg·m⁻³、987.05μg·m⁻³、781.47μg·m⁻³、1206.29μg·m⁻³、1098.10μg·m⁻³、903.07μg·m⁻³，分别占 TVOC 初始释放量的 54.56%、65.37%、60.21%、53.02%、60.68%、65.48%，均超过初始释放量的 1/2。

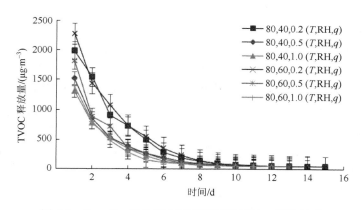

图 6-3　T_{13}～T_{18} 条件下中密度纤维板 TVOC 释放趋势

T_{13} 条件下，中密度纤维板 TVOC 释放在第 15 天达到稳定状态，稳态释放量为 43.93μg·m⁻³，比初始释放量下降了 97.78%。T_{14} 条件下，中密度纤维板 TVOC 释放在第 14 天达到稳定状态，稳态释放量为 43.84μg·m⁻³，比初始释放量下降了 97.10%。T_{15} 条件下，中密度纤维板 TVOC 释放在第 13 天达到稳定状态，稳态释放量为 41.43μg·m⁻³，比初始释放量下降了 96.82%。T_{16} 条件下，中密度纤维板 TVOC 释放在第 14 天达到稳定状态，稳态释放量为 43.05μg·m⁻³，比初始释放量下降了 98.11%。T_{17} 条件下，中密度纤维板 TVOC 释放在第 13 天达到稳定状态，稳态释放量为 42.85μg·m⁻³，比初始释放量下降了 97.63%。T_{18} 条件下，中密度纤维板 TVOC 释放在第 12 天达到稳定状态，稳态释放量为 41.55μg·m⁻³，比初始释放量下降了 96.99%。

T$_{13}$～T$_{18}$ 试验结果表明，相同的温度条件下，提高环境的相对湿度或增大空气交换率与负荷因子之比都可以缩短中密度纤维板 TVOC 释放达到稳定状态所需的时间，T$_{18}$ 试验条件下检测周期最短，为 12 天。与 T$_{7}$～T$_{12}$ 试验结果对比，当温度为 80℃时，中密度纤维板 TVOC 的检测周期与温度为 60℃时相同。

由图 6-1、图 6-2、图 6-3 可知，T$_{1}$～T$_{18}$ 条件下，中密度纤维板 TVOC 释放量在第 1～3 天下降最快，最终在第 12～17 天达到稳定状态。相同的温度条件下，提高环境的相对湿度或增大空气交换率与负荷因子之比都可以缩短中密度纤维板 TVOC 释放达到稳定状态所需的时间；相同的相对湿度条件下，升高温度或增大空气交换率与负荷因子之比都可以缩短中密度纤维板 TVOC 释放达到稳定状态所需的时间；相同的空气交换率与负荷因子之比条件下，升高温度或提高环境的相对湿度都可以缩短中密度纤维板 TVOC 释放达到稳定状态所需的时间。温度对中密度纤维板 TVOC 释放的影响大于相对湿度和空气交换率与负荷因子之比，T$_{12}$ 和 T$_{18}$ 试验条件下检测周期最短，为 12 天。最终选取 T$_{12}$ 试验条件为中密度纤维板 VOCs 最优检测条件。

中密度纤维板 TVOC 呈现下降趋势，是由于释放初期板材内部 VOCs 浓度与外界环境 VOCs 浓度存在很大的浓度差，根据传质原理，板材内部的 VOCs 向外界释放直至内外浓度达到平衡。中密度纤维板 TVOC 的释放曲线不平滑，其原因是板材自身的不均一性以及在采集和检测 VOCs 的过程中出现的系统误差和偶然误差。例如，采样管老化不完全，会使采样管内部残留 VOCs，导致检测结果偏高；采样管内 VOCs 热解吸不完全，会导致检测结果偏低；等等。

高温高湿环境会在很大程度上促进 VOCs 的释放。升高温度会导致混合蒸气压升高，舱内气压与外界环境气压形成压力差，导致 VOCs 释放加剧，从而缩短板材的检测周期。增加湿度能够促进 VOCs 释放，原因有三方面：第一，绝大部分气体的扩散系数会随湿度的增加而增大，使得扩散加剧。第二，人造板吸附单元分为亲水性单元和疏水性单元，增加湿度会使亲水性单元吸附更多的水分子，导致原本吸附在亲水性单元中的 VOCs 释放出来。第三，增加湿度还会促进胶黏剂水解，从而促进 VOCs 释放。

2. 中密度纤维板 VOCs 释放成分

DL-SW 微舱试验得到的中密度纤维板 VOCs 种类有烯烃、芳香烃、烷烃、醛类、酮类、酯类、醇类及少量其他物质。中密度纤维板 VOCs 具体成分见表 6-5。表 6-6 为中密度纤维板在 T$_{1}$～T$_{3}$ 条件下各类物质的初始及稳态释放浓度。

表 6-5　中密度纤维板 VOCs 成分

类别	具体成分
烯烃	3-蒈烯、环戊烯、石竹烯、可巴烯、异色烯、雪松烯、罗汉柏烯、β-芹子烯、环己烯、α-荜澄茄烯、α-白昌考烯、3,6,6-三甲基双环庚-2-烯、1,5,9,9-四甲基-1,4,7-三烯、反式-香柠檬烯、长叶烯、二环戊二烯
芳香烃	苯、甲苯、乙苯、对二甲苯、1,3-二甲基苯、苯乙烯、丙基苯、1-乙基-3-甲基苯、1,3,5-三甲基苯、1,2,4-三甲基苯、1H-茚、萘、1,4-二甲基萘、萘、2-甲基萘、1-甲基萘、2,7-二甲基萘、1,7-二甲基萘、6-异丙基-1,4-二甲基萘、丁基化羟基甲苯
烷烃	庚烷、壬烷、癸烷、十一烷、十二烷、十三烷、十四烷、十五烷、十六烷、3-甲基十四烷、1-乙烯基-1-甲基环己烷、环戊烷
醛类	己醛、壬醛、癸醛、十一醛、十四醛
酮类	1,7,7-三甲基-双环庚-2-酮、6-甲基-5-庚烯-2-酮、5,9-十一碳二烯-2-酮
酯类	邻苯二甲酸二丁酯、2-乙基己基酯、2,2-二甲基-1-丙基酯
醇类	辛醇、2-乙基-1-己醇、2-丙基-1-戊醇、3-环己烯-1-醇、3-环己烯-1-甲醇、雪松醇、沉香螺萜醇、杜松醇、α-红没药醇、环十五醇
其他	呋喃、2-乙基己酸酐、苯酚

表 6-6　$T_1 \sim T_3$ 条件下中密度纤维板 VOCs 初始和稳态释放浓度（$\mu g \cdot m^{-3}$）

种类	T_1		T_2		T_3	
	初始	稳态	初始	稳态	初始	稳态
烯烃	129.44	0.66	84.58	1.04	69.43	3.99
芳香烃	940.22	11.26	484.91	7.95	289.45	13.72
烷烃	27.73	18.85	20.68	12.78	32.77	5.91
醛类	31.11	5.66	31.52	7.85	31.52	7.59
酮类	9.89	0.61	5.04	1.28	4.03	1.39
酯类	45.69	5.36	43.06	8.18	37.23	6.19
醇类	9.31	1.16	9.93	1.31	8.72	1.92
其他	0	0	2.19	0	22.3	0

$T_1 \sim T_3$ 条件下，环境温度为 40℃，相对湿度为 40%。中密度纤维板释放初期检测到的主要物质为烯烃、芳香烃，其次是酯类、醛类、烷烃，还包括少量的酮类、醇类和其他物质。释放达到稳定状态时，检测到的主要物质为芳香烃、烷烃、醛类、酯类，以及少量的烯烃、酮类、醇类。芳香烃主要来源于板材生产中添加的胶黏剂。一定条件下，木材自身存在的不饱和脂肪酸发生自氧化，形成醛类。$T_1 \sim T_3$ 条件下，初始烯烃和芳香烃释放量占 TVOC 释放量的 89.63%、83.51%、72.43%；稳定状态下，烯烃和芳香烃释放量占 TVOC 释放量的 27.36%、22.26%、43.50%，其释放量占 TVOC 释放量的百分比较释放初始下降了很多，

主要是由于烯烃释放量降低，烯烃的稳态释放量较初始释放量分别下降了 99.49%、98.77%、94.25%。

表 6-7 为中密度纤维板在 T_4～T_6 条件下各类物质的初始及稳态释放浓度。T_4～T_6 条件下，环境温度为 40℃，相对湿度为 60%。中密度纤维板释放初期检测到的主要物质为烯烃、芳香烃，其次是酯类、烷烃、醛类、醇类，还包括少量的酮类。释放达到稳定状态时，检测到的主要物质为芳香烃、酯类、烷烃、醛类，以及少量的烯烃、醇类。T_4～T_6 条件下，初始烯烃和芳香烃释放量占 TVOC 释放量的 88.40%、85.11%、76.86%；稳定状态下，烯烃和芳香烃释放量占 TVOC 释放量的 24.35%、34.17%、54.06%，其释放量占 TVOC 释放量的百分比较释放初始下降了很多，此时烷烃、酯类、醛类释放量占 TVOC 释放量的 70.71%、61.29%、45.94%。

表 6-7　T_4～T_6 条件下中密度纤维板 VOCs 初始和稳态释放浓度（$\mu g \cdot m^{-3}$）

种类	T_4		T_5		T_6	
	初始	稳态	初始	稳态	初始	稳态
烯烃	70.51	2.61	97.43	2.14	84.63	6.97
芳香烃	980.87	8.11	681.17	12.76	553.75	16.01
烷烃	20.75	7.93	14.32	4.71	73.46	3.55
醛类	16.64	8.17	35.53	13.88	42.21	8.24
酮类	0	0	9.18	0	0	0
酯类	74.46	15.02	56	8.14	48.45	7.74
醇类	26.13	2.17	21.15	1.98	28.07	0
其他	0	0	0	0	0	0

表 6-8 为中密度纤维板在 T_7～T_9 条件下各类物质的初始及稳态释放浓度。T_7～T_9 条件下，环境温度为 60℃，相对湿度为 40%。中密度纤维板释放初期检测到的主要物质为烯烃、芳香烃，其次是醛类、醇类，以及烷烃、酯类、酮类。释放达到稳定状态时，检测到的主要物质为芳香烃、醛类、酯类、醇类，以及少量的烯烃、烷烃、酮类。T_7～T_9 条件下，初始烯烃和芳香烃释放量占 TVOC 释放量的 87.33%、77.31%、79.92%；稳定状态下，烯烃和芳香烃释放量占 TVOC 释放量的 38.46%、35.43%、62.44%，其释放量占 TVOC 释放量的百分比较释放初始下降了很多，主要是由于烯烃释放量降低，烯烃的稳态释放量较初始释放量分别下降了 99.46%、95.49%、95.94%，此时醛类、酯类、醇类释放量占 TVOC 释放量的 54.45%、53.71%、27.01%。

表 6-8　$T_7 \sim T_9$ 条件下中密度纤维板 VOCs 初始和稳态释放浓度（$\mu g \cdot m^{-3}$）

种类	T_7		T_8		T_9	
	初始	稳态	初始	稳态	初始	稳态
烯烃	284.63	1.54	125.6	5.67	145.73	5.91
芳香烃	767.58	16.98	597.42	10.42	529.43	20.86
烷烃	17.89	0.96	11.92	3.07	70.15	2.53
醛类	38.85	11.54	44.26	8.82	32.95	5.35
酮类	25.15	2.45	10.69	1.86	18.51	1.99
酯类	29.57	6.34	40.29	8.52	19.2	5.06
醇类	41.18	8.33	105.03	7.05	28.81	1.17
其他	0	0	0	0	0	0

表 6-9 为中密度纤维板在 $T_{10} \sim T_{12}$ 条件下各类物质的初始及稳态释放浓度。$T_{10} \sim T_{12}$ 条件下，环境温度为 60℃，相对湿度为 60%。中密度纤维板释放初期检测到的主要物质为烯烃、芳香烃，其次是醛类、酯类、醇类，还含有少量的烷烃、酮类及其他物质。释放达到稳定状态时，检测到的主要物质为芳香烃、醛类、酯类，以及少量的烯烃、烷烃、酮类、醇类和其他物质。$T_{10} \sim T_{12}$ 条件下，初始烯烃和芳香烃释放量占 TVOC 释放量的 86.58%、90.91%、86.92%；稳定状态下，烯烃和芳香烃释放量占 TVOC 释放量的 51.06%、51.62%、32.08%，其释放量占 TVOC 释放量的百分比较释放初下降了很多，主要是由于烯烃释放量降低，烯烃的稳态释放量较初始释放量分别下降了 99.58%、98.82%、98.86%。

表 6-9　$T_{10} \sim T_{12}$ 条件下中密度纤维板 VOCs 初始和稳态释放浓度（$\mu g \cdot m^{-3}$）

种类	T_{10}		T_{11}		T_{12}	
	初始	稳态	初始	稳态	初始	稳态
烯烃	308.53	1.31	284.49	3.36	235.86	2.68
芳香烃	770.71	22.96	597.86	20.04	527.44	11.35
烷烃	0	5.88	18.18	2.74	18.92	5.44
醛类	20.63	4.61	13.1	3.73	28.55	7.86
酮类	0	1.87	3.77	1.46	6.08	1.34
酯类	126.04	8.48	12.48	8.08	32.14	9.23
醇类	20.58	2.04	40.68	5.92	17.35	4.01
其他	0	0.38	0	0	11.82	1.82

　　表 6-10 为中密度纤维板在 T_{13}～T_{15} 条件下各类物质的初始及稳态释放浓度。T_{13}～T_{15} 条件下，环境温度为 80℃，相对湿度为 40%。中密度纤维板释放初期检测到的主要物质为烯烃、芳香烃、醇类，其次是烷烃、醛类、酯类，还含有少量的酮类和其他物质。释放达到稳定状态时，检测到的主要物质为烯烃、芳香烃、醛类、酯类、醇类，其次是烷烃、酮类。T_{13}～T_{15} 条件下，初始烯烃和芳香烃释放量占 TVOC 释放量的 74.11%、65.85%、71.62%；醇类释放量占 TVOC 释放量的 17.69%、25.60%、18.12%。稳定状态下，烯烃和芳香烃释放量占 TVOC 释放量的 33.36%、35.38%、59.76%，其释放量占 TVOC 释放量的百分比较释放初始下降了很多，主要是由于烯烃释放量降低，烯烃的稳态释放量较初始释放量分别下降了 98.32%、97.20%、98.28%。T_{13}～T_{15} 条件下，醇类物质释放量明显增加。

表 6-10　T_{13}～T_{15} 条件下中密度纤维板 VOCs 初始和稳态释放浓度（$\mu g \cdot m^{-3}$）

种类	T_{13}		T_{14}		T_{15}	
	初始	稳态	初始	稳态	初始	稳态
烯烃	409.51	6.86	243.89	6.84	188.75	3.25
芳香烃	1058.42	7.79	750.26	8.67	812.40	20.97
烷烃	31.89	2.89	24.17	2.99	22.34	3.69
醛类	37.02	7.84	32.69	6.67	59.35	4.66
酮类	0	0	0	0	18.88	4.48
酯类	82.39	5.85	72.26	5.26	30.19	1.53
醇类	350.32	12.69	386.55	13.41	253.26	1.95
其他	11.12	0	0	0	12.69	0

　　表 6-11 为中密度纤维板在 T_{16}～T_{18} 条件下各类物质的初始及稳态释放浓度。T_{16}～T_{18} 条件下，环境温度为 80℃，相对湿度为 60%。中密度纤维板释放初期检测到的主要物质为烯烃、芳香烃、醇类，其次是烷烃、醛类、酯类，还含有少量的酮类和其他物质。释放达到稳定状态时，检测到的主要物质为烯烃、芳香烃、醛类、酯类、醇类，其次是烷烃、酮类。T_{16}～T_{18} 条件下，初始烯烃和芳香烃释放量占 TVOC 释放量的 84.51%、67.30%、76.19%；醇类释放量占 TVOC 释放量的 8.16%、18.46%、9.60%。稳定状态下，烯烃和芳香烃释放量占 TVOC 释放量的 20.46%、11.72%、39.19%，其释放量占 TVOC 释放量的百分比较释放初始下降了很多。T_{16}～T_{18} 条件下，醇类物质释放量明显增加。

表 6-11　T_{16}～T_{18} 条件下中密度纤维板 VOCs 初始和稳态释放浓度（μg·m^{-3}）

种类	T_{16}		T_{17}		T_{18}	
	初始	稳态	初始	稳态	初始	稳态
烯烃	402.94	5.33	312.53	1.42	249.33	0.66
芳香烃	1519.66	3.48	905.25	3.6	801.42	15.62
烷烃	38.98	2.74	10.15	4.04	9.66	2.81
醛类	32.09	13.77	95.44	13.23	65.09	2.67
酮类	0	0	5.28	1.66	29.25	0.9
酯类	95.84	7.48	146.87	10.91	63.51	15.2
醇类	185.59	10.25	334.09	7.98	132.41	3.68
其他	0	0	0	0	28.43	0

　　由表 6-6～表 6-11 可知，中密度纤维板释放初期释放量最大的是芳香烃，其次是烯烃，以及烷烃、醛类、酯类、醇类，还含有少量的酮类和其他物质。中密度纤维板释放的物质种类共几十种，物质的来源和产生的过程十分复杂。木质素是木材中的一种主要的化学成分，属于复杂的芳香族物质。芳香烃主要来源于中密度纤维板生产中添加的胶黏剂以及木材中的木质素。萜烯类和脂肪类是木材抽提物的主要成分，中密度纤维板释放的烯烃主要来源于木材抽提物，而木材抽提物发生化学反应则会产生烷烃。一定条件下，木材自身存在的不饱和脂肪酸发生自氧化，形成醛类。木材纤维素和半纤维素内含有的醇、酸发生反应产生酯类。醇类主要来源于木材自身所含的纤维素与半纤维素。酮类物质主要来源于添加的胶黏剂。有研究表明，外界环境因素对材料 VOCs 释放的影响程度主要取决于 VOCs 的种类，所以改变温度、相对湿度、气体交换率与负荷因子之比，各类 VOCs 释放量的变化差异明显。当各类物质释放达到稳定状态，由于外界环境因素对低浓度的 VOCs 释放的影响不大，中密度纤维板各类 VOCs 的稳态浓度都很低，所以稳定状态下各类 VOCs 释放量的差异很小。

6.2.2　DL-SW 微舱对胶合板 VOCs 释放检测分析

1. 胶合板 VOCs 释放水平

　　使用 DL-SW 微舱在 T_1～T_{18} 试验条件下对胶合板释放 VOCs 进行快速检测，得到的 TVOC 释放水平见表 6-12。

表 6-12　各试验条件下胶合板 TVOC 释放量

时间/d	TVOC 释放量/(μg·m⁻³)								
	T_1	T_2	T_3	T_4	T_5	T_6	T_7	T_8	T_9
1	1953.99	947.97	847.77	3369.27	2328.60	1715.90	4571.58	3523.23	2784.24
2	1666.62	595.32	643.52	1604.85	1646.76	934.14	2893.87	2275.22	1384.79
3	1296.46	402.79	396.9	1208.80	1184.63	689.69	1840.61	1285.36	890.21
4	1136.82	276.35	306.65	756.36	744.24	351.7	1057.28	848.55	489.63
5	959.03	153.79	223.78	219.96	360.95	173.56	706.05	551.27	245.22
6	754.54	134.13	166.96	175.89	196.86	132.63	442.65	346.36	133.65
7	672.91	115.79	114.85	141.87	152.98	94.68	289.74	184.47	84.37
8	545.80	94.96	82.44	114.89	114.36	72.98	175.63	121.74	62.88
9	409.15	86.65	71.78	94.45	82.45	58.48	136.22	84.63	48.65
10	313.55	69.13	64.45	81.56	68.77	49.69	94.14	68.85	39.13
11	187.96	61.74	58.63	73.36	56.46	42.74	76.46	50.34	35.56
12	136.02	53.68	52.96	62.89	45.75	38.69	58.78	36.65	32.66
13	86.65	46.23	46.65	54.47	39.37	34.45	42.65	31.78	31.15
14	64.23	40.12	40.55	50.46	34.12	32.23	36.36	30.05	—
15	53.44	36.89	35.23	47.96	32.78	31.65	35.30	—	—
16	45.28	35.66	33.74	44.82	31.49	—	—	—	—
17	44.31	34.57	—	43.97	—	—	—	—	—
18	43.53	—	—	—	—	—	—	—	—

时间/d	TVOC 释放量/(μg·m⁻³)								
	T_{10}	T_{11}	T_{12}	T_{13}	T_{14}	T_{15}	T_{16}	T_{17}	T_{18}
1	5760.13	3954.49	2943.42	13232.15	10969.4	8185.99	16000.81	11045.63	8434.27
2	3561.50	1714.56	1786.16	6535.59	4077.71	3737.77	5025.33	4801.67	3956.01
3	2283.41	1074.22	967.99	2754.41	1693.71	1245.36	2105.56	3493.12	2223.65
4	1296.2	616.59	546.36	1769.91	913.04	813.69	1243.86	1356.05	1036.12
5	689.69	362.36	312.69	1086.96	719.83	586.96	777.24	821.76	721.41
6	363.45	208.71	193.45	646.37	486.36	410.33	396.36	412.68	356.33
7	224.12	152.66	102.87	325.46	314.21	268.69	212.42	218.41	171.41
8	168.33	121.87	68.63	196.88	168.74	157.45	132.36	141.86	102.74
9	132.78	93.42	46.36	121.42	104.85	95.66	86.45	89.12	62.45
10	91.46	68.66	35.98	79.65	74.36	68.32	62.33	59.66	48.43
11	64.12	46.85	30.62	65.54	55.41	51.86	54.12	48.32	42.12
12	52.46	32.87	29.35	55.96	42.63	39.13	49.45	43.06	40.27
13	46.33	31.46	—	50.43	37.02	37.43	46.17	41.09	—
14	45.37	—	—	47.36	35.99	—	44.16	—	—
15	—	—	—	45.25	—	—	—	—	—

由表 6-12 可得出，胶合板在相同的相对湿度、气体交换率与负荷因子之比的条件下，温度从 40℃升至 60℃，对 TVOC 初始释放量的影响程度分别为 133.96%、271.66%、228.42%、70.96%、69.82%、71.54%；温度从 60℃升至 80℃，对 TVOC 初始释放量的影响程度分别为 189.44%、211.34%、194.01%、177.79%、179.32%、186.55%。温度升高，胶合板 TVOC 初始释放量明显增加。胶合板在相同的温度、气体交换率与负荷因子之比的条件下，相对湿度从 40%升至 60%，对 TVOC 初始释放量的影响程度分别为 72.43%、145.64%、102.40%、26.00%、12.24%、5.72%、20.92%、0.69%、3.03%。胶合板在相同的温度、相对湿度的条件下，气体交换率与负荷因子之比从 0.2 次·m³·h⁻¹·m⁻² 升至 0.5 次·m³·h⁻¹·m⁻²，对 TVOC 初始释放量的影响程度分别为 51.49%、30.89%、22.93%、31.35%、17.10%、30.97%；气体交换率与负荷因子之比从 0.5 次·m³·h⁻¹·m⁻² 升至 1.0 次·m³·h⁻¹·m⁻²，对 TVOC 初始释放量的影响程度分别为 10.57%、26.31%、20.97%、25.57%、25.37%、23.64%。温度、相对湿度、气体交换率与负荷因子之比对胶合板 TVOC 初始释放量的平均影响程度分别为 165.40%、43.23%、26.43%，可知温度对胶合板 TVOC 释放量的影响大于相对湿度、气体交换率与负荷因子之比。

图 6-4 为胶合板在 $T_1 \sim T_6$ 试验条件下 TVOC 释放趋势特性。$T_1 \sim T_6$ 试验条件下，胶合板 TVOC 释放量在第 1~3 天下降最快，并随时间逐渐减慢，最终在第 15~18 天达到稳定状态。$T_1 \sim T_6$ 试验条件下，TVOC 释放量在第 1~3 天分别下降了 657.53μg·m⁻³、545.18μg·m⁻³、450.87μg·m⁻³、2160.47μg·m⁻³、1143.97μg·m⁻³、1026.21μg·m⁻³，分别占 TVOC 初始释放量的 33.65%、57.51%、53.18%、64.12%、49.13%、59.81%。

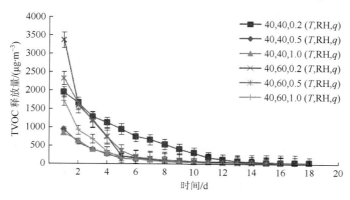

图 6-4　$T_1 \sim T_6$ 条件下胶合板 TVOC 释放趋势

T_1 条件下，胶合板 TVOC 释放在第 18 天达到稳定状态，稳态释放量为 43.53μg·m⁻³，比初始释放量下降了 97.77%。T_2 条件下，胶合板 TVOC 释放在第 17

天达到稳定状态，稳态释放量为 34.57μg·m^{-3}，比初始释放量下降了 96.35%。T$_3$条件下，胶合板 TVOC 释放在第 16 天达到稳定状态，稳态释放量为 33.74μg·m^{-3}，比初始释放量下降了 96.02%。T$_4$ 条件下，胶合板 TVOC 释放在第 17 天达到稳定状态，稳态释放量为 43.97μg·m^{-3}，比初始释放量下降了 98.69%。T$_5$ 条件下，胶合板 TVOC 释放在第 16 天达到稳定状态，稳态释放量为 31.49μg·m^{-3}，比初始释放量下降了 98.65%。T$_6$ 条件下，胶合板 TVOC 释放在第 15 天达到稳定状态，稳态释放量为 31.65μg·m^{-3}，比初始释放量下降了 98.16%。

　　T$_1$～T$_6$ 试验结果表明，相同的温度条件下，提高环境的相对湿度或增大空气交换率与负荷因子之比都可以缩短胶合板 TVOC 释放达到稳定状态所需的时间，T$_6$ 试验条件下检测周期最短，为 15 天。

　　图 6-5 为 T$_7$～T$_{12}$ 试验条件下胶合板 TVOC 释放趋势特性。T$_7$～T$_{12}$ 试验条件下，胶合板 TVOC 释放量在第 1～3 天下降最快，并随时间逐渐减慢，最终在第 12～15 天达到稳定状态。T$_7$～T$_{12}$ 试验条件下，TVOC 释放量在第 1～3 天分别下降了 2730.97μg·m^{-3}、2237.87μg·m^{-3}、1894.03μg·m^{-3}、3476.72μg·m^{-3}、2880.27μg·m^{-3}、1975.43μg·m^{-3}，分别占 TVOC 初始释放量的 59.74%、63.52%、68.03%、60.36%、72.84%、67.11%，均超过初始释放量的 1/2。

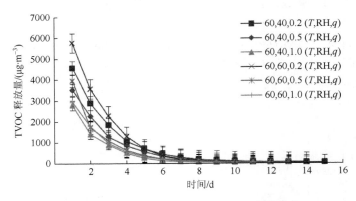

图 6-5　T$_7$～T$_{12}$ 条件下胶合板 TVOC 释放趋势

　　T$_7$ 条件下，胶合板 TVOC 释放在第 15 天达到稳定状态，稳态释放量为 35.30μg·m^{-3}，比初始释放量下降了 99.23%。T$_8$ 条件下，胶合板 TVOC 释放在第 14 天达到稳定状态，稳态释放量为 30.05μg·m^{-3}，比初始释放量下降了 99.15%。T$_9$ 条件下，胶合板 TVOC 释放在第 13 天达到稳定状态，稳态释放量为 31.15μg·m^{-3}，比初始释放量下降了 98.88%。T$_{10}$ 条件下，胶合板 TVOC 释放在第 14 天达到稳定状态，稳态释放量为 45.37μg·m^{-3}，比初始释放量下降了 99.21%。T$_{11}$ 条件下，胶合板 TVOC 释放在第 13 天达到稳定状态，稳态释放量为 31.46μg·m^{-3}，比初始释放量下降了 99.20%。T$_{12}$ 条件下，胶合板 TVOC 释放在第 12 天达到稳定状态，稳态释放量为 29.35μg·m^{-3}，比初始释放量下降了 99.00%。

T$_7$～T$_{12}$ 试验结果表明，相同的温度条件下，提高环境的相对湿度或增大空气交换率与负荷因子之比都可以缩短胶合板 TVOC 释放达到稳定状态所需的时间，T$_{12}$ 试验条件下检测周期最短，为 12 天。与 T$_1$～T$_6$ 试验结果对比，当其他条件相同，温度从 40℃升高到 60℃时，胶合板 TVOC 的检测周期缩短了 3 天。

图 6-6 为 T$_{13}$～T$_{18}$ 试验条件下胶合板 TVOC 释放趋势特性。T$_{13}$～T$_{18}$ 试验条件下，胶合板 TVOC 释放量在第 1～3 天下降最快，并随时间逐渐减慢，最终在第 12～15 天达到稳定状态。T$_{13}$～T$_{18}$ 试验条件下，TVOC 释放量在第 1～3 天分别下降了 10477.74μg·m^{-3}、9275.69μg·m^{-3}、6940.63μg·m^{-3}、13895.25μg·m^{-3}、7552.51μg·m^{-3}、6210.62μg·m^{-3}，分别占 TVOC 初始释放量的 79.18%、84.56%、84.79%、86.84%、68.38%、73.64%，均超过初始释放量的 1/2。

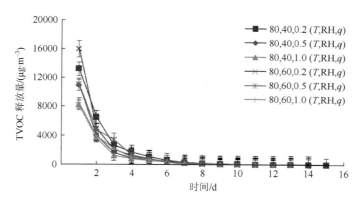

图 6-6　T$_{13}$～T$_{18}$ 条件下胶合板 TVOC 释放趋势

T$_{13}$ 条件下，胶合板 TVOC 释放在第 15 天达到稳定状态，稳态释放量为 45.25μg·m^{-3}，比初始释放量下降了 99.66%。T$_{14}$ 条件下，胶合板 TVOC 释放在第 14 天达到稳定状态，稳态释放量为 35.99μg·m^{-3}，比初始释放量下降了 99.67%。T$_{15}$ 条件下，胶合板 TVOC 释放在第 13 天达到稳定状态，稳态释放量为 37.43μg·m^{-3}，比初始释放量下降了 99.54%。T$_{16}$ 条件下，胶合板 TVOC 释放在第 14 天达到稳定状态，稳态释放量为 44.16μg·m^{-3}，比初始释放量下降了 99.72%。T$_{17}$ 条件下，胶合板 TVOC 释放在第 13 天达到稳定状态，稳态释放量为 41.09μg·m^{-3}，比初始释放量下降了 99.63%。T$_{18}$ 条件下，胶合板 TVOC 释放在第 12 天达到稳定状态，稳态释放量为 40.27μg·m^{-3}，比初始释放量下降了 99.52%。

T$_{13}$～T$_{18}$ 试验结果表明，相同的温度条件下，提高环境的相对湿度或增大空气交换率与负荷因子之比都可以缩短胶合板 TVOC 释放达到稳定状态所需的时间，T_{18} 试验条件下检测周期最短，为 12 天。与 $T_7 \sim T_{12}$ 试验结果对比，当温度为 80℃时，胶合板 TVOC 的检测周期与温度为 60℃时相同。

由图 6-4、图 6-5、图 6-6 可知，$T_1 \sim T_{18}$ 条件下，胶合板 TVOC 释放量在第 1～3 天下降最快，最终在第 12～18 天达到稳定状态。相同的温度条件下，提高环境的相对湿度或增大空气交换率与负荷因子之比都可以缩短胶合板 TVOC 释放达到稳定状态所需的时间；相同的相对湿度条件下，升高温度或增大空气交换率与负荷因子之比都可以缩短胶合板 TVOC 释放达到稳定状态所需的时间；相同的空气交换率与负荷因子之比条件下，升高温度或提高环境的相对湿度都可以缩短胶合板 TVOC 释放达到稳定状态所需的时间。温度对胶合板 TVOC 释放的影响大于相对湿度和空气交换率与负荷因子之比，T_{12} 和 T_{18} 试验条件下检测周期最短，为 12 天。最终选取 T_{12} 试验条件为胶合板 VOCs 最优检测条件。

2. 胶合板 VOCs 释放成分

DL-SW 微舱试验得到的胶合板 VOCs 种类有烯烃、芳香烃、烷烃、醛类、酮类、酯类、醇类及少量其他物质。胶合板 VOCs 具体成分见表 6-13。

表 6-13　胶合板 VOCs 成分

类别	具体成分
烯烃	3-蒈烯、2-亚丙烯基-环丁烯、莰烯、环己烯、愈创木烯、9H-环异松油烯、3, 6, 6-三甲基双环庚-2-烯、长叶烯、异长叶烯、1, 3, 6-辛三烯、β-芹子烯、环十二碳烯、四氢苈烯、α-葎草烯
芳香烃	苯、乙苯、对二甲苯、1, 3-二甲基苯、苯乙烯、1H-茚、萘、1, 4-亚甲基薁、丁基化羟基甲苯、1, 2, 4-亚甲基-1H-茚、2-乙酰氧基茚满
烷烃	环戊烷、己烷、庚烷、2, 2, 4, 4-四甲基辛烷、癸烷、内三环癸烷、十一烷、十二烷、十四烷、十五烷、十六烷
醛类	戊醛、己醛、庚醛、壬醛、癸醛、2-甲基-十一醛、辛醛、十一醛、2-十二烯醛、十五烷醛、糠醛
酮类	3, 3-二甲基-2-戊酮、2-十五烷酮、2-环丙基-1-酮、1, 3-环戊二酮、2, 3-丁二酮
酯类	乙酸乙酯、乙酸丁酯、邻苯二甲酸二丁酯、1, 2-苯二甲酸-双(2-甲基丙基)酯、苯甲酸甲酯
醇类	表蓝桉醇、反式-2-十二碳烯-1-醇、2-乙基-1-己醇、长脂肪醇
其他	2-乙基己酸酐、苯酚、乙酸

表 6-14 为胶合板在 $T_1 \sim T_3$ 条件下各类物质的初始及稳态释放浓度。$T_1 \sim T_3$ 条件下，环境温度为 40℃，相对湿度为 40%。胶合板释放初期检测到的主要物质为芳香烃，其次是烯烃、烷烃、醛类、酯类，以及少量的醇类、酮类和其他物质。释放达到稳定状态时，检测到的主要物质为芳香烃、烯烃、烷烃、醛类、酯类，以及少量的酮类和醇类。$T_1 \sim T_3$ 条件下，初始芳香烃释放量占 TVOC 释放量的 92.05%、64.98%、68.92%；稳定状态下，芳香烃释放量占 TVOC

释放量的 22.20%、23.60%、36.18%，其释放量占 TVOC 释放量的百分比较释放初始下降了很多，而烷烃、醛类、酯类物质的稳态释放量较初始释放量下降较少，释放周期长。

表 6-14　$T_1 \sim T_3$ 条件下胶合板 VOCs 初始和稳态释放浓度（$\mu g \cdot m^{-3}$）

种类	T_1		T_2		T_3	
	初始	稳态	初始	稳态	初始	稳态
烯烃	67.59	1.28	43.61	9.65	33.52	2.13
芳香烃	1798.57	9.66	615.95	8.16	584.29	12.20
烷烃	27.74	8.22	63.92	3.38	131.91	5.11
醛类	37.37	9.83	48.45	4.94	48.50	4.19
酮类	0	3.02	29.58	0	16.84	2.34
酯类	15.54	11.1	138.14	8.11	32.69	7.39
醇类	2.17	0.41	8.32	0.33	0	0.36
其他	5.03	0	0	0	0	0

表 6-15 为胶合板在 $T_4 \sim T_6$ 条件下各类物质的初始及稳态释放浓度。$T_4 \sim T_6$ 条件下，环境温度为 40℃，相对湿度为 60%。胶合板释放初期检测到的主要物质为芳香烃，其次是烯烃、烷烃、醛类、酮类、酯类，以及少量的醇类和其他物质。释放达到稳定状态时，检测到的主要物质为芳香烃、烯烃、烷烃、醛类、酯类，以及少量的酮类和醇类。$T_4 \sim T_6$ 条件下，初始芳香烃释放量占 TVOC 释放量的 82.03%、83.37%、75.51%；稳定状态下，芳香烃释放量占 TVOC 释放量的 49.33%、32.74%、58.10%，其释放量占 TVOC 释放量的百分比较释放初始下降了很多，而烷烃、醛类、酯类物质的稳态释放量较初始释放量下降较少，释放周期长。与 $T_1 \sim T_3$ 条件相比，$T_4 \sim T_6$ 条件下环境相对湿度增加，酮类物质释放量明显增大。

表 6-16 为胶合板在 $T_7 \sim T_9$ 条件下各类物质的初始及稳态释放浓度。$T_7 \sim T_9$ 条件下，环境温度为 60℃，相对湿度为 40%。胶合板释放初期检测到的主要物质为芳香烃，其次是烯烃、烷烃、醛类、酮类、酯类，以及少量的醇类和其他物质。释放达到稳定状态时，检测到的主要物质为芳香烃，其次是烷烃、醛类、酯类、酮类，以及少量的烯烃、醇类和其他物质。$T_7 \sim T_9$ 条件下，初始芳香烃释放量占 TVOC 释放量的 85.13%、88.20%、84.81%；稳定状态下，芳香烃释放量占 TVOC 释放量的 40.99%、64.03%、53.64%，其释放量占 TVOC 释放量的百分比较释放初始下降了很多。与 $T_1 \sim T_6$ 条件相比，$T_7 \sim T_9$ 条件下温度升高，烯烃、芳香烃、酮类物质释放量明显增大，烯烃的稳态释放量明显减小。

表 6-15　T$_4$～T$_6$ 条件下胶合板 VOCs 初始和稳态释放浓度（μg·m^{-3}）

种类	T$_4$		T$_5$		T$_6$	
	初始	稳态	初始	稳态	初始	稳态
烯烃	127.11	1.87	27.75	2.69	18.07	3.37
芳香烃	2724.21	21.69	1941.41	9.75	1295.65	18.39
烷烃	289.10	9.19	101.77	7.30	222.56	3.39
醛类	27.44	4.09	34.11	3.97	8.79	0.63
酮类	73.44	0	180.14	2.29	121.93	3.01
酯类	53.83	7.12	31.47	3.78	39.37	2.17
醇类	0	0	3.81	0	9.52	0.68
其他	25.82	0	8.14	0	0	0

表 6-16　T$_7$～T$_9$ 条件下胶合板 VOCs 初始和稳态释放浓度（μg·m^{-3}）

种类	T$_7$		T$_8$		T$_9$	
	初始	稳态	初始	稳态	初始	稳态
烯烃	284.71	0.85	131.34	0.85	25.61	1.47
芳香烃	3891.93	13.86	3107.37	19.24	2361.33	16.71
烷烃	115.02	1.26	47.61	2.01	137.17	3.22
醛类	62.38	2.16	26.56	1.87	20.35	2.27
酮类	123.66	1.85	145.89	3.31	171.47	3.38
酯类	40.66	13.83	23.51	2.15	54.06	2.68
醇类	33.21	0	7.043	0.62	0	0
其他	20	0	33.9	0	14.24	1.42

　　表 6-17 为胶合板在 T$_{10}$～T$_{12}$ 条件下各类物质的初始及稳态释放浓度。T$_{10}$～T$_{12}$ 条件下，环境温度为 60℃，相对湿度为 60%。胶合板释放初期检测到的主要物质为芳香烃，其次是烯烃、烷烃、醛类、酮类、酯类，以及少量的醇类和其他物质。释放达到稳定状态时，检测到的主要物质为芳香烃，其次是烷烃、醛类、酯类、酮类，以及少量的烯烃、醇类。T$_{10}$～T$_{12}$ 条件下，初始芳香烃释放量占 TVOC 释放量的 93.53%、90.92%、89.66%；稳定状态下，芳香烃释放量占 TVOC 释放量的 86.05%、76.80%、72.16%，其释放量占 TVOC 释放量的百分比较释放初始

有所下降。与 $T_4 \sim T_6$ 条件相比，$T_{10} \sim T_{12}$ 条件下温度升高，烯烃、芳香烃、酮类物质释放量明显增大，烯烃的稳态释放量明显减小。

表 6-17　$T_{10} \sim T_{12}$ 条件下胶合板 VOCs 初始和稳态释放浓度（$\mu g \cdot m^{-3}$）

种类	T_{10}		T_{11}		T_{12}	
	初始	稳态	初始	稳态	初始	稳态
烯烃	85.46	0.92	65.34	0.40	52.81	0.71
芳香烃	5387.36	39.04	3595.32	24.16	2639.11	21.18
烷烃	67.52	1.59	82.93	2.75	71.43	1.18
醛类	26.26	1.03	22.24	2.23	9.87	1.35
酮类	125.30	2.49	120.36	0	117.21	4.07
酯类	46.78	0.3	48.93	1.68	43.90	0.53
醇类	0	0	9.33	0.24	0	0.33
其他	21.46	0	10.04	0	9.08	0

表 6-18　$T_{13} \sim T_{15}$ 条件下胶合板 VOCs 初始和稳态释放浓度（$\mu g \cdot m^{-3}$）

种类	T_{13}		T_{14}		T_{15}	
	初始	稳态	初始	稳态	初始	稳态
烯烃	215.27	0.66	159.31	1.49	224.29	1.55
芳香烃	12643.02	32.08	10075.50	19.19	7272.28	19.96
烷烃	70.12	1.77	237.13	1.41	156.41	1.47
醛类	11.99	6.23	12.36	8.19	11.41	8.51
酮类	161.29	2.93	408.41	4.07	445.04	4.24
酯类	41.44	1.57	39.74	1.63	36.65	1.70
醇类	60.37	0	21.89	0	24.57	0
其他	28.64	0	15.06	0	15.33	0

表 6-18 为胶合板在 $T_{13} \sim T_{15}$ 条件下各类物质的初始及稳态释放浓度。$T_{13} \sim T_{15}$ 条件下，环境温度为 80℃，相对湿度为 40%。胶合板释放初期检测到的主要物质为芳香烃，其次是烯烃、烷烃、醛类、酮类、酯类、醇类，以及少量的其他物质。释放达到稳定状态时，检测到的主要物质为芳香烃，其次是烷烃、醛类、

酯类、酮类，以及少量的烯烃。T_{13}～T_{15} 条件下，初始芳香烃释放量占 TVOC 释放量的 95.55%、91.85%、88.84%；稳定状态下，芳香烃释放量占 TVOC 释放量的 70.90%、53.34%、53.33%，其释放量占 TVOC 释放量的百分比较释放初始下降明显。与 T_7～T_{12} 条件相比，T_{13}～T_{15} 条件下温度升高，烯烃、芳香烃、酮类、醇类物质释放量明显增大。

　　表 6-19 为胶合板在 T_{16}～T_{18} 条件下各类物质的初始及稳态释放浓度。T_{16}～T_{18} 条件下，环境温度为 80℃，相对湿度为 60%。胶合板释放初期检测到的主要物质为芳香烃，其次是烯烃、烷烃、醛类、酮类、酯类，以及少量的醇类和其他物质。释放达到稳定状态时，检测到的主要物质为芳香烃，其次是烯烃、烷烃、醛类、酯类、酮类以及少量的醇类。T_{16}～T_{18} 条件下，初始芳香烃释放量占 TVOC 释放量的 97.42%、96.19%、93.15%；稳定状态下，芳香烃释放量占 TVOC 释放量的 80.28%、42.56%、42.56%，其释放量占 TVOC 释放量的百分比较释放初始下降明显。与 T_{13}～T_{15} 条件相比，T_{16}～T_{18} 条件下环境相对湿度升高，芳香烃释放量增大，烯烃、酮类、醇类物质释放量明显减小。

表 6-19　T_{16}～T_{18} 条件下胶合板 VOCs 初始和稳态释放浓度（$\mu g \cdot m^{-3}$）

种类	T_{16}		T_{17}		T_{18}	
	初始	稳态	初始	稳态	初始	稳态
烯烃	180.74	1.14	169.45	6.29	96.99	6.17
芳香烃	15588.51	35.45	10624.81	17.48	7856.18	17.13
烷烃	172.93	2.75	81.14	2.51	285.43	2.90
醛类	9.54	3.12	9.05	7.13	62.29	6.98
酮类	19.01	0	68.44	3.83	69.25	3.76
酯类	17.98	1.70	82.77	3.38	43.22	3.31
醇类	0	0	9.98	0.45	0	0
其他	12.09	0	0	0	20.89	0

　　由表 6-14～表 6-19 可知，胶合板释放初期释放量最大的是芳香烃，其次是烯烃，以及烷烃、醛类、酯类、醇类、酮类，还含有少量的其他物质。胶合板释放的物质种类共几十种，物质的来源和产生的过程十分复杂。芳香烃主要来源于胶合板生产中添加的酚醛树脂胶和桉木中的木质素。胶合板释放的烯烃主要来源于木材抽提物，烷烃产生于木材抽提物的化学反应。醛类主要是由木材自身的不饱和脂肪酸发生氧化反应形成。木材纤维素和半纤维素内含有的醇、酸发生反应产

生酯类。醇类主要来源于木材自身所含的纤维素与半纤维素。酮类物质主要来源于胶合板生产中添加的酚醛树脂胶黏剂。由于外界环境因素对材料 VOCs 释放的影响程度主要取决于 VOCs 的种类，所以改变温度、相对湿度、气体交换率与负荷因子之比，各类 VOCs 释放量的变化差异明显。当各类物质释放达到稳定状态，由于外界环境因素对低浓度的 VOCs 释放的影响不大，胶合板各类 VOCs 的稳态浓度都很低，所以稳定状态下各类 VOCs 释放量的差异很小。

6.2.3　DL-SW 微舱对刨花板 VOCs 释放检测分析

1. 刨花板 VOCs 释放水平

使用 DL-SW 微舱在 $T_1 \sim T_{18}$ 试验条件下对刨花板释放 VOCs 进行快速检测，得到的 TVOC 释放水平见表 6-20。

表 6-20　各试验条件下刨花板 TVOC 释放量

时间/d	TVOC 释放量/($\mu g \cdot m^{-3}$)								
	T_1	T_2	T_3	T_4	T_5	T_6	T_7	T_8	T_9
1	6675.71	2193.77	1577.63	6819.02	4074.31	2968.18	7485.69	5841.36	4022.63
2	3573.34	1614.41	1019.63	3246.02	2000.69	1466.36	4869.63	3655.54	2463.66
3	2073.69	880.27	548.47	2245.76	1289.69	906.44	2744.12	2412.22	1488.65
4	1671.90	718.75	326.65	1614.54	868.40	733.92	1912.45	1846.63	1044.78
5	1259.56	569.09	244.36	1178.14	664.36	521.89	1452.89	1388.78	706.56
6	992.54	439.31	187.88	788.63	507.35	395.78	1077.63	946.69	536.45
7	764.86	347.13	143.63	514.42	406.44	287.63	742.12	641.63	407.87
8	547.79	300.58	109.74	389.36	331.31	231.78	521.66	486.45	316.78
9	386.74	259.10	94.63	298.87	276.69	190.12	378.96	355.42	206.54
10	279.98	211.63	85.32	222.54	224.65	156.36	286.12	203.63	139.69
11	228.63	178.34	77.45	154.63	182.65	120.45	221.36	122.66	96.52
12	199.57	130.58	72.69	112.36	142.21	96.89	165.65	104.63	72.61
13	168.96	102.09	68.13	92.66	105.25	81.65	122.62	74.69	66.21
14	141.25	86.68	65.78	84.75	87.77	72.31	84.66	67.66	63.89
15	115.25	72.53	63.64	76.79	87.66	65.45	68.63	64.63	—
16	78.82	68.77	61.77	69.25	65.89	62.38	65.54	—	—
17	69.63	64.12	60.33	64.25	63.42	—	—	—	—
18	64.97	62.41	—	62.01	—	—	—	—	—
19	63.86	—	—	—	—	—	—	—	—

时间/d	TVOC 释放量/$(\mu g \cdot m^{-3})$								
	T_{10}	T_{11}	T_{12}	T_{13}	T_{14}	T_{15}	T_{16}	T_{17}	T_{18}
1	8366.41	7658.00	4892.64	21264.87	15702.45	13953.41	21960.59	18350.84	14347.91
2	5267.31	4492.01	3251.77	11207.01	11143.94	7445.63	12497.40	9477.71	7476.03
3	4006.86	3380.11	1808.21	6046.35	5884.49	3477.96	7366.89	5575.257	3541.36
4	2756.15	2891.14	1007.67	4589.36	3277.68	2215.65	3812.45	3077.68	1911.65
5	2163.56	2199.46	756.63	3378.22	2336.62	1512.36	2224.52	1863.47	1288.44
6	1822.78	1787.24	484.85	2412.63	1488.96	954.86	1453.63	1144.78	754.45
7	1482.11	1268.12	225.89	1677.12	925.14	533.78	886.63	652.45	321.54
8	1063.96	826.47	158.36	1089.63	489.69	244.12	510.13	324.12	183.63
9	732.38	483.63	104.47	655.47	246.77	139.88	285.56	186.33	116.63
10	388.63	255.78	83.12	413.89	186.65	95.45	178.88	120.78	85.44
11	296.96	179.36	72.96	288.36	123.44	81.96	114.47	87.85	73.63
12	219.37	104.33	65.13	204.13	89.41	69.33	85.12	70.77	64.63
13	120.44	69.69	63.25	131.49	71.99	64.69	73.89	66.55	63.66
14	71.78	66.58	—	84.69	65.74	61.78	69.03	65.14	—
15	68.90	—	—	68.31	63.81	—	66.43	—	—
16	—	—	—	65.98	—	—	—	—	—

由表 6-20 可得出，刨花板在相同的相对湿度、气体交换率与负荷因子之比的条件下，温度从 40℃升至 60℃，对 TVOC 初始释放量的影响程度分别为 12.13%、166.27%、154.98%、22.69%、87.96%、64.84%；温度从 60℃升至 80℃，对 TVOC 初始释放量的影响程度分别为 184.07%、168.81%、246.87%、162.49%、139.63%、193.25%。温度升高，刨花板 TVOC 初始释放量明显增加。刨花板在相同的温度、气体交换率与负荷因子之比的条件下，相对湿度从 40%升至 60%，对 TVOC 初始释放量的影响程度分别为 2.15%、85.72%、88.14%、11.77%、31.10%、21.63%、3.27%、16.87%、2.83%。刨花板在相同的温度、相对湿度的条件下，气体交换率与负荷因子之比从 0.2 次·m³·h⁻¹·m⁻² 升至 0.5 次·m³·h⁻¹·m⁻²，对 TVOC 初始释放量的影响程度分别为 67.14%、40.25%、21.97%、8.47%、26.16%、16.44%；气体交换率与负荷因子之比从 0.5 次·m³·h⁻¹·m⁻² 升至 1.0 次·m³·h⁻¹·m⁻²，对 TVOC 初始释放量的影响程度分别为 28.09%、27.15%、31.14%、36.11%、11.14%、21.81%。温度、相对湿度、气体交换率与负荷因子之比对刨花板 TVOC 初始释放量的平均影响程度分别为 133.67%、29.27%、27.99%，可知温度对刨花板 TVOC 释放量的影响大于相对湿度、气体交换率与负荷因子之比。

图 6-7 为刨花板在 $T_1 \sim T_6$ 试验条件下 TVOC 释放趋势特性。$T_1 \sim T_6$ 试验条件

下，刨花板 TVOC 释放量在第 1～3 天下降最快，并随时间逐渐减慢，最终在第 16～19 天达到稳定状态。T_1～T_6 试验条件下，TVOC 释放量在第 1～3 天分别下降了 4602.02μg·m^{-3}、1313.50μg·m^{-3}、1029.16μg·m^{-3}、4573.26μg·m^{-3}、2784.62μg·m^{-3}、2061.74μg·m^{-3}，分别占 TVOC 初始释放量的 68.94%、59.87%、65.23%、67.07%、68.35%、69.46%，均超过初始释放量的 1/2。

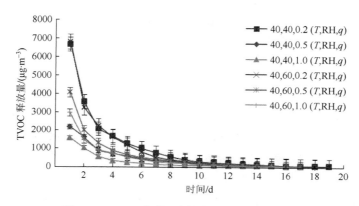

图 6-7　T_1～T_6 条件下刨花板 TVOC 释放趋势

T_1 条件下，刨花板 TVOC 释放在第 19 天达到稳定状态，稳态释放量为 63.86μg·m^{-3}，比初始释放量下降了 99.04%。T_2 条件下，刨花板 TVOC 释放在第 18 天达到稳定状态，稳态释放量为 62.41μg·m^{-3}，比初始释放量下降了 97.16%。T_3 条件下，刨花板 TVOC 释放在第 17 天达到稳定状态，稳态释放量为 60.33μg·m^{-3}，比初始释放量下降了 96.18%。T_4 条件下，刨花板 TVOC 释放在第 18 天达到稳定状态，稳态释放量为 62.01μg·m^{-3}，比初始释放量下降了 99.09%。T_5 条件下，刨花板 TVOC 释放在第 17 天达到稳定状态，稳态释放量为 63.42μg·m^{-3}，比初始释放量下降了 98.44%。T_6 条件下，刨花板 TVOC 释放在第 16 天达到稳定状态，稳态释放量为 62.38μg·m^{-3}，比初始释放量下降了 97.90%。

T_1～T_6 试验结果表明，相同的温度条件下，提高环境的相对湿度或增大空气交换率与负荷因子之比都可以缩短刨花板 TVOC 释放达到稳定状态所需的时间，T_6 试验条件下检测周期最短，为 16 天。

图 6-8 为 T_7～T_{12} 试验条件下刨花板 TVOC 释放趋势特性。T_7～T_{12} 试验条件下，刨花板 TVOC 释放量在第 1～3 天下降最快，并随时间逐渐减慢，最终在第 13～16 天达到稳定状态。T_7～T_{12} 试验条件下，TVOC 释放量在第 1～3 天分别下降了 4741.57μg·m^{-3}、3429.14μg·m^{-3}、2533.98μg·m^{-3}、4359.55μg·m^{-3}、4277.89μg·m^{-3}、3084.43μg·m^{-3}，分别占 TVOC 初始释放量的 63.34%、58.70%、62.99%、52.11%、55.86%、63.04%，均超过初始释放量的 1/2。

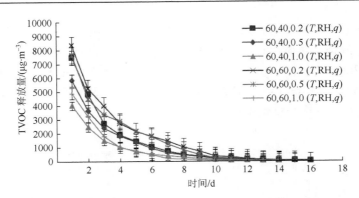

图 6-8　T₇～T₁₂ 条件下刨花板 TVOC 释放趋势

T₇ 条件下，刨花板 TVOC 释放在第 16 天达到稳定状态，稳态释放量为 65.54μg·m⁻³，比初始释放量下降了 99.12%。T₈ 条件下，刨花板 TVOC 释放在第 15 天达到稳定状态，稳态释放量为 64.63μg·m⁻³，比初始释放量下降了 98.89%。T₉ 条件下，刨花板 TVOC 释放在第 14 天达到稳定状态，稳态释放量为 63.89μg·m⁻³，比初始释放量下降了 98.41%。T₁₀ 条件下，刨花板 TVOC 释放在第 15 天达到稳定状态，稳态释放量为 68.90μg·m⁻³，比初始释放量下降了 99.18%。T₁₁ 条件下，刨花板 TVOC 释放在第 14 天达到稳定状态，稳态释放量为 66.58μg·m⁻³，比初始释放量下降了 99.13%。T₁₂ 条件下，刨花板 TVOC 释放在第 13 天达到稳定状态，稳态释放量为 63.25μg·m⁻³，比初始释放量下降了 98.71%。

T₇～T₁₂ 试验结果表明，相同的温度条件下，提高环境的相对湿度或增大空气交换率与负荷因子之比都可以缩短刨花板 TVOC 释放达到稳定状态所需的时间，T₁₂ 试验条件下检测周期最短，为 13 天。与 T₁～T₆ 试验结果对比，当其他条件相同，温度从 40℃升高到 60℃时，刨花板 TVOC 的检测周期缩短了 3 天。

图 6-9 为 T₁₃～T₁₈ 试验条件下刨花板 TVOC 释放趋势特性。T₁₃～T₁₈ 试验条件下，刨花板 TVOC 释放量在第 1～3 天下降最快，并随时间逐渐减慢，最终在第 13～16 天达到稳定状态。T₁₃～T₁₈ 试验条件下，TVOC 释放量在第 1～3 天分别下降了 15218.52μg·m⁻³、9817.96μg·m⁻³、10475.45μg·m⁻³、14593.7μg·m⁻³、12775.58μg·m⁻³、10806.55μg·m⁻³，分别占 TVOC 初始释放的 71.57%、62.53%、75.07%、66.45%、69.62%、75.32%，均超过初始释放量的 1/2。

T₁₃ 条件下，刨花板 TVOC 释放在第 16 天达到稳定状态，稳态释放量为 65.98μg·m⁻³，比初始释放量下降了 99.69%。T₁₄ 条件下，刨花板 TVOC 释放在第 15 天达到稳定状态，稳态释放量为 63.81μg·m⁻³，比初始释放量下降了 99.59%。T₁₅ 条件下，刨花板 TVOC 释放在第 14 天达到稳定状态，稳态释放量为 61.78μg·m⁻³，比初始释放量下降了 99.56%。T₁₆ 条件下，刨花板 TVOC 释放在第 15 天达到稳定

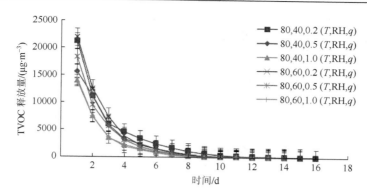

图 6-9　T_{13}~T_{18} 条件下刨花板 TVOC 释放趋势

状态，稳态释放量为 66.43μg·m^{-3}，比初始释放量下降了 99.70%。T_{17} 条件下，刨花板 TVOC 释放在第 14 天达到稳定状态，稳态释放量为 65.14μg·m^{-3}，比初始释放量下降了 99.65%。T_{18} 条件下，刨花板 TVOC 释放在第 13 天达到稳定状态，稳态释放量为 63.66μg·m^{-3}，比初始释放量下降了 99.56%。

　　T_{13}~T_{18} 试验结果表明，相同的温度条件下，提高环境的相对湿度或增大空气交换率与负荷因子之比都可以缩短刨花板 TVOC 释放达到稳定状态所需的时间，T_{18} 试验条件下检测周期最短，为 13 天。与 T_7~T_{12} 试验结果对比，当温度为 80℃时，刨花板 TVOC 的检测周期与温度为 60℃时相同。

　　由图 6-7、图 6-8、图 6-9 可知，T_1~T_{18} 条件下，刨花板 TVOC 释放量在第 1~3 天下降最快，最终在第 13~19 天达到稳定状态。相同的温度条件下，提高环境的相对湿度或增大空气交换率与负荷因子之比都可以缩短刨花板 TVOC 释放达到稳定状态所需的时间；相同的相对湿度条件下，升高温度或增大空气交换率与负荷因子之比都可以缩短刨花板 TVOC 释放达到稳定状态所需的时间；相同的空气交换率与负荷因子之比条件下，升高温度或提高环境的相对湿度都可以缩短刨花板 TVOC 释放达到稳定状态所需的时间。温度对刨花板 TVOC 释放的影响大于相对湿度和空气交换率与负荷因子之比，T_{12} 和 T_{18} 试验条件下检测周期最短，为 13 天。最终选取 T_{12} 试验条件为刨花板 VOCs 最优检测条件。

2. 刨花板 VOCs 释放成分

　　DL-SW 微舱试验得到的刨花板 VOCs 种类有烯烃、芳香烃、烷烃、醛类、酮类、酯类、醇类及少量其他物质。刨花板 VOCs 具体成分见表 6-21。表 6-22 为刨花板在 T_1~T_3 条件下各类物质的初始及稳态释放浓度。

表 6-21　刨花板 VOCs 成分

类别	具体成分
烯烃	3-蒈烯、3-甲基-3-庚烯、石竹烯、莰烯、可巴烯、β-芹子烯、环己烯、α-蒎烯、α-荜澄茄烯、α-白昌考烯、反式-香柠檬烯、长叶烯、柠檬烯、α-月桂烯、α-水芹烯、石竹烯、衣兰烯
芳香烃	苯、甲苯、乙苯、对二甲苯、1,3-二甲基苯、苯乙烯、1-乙基-3-甲基苯、1,3,5-三甲苯、1,2,3-三甲基苯、蒽、1,4-二甲基蒽、萘、2-甲基萘、6-异丙基-1,4-二甲基萘
烷烃	庚烷、己烷、壬烷、辛烷、十一烷、十二烷、十五烷、十六烷、戊烷、1-乙烯基-1-甲基环己烷、2-甲基-5-丙基戊烷、2,2,7,7-四甲基辛烷
醛类	己醛、壬醛、癸醛、庚醛、2-正丁基丙烯醛、2-辛烯醛
酮类	1,7,7-三甲基-双环庚-2-酮、4,6,6-三甲基-双环庚-3-烯-2-酮
酯类	邻苯二甲酸二丁酯、2,2-二甲基-1-丙基酯、3-甲基丁基乙酸酯
醇类	辛醇、2-乙基-1-己醇、3-环己烯-1-醇、3-环己烯-1-甲醇、杜松醇、α-红没药醇、冰片醇
其他	呋喃、十四烷酸、正十六烷酸

表 6-22　$T_1 \sim T_3$ 条件下刨花板 VOCs 初始和稳态释放浓度 （$\mu g \cdot m^{-3}$）

类别	T_1		T_2		T_3	
	初始	稳态	初始	稳态	初始	稳态
烯烃	4561.11	18.89	1429.98	17.07	1107.20	24.56
芳香烃	906.67	7.91	370.84	11.98	291.89	9.20
烷烃	96.8	7.46	53.77	7.02	28.69	6.83
醛类	605.57	13.51	189.5	11.67	89.4	10.22
酮类	7.59	0.19	4.34	0.35	0	0
酯类	304.4	12.7	39.96	7.67	24.36	6.85
醇类	145.28	3.19	77.4	6.65	36.09	2.67
其他	39.9	0	19.07	0	0	0

　　$T_1 \sim T_3$ 条件下，环境温度为 40℃，相对湿度为 40%。刨花板释放初期检测到的主要物质为烯烃，其次是芳香烃、烷烃、醛类、酯类、醇类，以及少量的酮类和其他物质。释放达到稳定状态时，检测到的主要物质为烯烃、芳香烃、烷烃、醛类、酯类、醇类，以及少量的酮类。$T_1 \sim T_3$ 条件下，初始烯烃释放量占 TVOC 释放量的 68.41%、65.45%、70.18%；稳定状态下，烯烃释放量占 TVOC 释放量的 29.58%、27.35%、40.71%，其释放量占 TVOC 释放量的百分比较释放初始下降了很多。

　　表 6-23 为刨花板在 $T_4 \sim T_6$ 条件下各类物质的初始及稳态释放浓度。$T_4 \sim T_6$ 条件下，环境温度为 40℃，相对湿度为 60%。刨花板释放初期检测到的主要物质为烯烃，其次是芳香烃、烷烃、醛类、酯类，以及少量的酮类和醇类。释放达到

稳定状态时，检测到的主要物质为烯烃、芳香烃、烷烃、醛类、酯类，以及少量的醇类。$T_4 \sim T_6$ 条件下，初始烯烃释放量占 TVOC 释放量的 72.15%、69.43%、66.67%；稳定状态下，烯烃释放量占 TVOC 释放量的 20.45%、35.45%、57.78%，其释放量占 TVOC 释放量的百分比较释放初始下降了很多，醛类和酯类的稳态释放量比初始释放量下降较少，释放周期长。与 $T_1 \sim T_3$ 条件相比，$T_4 \sim T_6$ 条件下环境相对湿度增加，醇类物质释放量减小。

表 6-23　$T_4 \sim T_6$ 条件下刨花板 VOCs 初始和稳态释放浓度（$\mu g \cdot m^{-3}$）

类别	T_4		T_5		T_6	
	初始	稳态	初始	稳态	初始	稳态
烯烃	4920.14	12.68	2822.57	22.48	1982.86	36.04
芳香烃	838.31	6.9	715.79	7.6	580.68	6.34
烷烃	134.46	3.59	42.2	2.92	55.46	2.51
醛类	710.59	14.27	265.52	18.89	252.68	11.86
酮类	26.7	0	14.43	0	12.16	0
酯类	148.44	24.56	149.22	11.52	34.33	5.28
醇类	40.38	0	55.65	0	12	0.34
其他	0	0	0	0	0	0

表 6-24 为刨花板在 $T_7 \sim T_9$ 条件下各类物质的初始及稳态释放浓度。$T_7 \sim T_9$ 条件下，环境温度为 60℃，相对湿度为 40%。刨花板释放初期检测到的主要物质为烯烃，其次是芳香烃、烷烃、醛类、醇类，以及少量的酮类和酯类。释放达到稳定状态时，检测到的主要物质为烯烃、芳香烃、醛类、酯类、醇类，以及少量的烷烃和酮类。$T_7 \sim T_9$ 条件下，初始烯烃释放量占 TVOC 释放量的 63.54%、68.87%、70.52%；稳定状态下，烯烃释放量占 TVOC 释放量的 30.68%、50.16%、45.19%，其释放量占 TVOC 释放量的百分比较释放初始下降了很多，醛类和酯类的稳态释放量比初始释放量下降较少，释放周期长。与 $T_1 \sim T_3$ 条件相比，$T_7 \sim T_9$ 条件下温度升高，醇类物质释放量明显增大。

表 6-25 为刨花板在 $T_{10} \sim T_{12}$ 条件下各类物质的初始及稳态释放浓度。$T_{10} \sim T_{12}$ 条件下，环境温度为 60℃，相对湿度为 60%。刨花板释放初期检测到的主要物质为烯烃，其次是芳香烃、烷烃、醛类、醇类，以及少量的酮类和酯类。释放达到稳定状态时，检测到的主要物质为烯烃、芳香烃、醛类、酯类、醇类，以及少量的烷烃和酮类。$T_{10} \sim T_{12}$ 条件下，初始烯烃释放量占 TVOC 释放量的 62.87%、69.19%、70.93%；稳定状态下，烯烃释放量占 TVOC 释放量的 31.12%、50.20%、37.39%，其释放量占 TVOC 释放量的百分比较释放初始下降了很多，醛类和酯类

表 6-24　T$_7$～T$_9$ 条件下刨花板 VOCs 初始和稳态释放浓度（μg·m^{-3}）

类别	T$_7$		T$_8$		T$_9$	
	初始	稳态	初始	稳态	初始	稳态
烯烃	4756.13	20.08	4022.77	32.42	2836.64	28.87
芳香烃	1196.68	13.22	743.18	16.37	642.82	12.88
烷烃	176.5	0.78	74.09	1.55	142.86	4.16
醛类	549.57	19.99	399.53	4.24	283.38	5.26
酮类	75.11	0.31	36.86	0	6.75	1.45
酯类	21.9	4.34	33.76	5.27	29.96	6.02
醇类	709.8	6.73	531.17	4.78	80.22	5.25
其他	0	0	0	0	0	0

的稳态释放量比初始释放量下降较少，释放周期长。与 T$_4$～T$_6$ 条件相比，T$_{10}$～T$_{12}$ 条件下温度升高，醇类物质释放量明显增大。

表 6-25　T$_{10}$～T$_{12}$ 条件下刨花板 VOCs 初始和稳态释放浓度（μg·m^{-3}）

类别	T$_{10}$		T$_{11}$		T$_{12}$	
	初始	稳态	初始	稳态	初始	稳态
烯烃	5260.01	21.44	5298.38	33.84	3470.28	23.65
芳香烃	1315.17	13.92	927.87	16.93	772.96	10.74
烷烃	199.29	0.82	94.86	1.60	171.82	9.08
醛类	612.02	21.05	520.46	4.37	348.02	5.17
酮类	84.17	0.23	48.48	0	8.21	1.48
酯类	24.48	4.37	44.39	5.44	36.5	7.99
醇类	871.27	7.07	723.57	3.92	84.85	5.14
其他	0	0	0	0	0	0

表 6-26 为刨花板在 T$_{13}$～T$_{15}$ 条件下各类物质的初始及稳态释放浓度。T$_{13}$～T$_{15}$ 条件下，环境温度为 80℃，相对湿度为 40%。刨花板释放初期检测到的主要物质为烯烃，其次是芳香烃、醛类、酯类、醇类，以及少量的烷烃和酮类。释放达到稳定状态时，检测到的主要物质为烯烃、芳香烃、醛类、酯类、醇类，以及

少量的烷烃和酮类。$T_{13} \sim T_{15}$ 条件下，初始烯烃释放量占 TVOC 释放量的 57.93%、61.33%、54.75%；稳定状态下，烯烃释放量占 TVOC 释放量的 53.85%、46.36%、39.58%，其释放量占 TVOC 释放量的百分比较释放初始有所下降。与 $T_7 \sim T_9$ 条件相比，$T_{13} \sim T_{15}$ 条件下温度升高，各类物质释放量均明显增大。

表 6-26　$T_{13} \sim T_{15}$ 条件下刨花板 VOCs 初始和稳态释放浓度（$\mu g \cdot m^{-3}$）

类别	T_{13}		T_{14}		T_{15}	
	初始	稳态	初始	稳态	初始	稳态
烯烃	12317.82	35.53	9555.96	29.58	7638.87	24.45
芳香烃	4127.72	14.78	2869.33	12.89	2834.03	13.14
烷烃	191.00	1.68	122.12	0.75	186.79	8.87
醛类	1950.57	4.23	845.48	9.49	1861.78	5.05
酮类	163.89	0.49	111.12	0.31	39.15	1.45
酯类	1071.59	5.4	237.59	4.23	502.19	3.80
醇类	1442.27	3.87	1840.87	6.56	890.59	5.02
其他	0	0	0	0	0	0

表 6-27 为刨花板在 $T_{16} \sim T_{18}$ 条件下各类物质的初始及稳态释放浓度。$T_{16} \sim T_{18}$ 条件下，环境温度为 80℃，相对湿度为 60%。刨花板释放初期检测到的主要物质为烯烃，其次是芳香烃、醛类、酯类、醇类，以及少量的烷烃和酮类。释放达到稳定状态时，检测到的主要物质为烯烃、芳香烃、醛类、酯类、醇类，以及少量的烷烃和酮类。$T_{16} \sim T_{18}$ 条件下，初始烯烃释放量占 TVOC 释放量的 58.37%、64.42%、64.85%；稳定状态下，烯烃释放量占 TVOC 释放量的 42.74%、51.19%、45.22%，其释放量占 TVOC 释放量的百分比较释放初始有所下降。与 $T_{10} \sim T_{12}$ 条件相比，$T_{16} \sim T_{18}$ 条件下温度升高，各类物质释放量均明显增大。

表 6-27　$T_{16} \sim T_{18}$ 条件下刨花板 VOCs 初始和稳态释放浓度（$\mu g \cdot m^{-3}$）

类别	T_{16}		T_{17}		T_{18}	
	初始	稳态	初始	稳态	初始	稳态
烯烃	12818.89	28.39	11822.18	33.11	9303.98	28.79
芳香烃	4180.72	13.42	2877.45	16.57	2205.60	13.80
烷烃	233.98	0.79	185.87	1.57	133.77	1.13
醛类	2159.02	12.30	1276.38	4.27	2050.56	5.20
酮类	130.59	0.32	108.69	0.22	38.11	1.49
酯类	1155.75	4.41	780.22	5.10	216.43	8.04
醇类	1281.62	6.80	1300.04	3.84	399.45	5.21
其他	0	0	0	0	0	0

由表 6-22～表 6-27 可知，刨花板释放的主要物质是烯烃，其次是芳香烃，以及醛类、烷烃、酯类、醇类、酮类。烯烃中检测到的主要物质是 3-蒈烯、α-蒎烯，其主要来源于木材本身的油性树脂，芳香烃主要来源于刨花板生产中添加的脲醛树脂胶，醛类除了来自于脲醛树脂胶，还来自于木材中不饱和脂肪酸的氧化。木材纤维素和半纤维素内含有的醇、酸发生反应产生酯类。醇类主要来源于木材自身所含的纤维素与半纤维素。由于外界环境因素对材料 VOCs 释放的影响程度主要取决于 VOCs 的种类，所以改变温度、相对湿度、气体交换率与负荷因子之比，各类 VOCs 释放量的变化差异明显。当各类物质释放达到稳定状态，由于外界环境因素对低浓度的 VOCs 释放的影响不大，刨花板各类 VOCs 的稳态浓度都很低，造成稳定状态下各类 VOCs 释放量的差异很小。

6.3　本　章　小　结

1）利用 DL-SW 微舱在 18 种试验条件下检测中密度纤维板、胶合板和刨花板，得到的三种板材 TVOC 释放规律一致，均是第 1～3 天释放下降最快，后随时间逐渐减慢，最后到达稳定状态。三种板材最初 TVOC 呈现很快的下降趋势，是由于释放初期板材内部 VOCs 浓度与外界环境 VOCs 浓度存在很大的浓度差，随时间推移，浓度差减小，TVOC 释放下降趋势减慢，直至稳定状态。

2）适度地升高环境温度、相对湿度或增大空气交换率与负荷因子之比都可以缩短中密度纤维板、胶合板和刨花板的检测周期，使三种板材释放的 VOCs 更快地达到稳定状态。温度对检测周期的影响大于相对湿度或增大空气交换率与负荷因子之比对检测周期的影响。升高温度或相对湿度能增加三种板材 TVOC 释放量，加速 VOCs 的释放速率。

3）在温度 60℃、相对湿度 60%、空气交换率与负荷因子之比为 1 次·m^3·h^{-1}·m^{-2} 的条件下，三种板材 TVOC 释放达到稳定状态所用的时间最短，中密度纤维板和胶合板为 12 天，刨花板为 13 天。当温度升高到 80℃，三种板材 TVOC 释放量较 60℃时增加明显，板材 VOCs 释放在检测后期保持了较高水平，达到稳定状态的时间与 60℃条件相比没有缩短。建议采用温度 60℃、相对湿度 60%、空气交换率与负荷因子之比为 1 次·m^3·h^{-1}·m^{-2} 的优化条件。

4）DL-SW 微舱检测中密度纤维板 VOCs 初始释放量最大的是芳香烃，其次是烯烃，以及烷烃、醛类、酯类、醇类，还包括少量的酮类和其他物质。胶合板 VOCs 初始释放量最大的是芳香烃，其次是烯烃，以及烷烃、醛类、酯类、醇类、酮类，还含有少量的其他物质。刨花板 VOCs 初始释放量最大的是烯烃，其次是芳香烃，以及烷烃、醛类、酯类、醇类、酮类。

5）芳香烃主要来源于人造板生产中添加的胶黏剂以及基材中含有的木质素

成分。萜烯类和脂肪类是木材抽提物的主要成分，板材释放的烯烃主要来源于木材抽提物。而木材抽提物发生化学反应则会产生烷烃。一定条件下，木材自身存在的不饱和脂肪酸发生自氧化，形成醛类。木材纤维素和半纤维素内含有的醇、酸发生反应产生酯类。醇类主要来源于木材自身所含的纤维素与半纤维素。酮类主要来源于人造板生产中添加的胶黏剂。

6）DL-SW 微舱检测得到三种板材释放初期，各类物质释放量差异明显，稳定状态下，各类物质释放量差异不大。中密度纤维板 VOCs 释放初期芳香烃和烯烃释放量占 TVOC 释放量的 65.85%～90.91%，稳定状态下降低为 11.72%～62.44%。胶合板 VOCs 释放初期芳香烃释放量占 TVOC 释放量的 64.98%～97.42%，稳定状态下降低为 22.20%～86.05%。刨花板 VOCs 释放初期烯烃释放量占 TVOC 释放量的 54.75%～72.15%，稳定状态下降低为 20.45%～57.78%。其原因是，外界环境因素对人造板 VOCs 释放的影响程度主要取决于 VOCs 的种类、升高温度和相对湿度，不同种类的 VOCs 释放量的变化差异明显。由于外界环境因素对低浓度的 VOCs 释放的影响不大，三种板材各类 VOCs 的稳态浓度都很低，所以稳定状态下各类 VOCs 释放量的差异很小。

参 考 文 献

曹连英，沈隽，王敬贤，等. 2013. 相对湿度对刨花板 VOCs 释放特性的影响[J]. 北京林业大学学报，35（3）：149-153.

陈峰，沈隽，苏雪瑶. 2010. 表面装饰对刨花板总有机挥发物和甲醛释放的影响[J]. 东北林业大学学报，38（6）：76-80.

李春艳，沈晓滨，时阳. 2007. 应用气候箱法测定胶合板的 VOC 释放[J]. 木材工业，21（4）：40-42.

李辉. 2010. 环境舱法研究家具有害物释放及其影响因子[D]. 北京：北京林业大学.

李爽，沈隽，江淑敏. 2013. 不同外部环境因素下胶合板 VOC 的释放特性[J]. 林业科学，49（1）：179-184.

刘巍巍，杜世元，张寅平. 2013. 室内物品和家具 VOC 散发环境舱设计思考和实践[J]. 暖通空调，43（12）：14-18.

龙玲，李光荣，周玉成. 2011. 大气候室测定家具中甲醛及其他 VOC 的释放量[J]. 木材工业，25（1）：12-15.

卢志刚，蔡建和，封亚辉，等. 2009. 纺织铺地物中挥发性有机化合物的测定（二）[J]. 印染，9：33-37.

尚文寅，张瑞新，田川，等. 2015. 建筑装修室内空气挥发性有机物污染规律研究[J]. 工程建设与设计，（4）：105-108.

沈隽，刘玉，朱晓东. 2009. 热压工艺对刨花板甲醛及其他有机挥发物释放总量的影响[J]. 林业科学，45（10）：130-133.

王新，丁钟. 2013. 汽车车室内 VOC 探讨及胶粘剂解决对策[J]. 化工新型材料，41（2）：157-159.

赵杨，沈隽，崔晓磊. 2015. 3 层实木复合地板 VOC 释放及快速检测[J]. 林业科学，51（2）：99-104.

赵杨，沈隽，赵桂玲. 2015. 胶合板 VOC 释放率测量及其对室内环境影响评价[J]. 安全与环境学报，15（1）：316-319.

郑允玲，赵杨，朱美潼，等. 2015. 胶合板 VOC 释放特征及规律的快速检测方法[J]. 东北林业大学学报，（6）：120-123.

周唯荟. 2015. 人造板 VOCs 释放规律实验研究[D]. 重庆：重庆大学.

朱海鸥，阙泽利，卢志刚，等. 2013. 测试条件对竹地板挥发性有机化合物释放的影响[J]. 木材工业，27（3）：13-17.

ASTM D 5116-2010. 2010. Standard Guide for Small-Scale Environmental Chamber Determinations of Organic Emissions from Indoor Materials/Products[S].

ASTM D 6330-2014. 2014. Standard Practice for Determination of Volatile Organic Compounds（Excluding Formaldehyde）

Emissions from Wood-based Panels using Small Environmental Chambers under Defined Test Conditions[S].

Brown S K. 1999. Chamber assessment of formaldehyde and VOC emissions from wood-based panels[J]. Indoor Air，9：209-215.

Fang L，Clausen G，Fanger P O. 1999. Impact of temperature and humidity on chemical and sensory emissions from building materials[J]. Indoor Air，9（3）：193-201.

Funaki R，Tanabe S. 2002. Chemical emission rates from building materials measured by a small chamber[J]. Journal of Asian Architecture & Building Engineering，1：93-100.

HJ 571-2010. 2010. 环境标志产品技术要求　人造板及其制品[S].

Huang Y D，Zhao S P，Hu F. 2007. Study on VOCs emitted from indoor man-made wood products[J]. The Administration and Technique of Environmental Monitoring，19（1）：38-40.

Katsoyiannis A，Leva P，Kotzias D. 2008. VOC and carbonyl emissions from carpets：A comparative study using four types of environmental chambers[J]. Journal of Hazardous Materials，（152）：669-676.

Kim S. 2010. Control of formaldehyde and TVOC emission from wood-based flooring composites at various manufacturing processes by surface finishing[J]. Journal of Hazardous Materials，176：14-19.

Kim S M，Kim H J. 2005. Effect of addition of polyvinyl acetate to melamine formaldehyde resin on the adhesion and formaldehyde emission in engineered flooring[J]. International Journal of Adhesion and Adhesives，25：456-461.

Kim S M，Kim J A，An J Y. 2007. TVOC and formaldehyde emission behaviors from flooring materials bonded with environmental friendly MF/PVAc hybrid resins[J]. Indoor Air，17：404-415.

Kim Y M，Harrad S，Harrison R M. 2001. Concentrations and sources of VOCs in urban domestic and public microenvironments[J]. Environment Science & Technology，35：997-1004.

Li G R，Hao C J，Long L. 2010. Determination of volatile organic compounds from furniture plates by small-scale chamber[J]. Wood Processing Machinery，（3）：24-27.

Lin C C，Yu K P，Zhao P. 2009. Evaluation of impact factors on VOC emissions and concentrations from wooden flooring based on chamber tests[J]. Building and Environment，44（3）：525-533.

Liu Y，Shen J，Zhu X D. 2010. Effect of temperature，relative humidity and ACH on the emission of volatile organic compounds from particleboard[J]. Advanced Materials Research，113-114：1874-1877.

Pellizzari E. 1991. Total volatile organic-concentrations in 2700 personal indoor and outdoor air samples collected in the US EPA team studies[J]. Indoor Air，1（4）：465-477.

Van Netten C，Shirtliffe C，Svec J. 2009. Temperature and humidity dependence of formaldehyde release from selected building materials[J]. Bulletin of environmental contamination and toxicology，42：558-565.

Wargocki P，Bako-Biro Z，Clausen G. 2012. Air quality in a simulated office environment as a result of reducing pollution sources and increasing ventilation[J]. Energy and Buildings，34（8）：775-783.

Wiglusz R，Sitko E，Nikel G. 2002. The effect of temperature on the emission of formaldehyde and volatile organic compounds（VOCs）from laminate flooring-case study[J]. Building and Environment，37（1）：41-44.

Wolkoff P. 1998. Impact of air velocity，temperature，humidity and air on long-term VOC emissions from building products[J]. Atmospheric Environment，32（14/15）：2659-2668.

Xu Y，Zhang Y P. 2003. An improved mass transfer based model for analyzing VOC emissions from building materials[J]. Atmospheric Environment，37：2497-2505.

Zhang W C，Shen J，Chen F. 2010. Study on the volatile organic compounds（VOC）emission of wood composites[J]. Advanced Materials Research，113-114：474-478.

第 7 章 DL-SW 微舱法与传统方法 VOCs 释放分析

7.1 试 验 设 计

7.1.1 试验材料

$1m^3$ 气候箱法使用的板材与 DL-SW 微舱法相同,均为中密度纤维板、胶合板、刨花板。板材的基本参数详见 6.1.1 小节。

对于人造板 VOCs 释放的检测,$1m^3$ 气候箱法要求设备装载率为 $1m^2 \cdot m^{-3}$,所以板材的暴露面积为 $1m^2$。将中密度纤维板、胶合板、刨花板裁切成尺寸为 800mm×625mm 的长方形,边部用铝箔胶带封边,防止产生高释放。裁切好的三种板材用锡箔纸覆盖,使用聚四氟乙烯袋抽真空后保存于冰箱中备用。

DL-SW 微舱法的试验材料的准备详见 6.1.1 小节。

7.1.2 试验设备

1)$1m^3$ 气候箱由东莞市升微机电设备科技有限公司生产,有空气循环和净化系统,能控制标准测试舱温度、相对湿度、气流量,并为舱体内提供清洁空气。

2)DL-SW 微舱详见 6.1.2 小节。

3)IAQ-Pro 型采样泵详见 6.1.2 小节。

4)Tenax-TA 吸附管(采样管)详见 6.1.2 小节。

5)Unity 1 型热解吸进样器详见 6.1.2 小节。

6)DSQ Ⅱ气相色谱质谱(GC/MS)联用仪详见 6.1.2 小节。

7.1.3 性能测试

1. VOCs 采集方法

$1m^3$ 气候箱法:用去离子水清洗舱体内部并擦干,根据 ASTM D 5116-2010 将气候箱温度设置为 23℃,相对湿度为 50%,气流量为 $16.7L \cdot min^{-1}$,压强为 10MPa。将解冻的中密度纤维板、胶合板、刨花板放置于 $1m^3$ 气候箱正中位置,关闭箱门,分别在第 1、3、7、14、21、28 天用 Tenax-TA 采样管采样,采样流量 $250mL \cdot min^{-1}$,采样时间 12min,共采集 3L 气体。

DL-SW 微舱法：详见 6.1.3 小节。

2. VOCs 分析方法

利用热解吸进样器对 Tenax-TA 采样管内的 VOCs 进行热脱附，气相色谱质谱（GC/MS）联用仪检测 VOCs 的成分和含量，根据国家标准 GB/T 18883—2002，试验保留匹配度大于 750 且在 $C_6 \sim C_{16}$ 之间的含有 C、H、O 元素的化合物。采用内标定量法计算 VOCs 的浓度，氘代甲苯为内标物，浓度为 200ng·μL^{-1}，加入量为 2μL。

DL-SW 微舱法和 1m³ 气候箱法试验参数见表 7-1。

表 7-1　DL-SW 微舱法和 1m³ 气候箱法试验参数设置

试验参数	1m³ 气候箱	DL-SW 微舱
舱体体积/m³	1	1.16×10^{-4}
空气交换率与负荷因子之比/(次·m³·h⁻¹·m⁻²)	1	1
温度/℃	23	60
相对湿度/%	50	60

7.2　性　能　分　析

7.2.1　VOCs 释放水平

表 7-2、表 7-3 分别是 DL-SW 微舱法和 1m³ 气候箱法 TVOC 释放量。由表 7-2、表 7-3 可知，1m³ 气候箱法测得中密度纤维板、胶合板、刨花板 TVOC 释放量在第 1～3 天下降最快，分别下降了 59.24μg·m⁻³、66.30μg·m⁻³、82.50μg·m⁻³，分别占 TVOC 初始释放量的 40.69%、46.10%、36.23%。DL-SW 微舱法测得中密度纤维板、胶合板、刨花板 TVOC 释放量在第 1～3 天下降最快，分别下降了 664.70μg·m⁻³、1975.43μg·m⁻³、3084.43μg·m⁻³，分别占 TVOC 初始释放量的 75.69%、67.11%、63.04%。对比可知，DL-SW 设定的高温高湿条件增大了板材 VOCs 的释放量和释放速率。

表 7-2　三种板材 DL-SW 微舱法 TVOC 释放量（μg·m⁻³）

时间/d	中密度纤维板	胶合板	刨花板
1	878.16	2943.42	4892.64
2	472.49	1786.16	3251.77
3	213.46	967.99	1808.21

续表

时间/d	中密度纤维板	胶合板	刨花板
4	163.64	546.36	1007.67
5	124.96	312.69	756.63
6	96.36	193.45	484.85
7	79.65	102.87	225.89
8	64.52	68.63	158.36
9	53.46	46.36	104.47
10	47.33	35.98	83.12
11	44.42	30.62	72.96
12	43.73	29.35	65.13
13	—	—	63.25

表 7-3　三种板材 1m³ 气候箱法 TVOC 释放量（μg·m⁻³）

表 7-3　三种板材 $1m^3$ 气候箱法 TVOC 释放量（$\mu g \cdot m^{-3}$）

时间/d	中密度纤维板	胶合板	刨花板
1	145.60	143.83	227.73
3	86.36	77.53	145.23
7	64.47	47.16	101.37
14	49.52	34.57	88.085
21	42.93	30.29	62.14
28	39.54	28.61	59.23

图 7-1、图 7-2 分别是 DL-SW 微舱法和 $1m^3$ 气候箱法 TVOC 释放趋势。

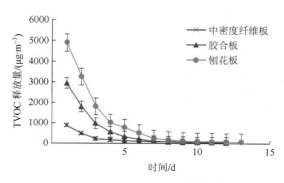

图 7-1　DL-SW 微舱法三种板材 TVOC 释放趋势

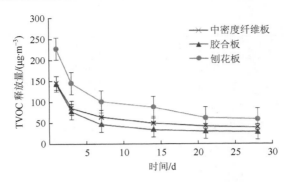

图 7-2　1m³ 气候箱法三种板材 TVOC 释放趋势

　　1m³ 气候箱法对三种板材 VOCs 检测周期均为 28 天；DL-SW 微舱法对中密度纤维板、胶合板、刨花板 VOCs 检测周期分别为 12 天、12 天、13 天，相比 1m³ 气候箱法分别缩短了 16 天、16 天、15 天。DL-SW 微舱法检测到中密度纤维板、胶合板、刨花板 TVOC 初始释放量分别为 1m³ 气候箱法试验结果的 6 倍、20 倍、21 倍，胶合板和刨花板在高温高湿条件下 TVOC 释放增加比中密度纤维板更加明显，这与板材所采用的原材料、加工工艺以及加工中使用的胶黏剂有关。胶合板热压时间为 600s，远高于中密度纤维板的 220s 和刨花板的 240～270s。有研究表明，增加热压时间，会使 TVOC 释放量增加，尤其是芳香烃类物质的释放量，所以胶合板释放的芳香烃远高于中密度纤维板和刨花板。其原因是，增加热压时间，桉木自身以及木材抽提物和胶黏剂中的 VOCs 随水蒸气的移动，大量聚集于板材表面。当环境温度升高时，聚集于表面的 VOCs 释放出来，造成芳香烃释放量显著增加。刨花板释放的醛类物质来自于脲醛树脂胶和松木中不饱和脂肪酸的氧化，由于脲醛树脂本身的醛类物质含量高于 MDI 胶和酚醛树脂胶，所以常温下刨花板释放的醛类物质高于中密度纤维板和胶合板。醛类易溶于水的性质使提高相对湿度对醛类物质的释放影响更加明显，高温高湿的环境极大地促进了刨花板中醛类物质释放，使刨花板醛类物质的增加远高于中密度纤维板和胶合板。试验采用的中密度纤维板和胶合板厚度均为 9mm，而刨花板厚度为 16mm。刨花板厚度接近中密度纤维板和胶合板的 2 倍，板材厚度的增加也会造成 TVOC 释放量显著增加，其中烯烃、芳香烃、烷烃、醛类增幅明显。刨花板释放的烯烃主要取决于冷杉和落叶松基材中的木材抽提物。使用水蒸气蒸馏法可抽提出 3-蒈烯、α-蒎烯、莰烯等主要烯烃类物质。由于刨花板结构较为松散，增加相对湿度，水蒸气更容易到达基材间隙，使烯烃类物质释放增加明显高于中密度纤维板和胶合板。

　　DL-SW 微舱法检测到三种板材 TVOC 稳态释放量十分接近 1m³ 气候箱法，分别比 1m³ 气候箱法试验结果高 10.60%、2.59%、6.79%，平均偏差为 6.66%。

由图 7-1、图 7-2 可知，DL-SW 微舱法和 1m³ 气候箱法得到的三种板材 TVOC 释放量均在第 1~3 天下降最快，随后随时间越来越慢，直至达到稳定状态，两种检测方法得到三种板材 TVOC 的释放规律一致。DL-SW 微舱法测得的三种板材稳定状态下 TVOC 释放量略高于 1m³ 气候箱法，但差别不大，原因是外界环境因素对低浓度的 VOCs 释放的影响不大，三种板材各类 VOCs 的稳态浓度都很低。

7.2.2　VOCs 释放成分

表 7-4、表 7-5 为 DL-SW 微舱法和 1m³ 气候箱法测得的中密度纤维板、胶合板、刨花板 VOCs 初始及稳态释放量。由表 7-4、表 7-5 可知，两种方法测得的三种板材 VOCs 种类均为烯烃、芳香烃、烷烃、醛类、酮类、酯类、醇类和其他类。1m³ 气候箱法测得中密度纤维板初始释放量最多的物质为烷烃，其次是酯类、芳香烃和其他物质，还包括少量的烯烃、醛类；测得胶合板初始释放量最多的物质为芳香烃，其次是烷烃、醛类、酯类、酮类，还含有少量的烯烃、醇类；测得刨花板初始释放量最多的物质为芳香烃，其次是酯类、烷烃、醛类、烯烃，还含有少量的醇类、酮类。稳定状态下，中密度纤维板释放量最多的为酯类，其次是芳香烃、烷烃、醛类和其他物质，还包括少量的烯烃、醇类；胶合板释放量最多的为芳香烃，其次是烷烃、醛类、酮类、酯类，还包括少量的醇类；刨花板释放量最多的为烷烃，其次是酯类、醛类、芳香烃、烯烃，还包括少量的酮类。

表 7-4　三种板材 DL-SW 微舱法 VOCs 初始及稳态释放量（μg·m⁻³）

类别	中密度纤维板		胶合板		刨花板	
	初始	稳态	初始	稳态	初始	稳态
烯烃	235.86	2.68	52.81	0.71	3470.28	23.65
芳香烃	527.44	11.35	2639.11	21.18	772.96	10.74
烷烃	18.92	5.44	71.43	1.18	171.82	9.08
醛类	28.55	7.86	9.87	1.35	348.02	5.17
酮类	6.08	1.34	117.21	4.07	8.21	1.48
酯类	32.14	9.23	43.9	0.53	36.5	7.99
醇类	17.35	4.01	0	0.33	84.85	5.14
其他	11.82	1.82	9.08	0	0	0

表 7-5　三种板材 1m³ 气候箱法 VOCs 初始及稳态释放量（μg·m⁻³）

类别	中密度纤维板		胶合板		刨花板	
	初始	稳态	初始	稳态	初始	稳态
烯烃	1.41	0.74	4.51	0	21.43	9.35
芳香烃	22.75	11.66	44.58	19.50	64.38	10.49
烷烃	64.53	6.95	34.57	3.46	48.51	17.17
醛类	3.73	3.61	20.96	1.44	30.72	4.41
酮类	0	0	10.64	2.22	1.43	0.85
酯类	35.17	12.84	25.08	1.01	54.34	16.97
醇类	0	0.47	3.49	0.96	6.93	0
其他	18.01	3.26	0	0	0	0

　　图 7-3、图 7-4、图 7-5 为两种方法测得的三种板材烃类、醛酮类、酯醇类的稳态释放量对比。DL-SW 微舱法的试验条件下，中密度纤维板芳香烃和烯烃的初始释放量明显增大。稳定状态下，DL-SW 微舱法与 1m³ 气候箱法测得烃类物质释放量分别占 TVOC 释放量的 44.52%、48.95%；醛酮类物质释放量分别占 TVOC 释放量的 21.04%、9.13%；酯醇类物质释放量分别占 TVOC 释放量的 30.28%、33.67%。

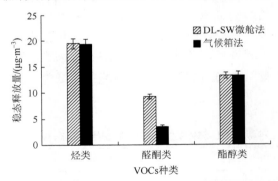

图 7-3　两种方法测得中密度纤维板 VOCs 稳态释放量

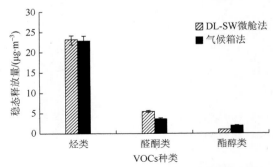

图 7-4　两种方法测得胶合板 VOCs 稳态释放量

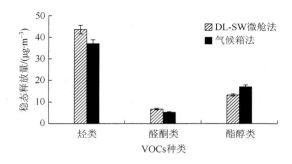

图 7-5　两种方法测得刨花板 VOCs 稳态释放量

　　DL-SW 微舱法的试验条件下，胶合板芳香烃、烯烃和酮类的初始释放量明显增大。稳定状态下，DL-SW 微舱法与 1m³ 气候箱法测得烃类物质释放量分别占 TVOC 释放量的 78.60%、80.25%；醛酮类物质释放量分别占 TVOC 释放量的 18.47%、12.79%；酯醇类物质释放量分别占 TVOC 释放量的 2.93%、6.89%。

　　DL-SW 微舱法的试验条件下，刨花板烯烃、芳香烃、烷烃、醛类和醇类物质的初始释放量均明显增大。稳定状态下，DL-SW 微舱法与 1m³ 气候箱法测得烃类物质释放量分别占 TVOC 释放量的 68.73%、62.48%；醛酮类物质释放量分别占 TVOC 释放量的 10.51%、8.88%；酯醇类物质释放量分别占 TVOC 释放量的 20.76%、28.65%。

　　两种方法检测得到的烃类物质稳态释放量大致相同，DL-SW 微舱法测得醛酮类物质略高于 1m³ 气候箱法，酯醇类物质略低于 1m³ 气候箱法。产生该现象是由于人造板 VOCs 释放是一个十分复杂的过程，释放量与人造板生产参数有关，如热压时间、温度、表面结构和储存条件等。试验环境（温度、相对湿度、气体交换率）对人造板 VOCs 释放的影响程度主要取决于 VOCs 的种类，不同种类 VOCs 释放所受的影响各不相同，造成两种方法测得的各类物质初始释放浓度与稳态释放浓度占比各不相同。但两种方法测得的三种板材 TVOC 稳态释放浓度相差很小。

7.2.3　DL-SW 微舱法与 1m³ 气候箱法的相关性

　　图 7-6～图 7-11 为 1m³ 气候箱法在标准条件下，DL-SW 微舱法在 T_3、T_6、T_9、T_{12}、T_{15}、T_{18} 条件下对中密度纤维板、胶合板、刨花板 TVOC 稳态释放量拟合，得到两种方法检测 TVOC 稳定状态下的相关性。T_3、T_6、T_9、T_{12}、T_{15}、T_{18} 条件下，得到的拟合直线方程分别为 $y=1.1195x-7.8404$、$y=0.9957x-2.8598$、$y=0.9354x-0.5414$、$y=0.9093x+1.1367$、$y=1.1597x-11.863$、$y=1.1233x-12.014$，拟合度 R^2 分别为 0.9892、1、1、0.9942、0.9561、0.9062。DL-SW 微舱法在 T_{15}、T_{18} 条件下由于温度过高，与 1m³ 气候箱法的测试结果拟合度降低。但 DL-SW 微

舱法在 T_6、T_9、T_{12} 条件下与 1m³ 气候箱法测得的 TVOC 稳态释放量拟合度很高，表明 DL-SW 微舱法在 40℃ 和 60℃ 的测试温度下与 1m³ 气候箱法检测稳定状态的 TVOC 浓度有很好的相关性。根据第 6 章建议的 DL-SW 微舱对人造板的 T_{12} 检测条件，可根据公式 $y = 0.9093x + 1.1367$ 计算标准测试环境下人造板 TVOC 的稳态浓度，大大缩短检测周期。

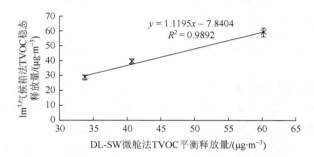

图 7-6　T_3 条件下 DL-SW 微舱法与 1m³ 气候箱法相关性

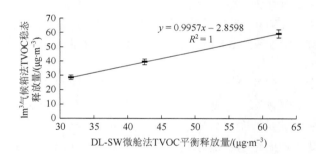

图 7-7　T_6 条件下 DL-SW 微舱法与 1m³ 气候箱法相关性

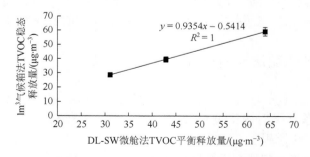

图 7-8　T_9 条件下 DL-SW 微舱法与 1m³ 气候箱法相关性

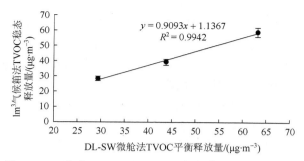

图 7-9　T_{12} 条件下 DL-SW 微舱法与 $1m^3$ 气候箱法相关性

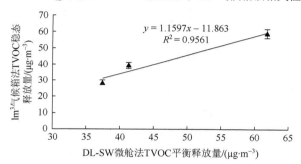

图 7-10　T_{15} 条件下 DL-SW 微舱法与 $1m^3$ 气候箱法相关性

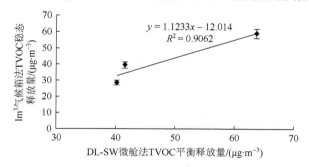

图 7-11　T_{18} 条件下 DL-SW 微舱法与 $1m^3$ 气候箱法相关性

7.3　本 章 小 结

1）DL-SW 微舱法和 $1m^3$ 气候箱法检测到中密度纤维板、胶合板、刨花板 TVOC 释放下降趋势一致，并且均在第 1～3 天释放下降最快，释放速率最大，后均随时间逐渐减慢，直到达到稳定状态。

2）$1m^3$ 气候箱法对三种板材 VOCs 检测周期为 28 天；DL-SW 微舱法对中密度纤维板、胶合板、刨花板 VOCs 检测周期分别为 12 天、12 天、13 天，与 $1m^3$ 气候箱法相比，大大缩短了检测周期。

3）DL-SW 微舱法检测到中密度纤维板、胶合板、刨花板 TVOC 初始释放量分别为 1m³ 气候箱法试验结果的 6 倍、20 倍、21 倍，高温高湿的外界环境能够在板材释放初期明显增加 TVOC 的释放量。在高温高湿条件下胶合板和刨花板 TVOC 释放增加比中密度纤维板更加明显。胶合板的热压时间长造成 TVOC 释放量尤其是芳香烃类物质释放量显著增加，刨花板厚度大、结构松散以及使用脲醛树脂胶黏剂造成烯烃、芳香烃、烷烃和醛类物质释放量明显增加。

4）DL-SW 微舱法测得三种板材稳定状态下 TVOC 释放量均略高于 1m³ 气候箱法，但差别不大。造成该结果的原因有试验条件不同、板材不均一、设备中通过的循环气体不同以及试验中产生的系统误差和随机误差。

5）DL-SW 微舱法与 1m³ 气候箱法测得的三种板材 VOCs 种类均为烯烃、芳香烃、烷烃、醛类、酮类、酯类、醇类和其他类。1m³ 气候箱法测得中密度纤维板、胶合板、刨花板初始释放量最多的物质分别为烷烃、芳香烃、芳香烃，DL-SW 微舱法测得中密度纤维板、胶合板、刨花板初始释放量最多的物质分别为芳香烃、芳香烃、烯烃。原因是试验环境（温度、相对湿度、气体交换率）对人造板 VOCs 释放的影响程度主要取决于 VOCs 的种类，不同种类 VOCs 释放所受的影响各不相同。

6）DL-SW 微舱法测得中密度纤维板稳定状态下释放量最多的两种物质为芳香烃和酯类，与 1m³ 气候箱法的试验结果相同。DL-SW 微舱法和 1m³ 气候箱法测得胶合板稳定状态下释放的主要物质是芳香烃，测得刨花板稳定状态下释放的主要物质为酯类和烷烃。

7）DL-SW 微舱法与 1m³ 气候箱法检测三种板材稳定状态下的 TVOC 释放量，T_{12}（温度 60℃、相对湿度 60%、气体交换率与负荷因子之比 1.0 次·m³·h⁻¹·m⁻²）条件下，得到拟合直线 $y = 0.9093x + 1.1367$，拟合度 R^2 为 0.9942，相关性良好，由公式可根据 DL-SW 微舱法数据计算标准测试环境下人造板 TVOC 的稳态浓度，大大缩短检测周期。

参 考 文 献

李信，周定国. 2004. 人造板挥发性有机物 VOCs 的研究[J]. 南京林业大学学报（自然科学版），28（3）：19-22.

王敬贤. 2011. 环境因素对人造板 VOC 释放影响研究[D]. 哈尔滨：东北林业大学.

Costa N A，Ohlmeyer M，Ferra J，et al. 2014. The influence of scavengers on VOC emissions in particleboards made from pine and poplar[J]. European Journal of Wood and Wood Products，72（1）：117-121.

Makowshi M，Ohlmeyer M，Meier D. 2005. Long-term development of VOC emissions from OSB after hot-pressing[J]. Holzforschung，48（5）：519-523.

Makowski M，Ohlmeyer M. 2006. Comparison of a small and a large environmental test chamber for measuring VOC emissions from OSB made of Scots pine（*Pinus sylvestris* L.）[J]. Holz Als Roh-und Werkstoff，64：469-472.

Sollinger S，Levsen K，Wunsch G. 1994. Indoor pollution by organic emissions from textile floor coverings：climate test chamber studies under static conditions[J]. Atmospheric Environment，28：2369-2378.

第 8 章　结　　语

本书首先论述了引进英国微池热萃取仪（μ-CTE）快速采集人造板释放的VOCs，并利用 GC/MS 检测试验板材释放的 VOCs 种类和含量等特性，摸索出人造板 VOCs 快速释放检测条件，分析板材 VOCs 高温快速检测机理以及快速检测法与气候箱法的相关性研究。

本书第 2 章和第 3 章的试验涉及由 4 种温度、2 种相对湿度和 3 种空气交换率与负荷因子之比组合而成 24 种不同检测条件，研究发现：高密度纤维板、中密度纤维板及刨花板总体 TVOC 释放趋势相同，均是释放量随时间的延长逐渐下降，前期释放较快，随时间延长，释放量逐渐减小，最后达到平衡状态；提高检测条件温度、相对湿度以及空气交换率，可以提高高密度纤维板、中密度纤维及刨花板的 TVOC 释放值，并且可以加快板材的 TVOC 释放；在 24 种不同的快速检测条件下，高密度纤维板、中密度纤维板及刨花板释放的 VOCs 有烯烃类、芳香烃类、烷烃类、醛类、酮类、酯类、醇类及其他类物质；气候箱法和快速检测法检测高密度纤维板、中密度纤维板和刨花板的 VOCs 释放情况，两种检测法检测的三种板材的 TVOC 释放整体趋势一致；与使用气候箱法相比，使用快速检测法检测三种板材 VOCs 释放的效率均明显提高，由气候箱法的 28 天缩短到 9 天，提高了 67.86%，这一点对于实际生产中的板材 VOCs 检测有很好的实际意义，因为可以大大提高实际生产中检测人造板 VOCs 释放情况的效率。

本书第 4 章中，三层结构胶合板释放的 VOCs 种类与三层实木复合地板相似，都是烷烃类释放种类最多；不同测试条件对快速检测装置收集胶合板 VOCs 有显著的影响，主要表现为：温度和相对湿度的增加都会使平衡条件下 VOCs 的释放增加，而空气交换率与负荷因子之比越大，平衡情况下释放的 VOCs 量反而变小；快速检测装置与 1m^3 气候箱法检测胶合板和三层实木复合地板释放速率有明显差异，快速检测装置比 1m^3 气候箱法快约 1 倍，但两种方法得到的板材 TVOC 释放曲线基本一致，主要分为四个阶段，可归纳为快速释放期和稳定释放期。通过分析不同阶段 TVOC 下降速率可知，胶合板和三层实木复合地板通过快速检测法获得的 VOCs 释放水平略有差异。最终，三层结构胶合板的试验周期为 7 天，三层实木复合地板的试验周期为 10 天。

本书第 5 章介绍在上述试验研究基础上开发的 DL-SW 微舱能够调节和控制

温度、相对湿度和气流量,温度调节范围为 10~120℃,相对湿度最高可达到 90%,总气流量最高为 200mL·min^{-1},测试舱温度、相对湿度、气流量控制稳定,拥有 6 个测试舱以及低背景浓度,能真实地模拟各种试验环境,满足各种试验条件。DL-SW 微舱成本约为 3 万元人民币。与进口热萃取仪和 1m^3 气候箱相比,DL-SW 微舱具有成本低、检测效率高、测试周期短、效率高,能精确控制各种试验条件、模拟各种试验环境的优势。

第 6 章和第 7 章是对 DL-SW 微舱性能和稳定性的测试。结果表明,利用 DL-SW 微舱在温度 60℃、相对湿度 60%、空气交换率与负荷因子之比为 1 次·m^3·h^{-1}·m^{-2} 的条件下,最有利于中密度纤维板、胶合板、刨花板 TVOC 释放,释放周期分别为 12 天、12 天、13 天,与 1m^3 气候箱相比,检测周期分别缩短了 16 天、16 天、15 天。将气候箱法和快速检测法测得的三种板材(高密度纤维板、中密度纤维板和刨花板)的 TVOC 平衡值分别进行拟合,得到 3 个拟合方程,拟合度 R^2 均大于 0.95,接近于 1,因此使用快速检测法得到的三种板材 TVOC 释放平衡浓度与气候箱法测得的 TVOC 平衡浓度有很好的相关性;DL-SW 微舱法与 1m^3 气候箱法检测三种板材稳定状态下的 TVOC,得到拟合直线 $y = 0.9093x + 1.1367$,拟合度 R^2 为 0.9942,相关性良好。由公式 $y = 0.9093x + 1.1367$,可根据 DL-SW 微舱法数据计算标准测试环境下人造板 TVOC 的稳态浓度,大大缩短了检测周期。

本书探索人造板材 VOCs 检测的方法具有成本低、检测周期短、检测效率高和可靠性强的特点,在实际生产中有助于企业对人造板 VOCs 释放进行检测与监督,提高人造板产品的环保性,促进市场上出现更多无毒无害的绿色基材,制造出健康、环保的“绿色”产品。